올림포스

내신과 수능을 모두 잡는 EBS 대표 기본서

공통수학1

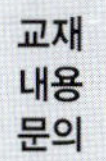
정답과 풀이는 EBS*i* 사이트(www.ebsi.co.kr)에서 내려받으실 수 있습니다.

교재 내용 문의
교재 및 강의 내용 문의는 EBS*i* 사이트 (www.ebs*i*.co.kr)의 학습 Q&A 서비스를 이용하시기 바랍니다.

교재 정오표 공지
발행 이후 발견된 정오 사항을 EBS*i* 사이트 정오표 코너에서 알려 드립니다.
교재 ▶ 교재 자료실 ▶ 교재 정오표

교재 정정 신청
공지된 정오 내용 외에 발견된 정오 사항이 있다면 EBS*i* 사이트를 통해 알려 주세요.
교재 ▶ 교재 정정 신청

하루 10분
나를 위한 콘텐츠

EBS play+

Knowledge Becomes Routine

EBS play+

EBS 구독이 후원입니다.
www.ebs.co.kr/package/support

내신과 수능을 모두 잡는 EBS 대표 기본서

공통수학1

이 책의 구성과 특징

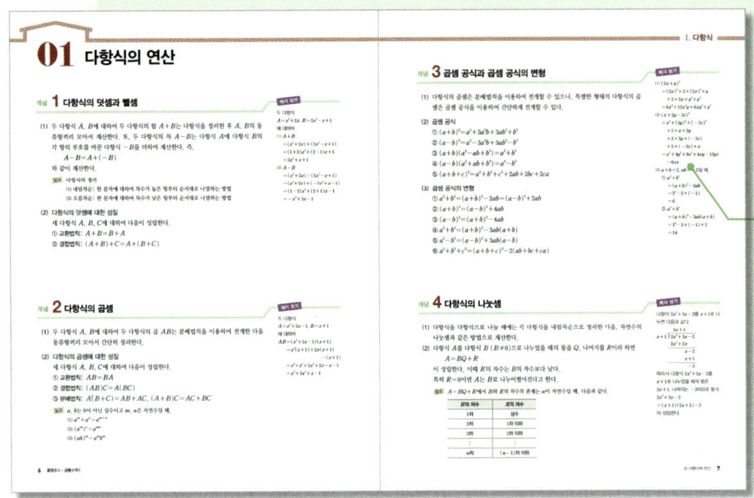

핵심 개념

교과서 개념을 소주제별로 세분화하여 핵심 내용을 체계적으로 정리하였습니다.

개념이 적용된 '예시 보기'를 통해 개념의 확실한 이해를 도울 수 있도록 하였습니다.

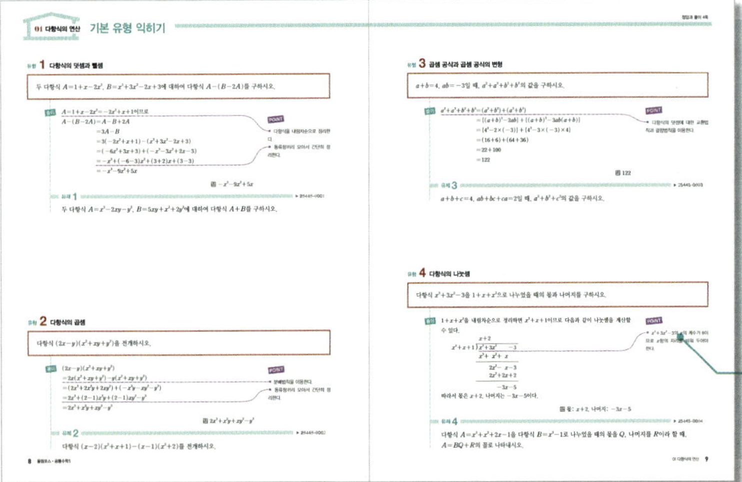

기본 유형 익히기

대표 문제를 통해 기본 유형을 익히고 비슷한 유제를 다시 한 번 풀어보며, 완벽하게 연습할 수 있도록 하였습니다.

'POINT'를 통해 문제 해결에 도움이 되는 내용과 추가 개념을 학습할 수 있도록 하였습니다.

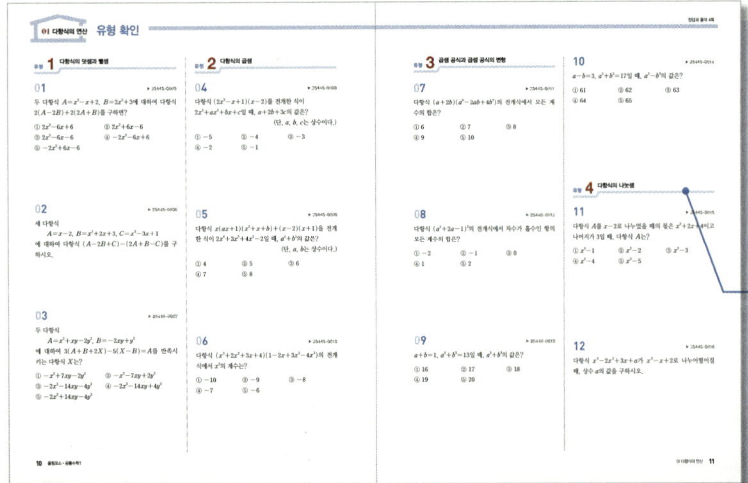

유형 확인

중단원별 자주 출제되는 문제들로 엄선하여 유형에 대한 적응력을 높일 수 있도록 하였습니다.

기본 유형 익히기에서 다룬 유형과 동일하게 구분하여 유형별 학습에 최적화될 수 있도록 하였습니다.

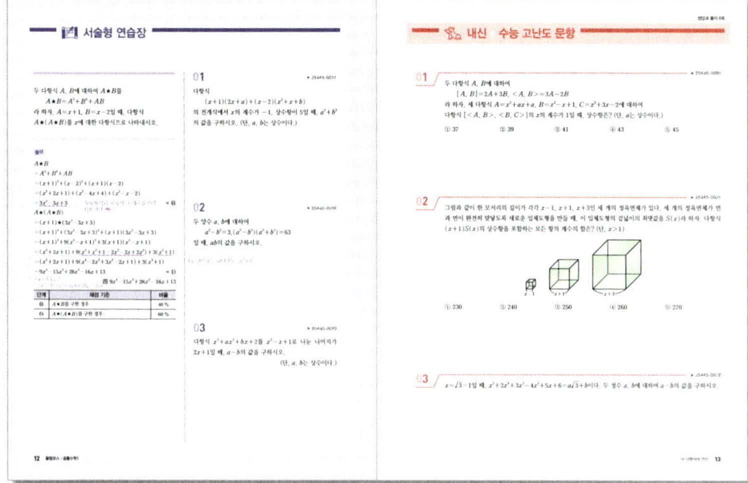

서술형 연습장

단계적 풀이 과정과 채점 기준표를 통해 문제 해결 과정의 이해를 돕고 서술형 문제에 대비할 수 있도록 하였습니다.

내신 + 수능 고난도 문항

내신 및 수능 1등급에 대비하기 위한 유형들로 구성하여 고난도 문항에 대한 자신감을 얻을 수 있도록 하였습니다.

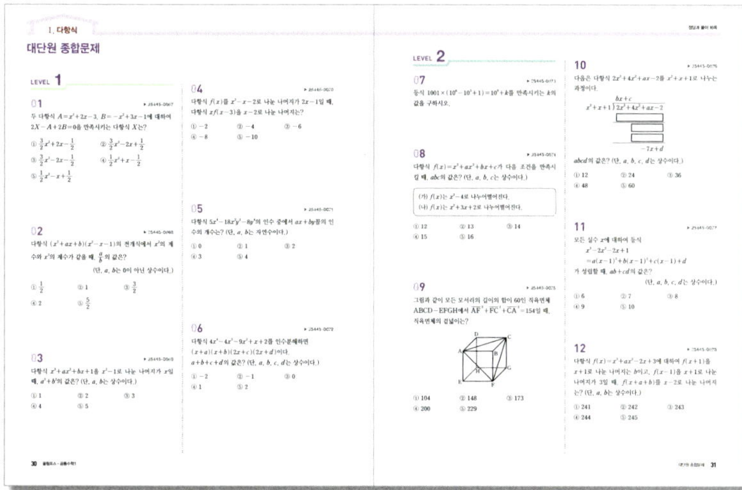

대단원 종합문제

체계적이고 종합적인 사고력을 학습할 수 있도록 LEVEL1 기본 문제부터 LEVEL3 고난도 문제까지 단계별로 수록하였습니다.

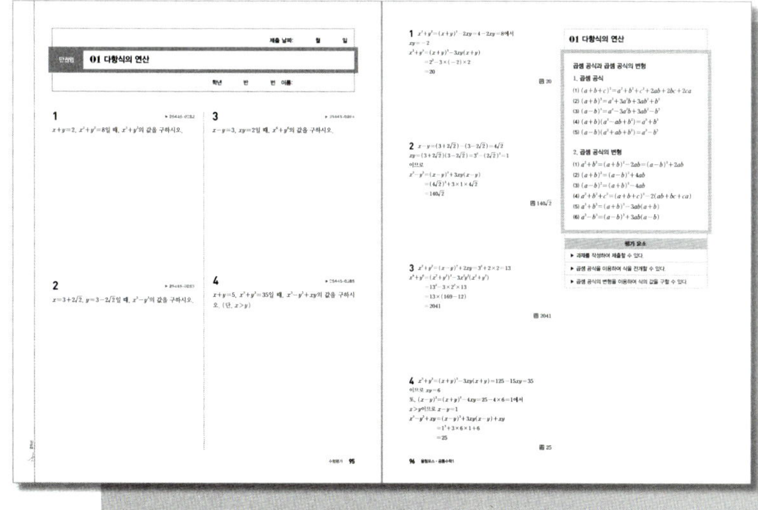

수행평가

학교 수행평가에 대비할 수 있도록 단원별 서술형 쪽지 시험을 구성하였습니다.
뒷장에 바로 풀이와 관련 개념, 평가 요소를 수록하여 스스로 확인하며 학습할 수 있도록 하였습니다.

이 책의 차례

Ⅳ. 행렬

정답과 풀이

학생
인공지능 DANCHOQ
푸리봇 문|제|검|색
EBSi 사이트와 EBSi 고교강의 APP 하단의 AI 학습도우미 푸리봇을 통해 문항코드를 검색하면 푸리봇이 해당 문제의 해설과 해설 강의를 찾아 줍니다. 사진 촬영으로도 검색할 수 있습니다.
문제별 문항코드 확인
[25445-0001]
1. 아래 그래프를 이해한 내용으로 가장 적절한 것은?
문항코드 검색
25445-0001
[25445-0001]
사진 촬영 검색
선생님
EBS 교사지원센터
교재 관련 자|료|제|공
교재의 문항 한글(HWP) 파일과 교재이미지, 강의자료를 무료로 제공합니다.
한글다운로드
교재이미지
강의자료
• 교사지원센터(teacher.ebsi.co.kr)에서 '교사인증' 이후 이용하실 수 있습니다.
• 교사지원센터에서 제공하는 자료는 교재별로 다를 수 있습니다.

01 다항식의 연산

개념 1 다항식의 덧셈과 뺄셈

예시 보기

(1) 두 다항식 A, B에 대하여 두 다항식의 합 $A+B$는 다항식을 정리한 후 A, B의 동류항끼리 모아서 계산한다. 또, 두 다항식의 차 $A-B$는 다항식 A에 다항식 B의 각 항의 부호를 바꾼 다항식 $-B$를 더하여 계산한다. 즉,

$$A-B=A+(-B)$$

와 같이 계산한다.

> **참고** 다항식의 정리
> (1) 내림차순: 한 문자에 대하여 차수가 높은 항부터 순서대로 나열하는 방법
> (2) 오름차순: 한 문자에 대하여 차수가 낮은 항부터 순서대로 나열하는 방법

(2) 다항식의 덧셈에 대한 성질
세 다항식 A, B, C에 대하여 다음이 성립한다.
① 교환법칙: $A+B=B+A$
② 결합법칙: $(A+B)+C=A+(B+C)$

두 다항식
$A=x^2+2x,\ B=2x^2-x+1$
에 대하여
(1) $A+B$
$=(x^2+2x)+(2x^2-x+1)$
$=(1+2)x^2+(2-1)x+1$
$=3x^2+x+1$
(2) $A-B$
$=(x^2+2x)-(2x^2-x+1)$
$=(x^2+2x)+(-2x^2+x-1)$
$=(1-2)x^2+(2+1)x-1$
$=-x^2+3x-1$

개념 2 다항식의 곱셈

(1) 두 다항식 A, B에 대하여 두 다항식의 곱 AB는 분배법칙을 이용하여 전개한 다음 동류항끼리 모아서 간단히 정리한다.

(2) 다항식의 곱셈에 대한 성질
세 다항식 A, B, C에 대하여 다음이 성립한다.
① 교환법칙: $AB=BA$
② 결합법칙: $(AB)C=A(BC)$
③ 분배법칙: $A(B+C)=AB+AC,\ (A+B)C=AC+BC$

> **참고** a, b는 0이 아닌 실수이고 m, n은 자연수일 때,
> (1) $a^m \times a^n = a^{m+n}$
> (2) $(a^m)^n = a^{mn}$
> (3) $(ab)^m = a^m b^m$

두 다항식
$A=x^2+2x-1,\ B=x+1$
에 대하여
$AB=(x^2+2x-1)(x+1)$
$=x^2(x+1)+2x(x+1)$
$\qquad\qquad -(x+1)$
$=x^3+x^2+2x^2+2x-x-1$
$=x^3+3x^2+x-1$

개념 3 곱셈 공식과 곱셈 공식의 변형

(1) 다항식의 곱셈은 분배법칙을 이용하여 전개할 수 있으나, 특별한 형태의 다항식의 곱셈은 곱셈 공식을 이용하여 간단하게 전개할 수 있다.

(2) 곱셈 공식
① $(a+b)^3=a^3+3a^2b+3ab^2+b^3$
② $(a-b)^3=a^3-3a^2b+3ab^2-b^3$
③ $(a+b)(a^2-ab+b^2)=a^3+b^3$
④ $(a-b)(a^2+ab+b^2)=a^3-b^3$
⑤ $(a+b+c)^2=a^2+b^2+c^2+2ab+2bc+2ca$

(3) 곱셈 공식의 변형
① $a^2+b^2=(a+b)^2-2ab=(a-b)^2+2ab$
② $(a+b)^2=(a-b)^2+4ab$
③ $(a-b)^2=(a+b)^2-4ab$
④ $a^3+b^3=(a+b)^3-3ab(a+b)$
⑤ $a^3-b^3=(a-b)^3+3ab(a-b)$
⑥ $a^2+b^2+c^2=(a+b+c)^2-2(ab+bc+ca)$

예시 보기

(1) $(2x+y)^3$
$=(2x)^3+3\times(2x)^2\times y$
$\quad+3\times2x\times y^2+y^3$
$=8x^3+12x^2y+6xy^2+y^3$

(2) $(x+2y-3z)^2$
$=x^2+(2y)^2+(-3z)^2$
$\quad+2\times x\times2y$
$\quad+2\times2y\times(-3z)$
$\quad+2\times(-3z)\times x$
$=x^2+4y^2+9z^2+4xy-12yz$
$\quad-6zx$

(3) $a+b=2$, $ab=-1$일 때,
① a^2+b^2
$=(a+b)^2-2ab$
$=2^2-2\times(-1)$
$=6$
② a^3+b^3
$=(a+b)^3-3ab(a+b)$
$=2^3-3\times(-1)\times2$
$=14$

개념 4 다항식의 나눗셈

(1) 다항식을 다항식으로 나눌 때에는 각 다항식을 내림차순으로 정리한 다음, 자연수의 나눗셈과 같은 방법으로 계산한다.

(2) 다항식 A를 다항식 B $(B\neq0)$으로 나누었을 때의 몫을 Q, 나머지를 R이라 하면
$$A=BQ+R$$
이 성립한다. 이때 R의 차수는 B의 차수보다 낮다.
특히 $R=0$이면 A는 B로 나누어떨어진다고 한다.

참고 $A=BQ+R$에서 B와 R의 차수의 관계는 n이 자연수일 때, 다음과 같다.

B의 차수	R의 차수
1차	상수
2차	1차 이하
3차	2차 이하
⋮	⋮
n차	$(n-1)$차 이하

예시 보기

다항식 $2x^2+3x-2$를 $x+1$로 나누면 다음과 같다.

$$\begin{array}{r}2x+1\\ x+1\,\overline{\smash{)}\,2x^2+3x-2}\\ \underline{2x^2+2x}\\ x-2\\ \underline{x+1}\\ -3\end{array}$$

따라서 다항식 $2x^2+3x-2$를 $x+1$로 나누었을 때의 몫은 $2x+1$, 나머지는 -3이므로 등식
$2x^2+3x-2$
$=(x+1)(2x+1)-3$
이 성립한다.

기본 유형 익히기

유형 **1** 다항식의 덧셈과 뺄셈

두 다항식 $A=1+x-2x^2$, $B=x^3+3x^2-2x+3$에 대하여 다항식 $A-(B-2A)$를 구하시오.

풀이 $A=1+x-2x^2=-2x^2+x+1$이므로

$$
\begin{aligned}
A-(B-2A)&=A-B+2A \\
&=3A-B \\
&=3(-2x^2+x+1)-(x^3+3x^2-2x+3) \\
&=(-6x^2+3x+3)+(-x^3-3x^2+2x-3) \\
&=-x^3+(-6-3)x^2+(3+2)x+(3-3) \\
&=-x^3-9x^2+5x
\end{aligned}
$$

POINT

- 다항식을 내림차순으로 정리한다.
- 동류항끼리 모아서 간단히 정리한다.

답 $-x^3-9x^2+5x$

유제 1 ▶ 25445-0001

두 다항식 $A=x^2-2xy-y^2$, $B=5xy+x^2+2y^2$에 대하여 다항식 $A+B$를 구하시오.

유형 **2** 다항식의 곱셈

다항식 $(2x-y)(x^2+xy+y^2)$을 전개하시오.

풀이

$$
\begin{aligned}
&(2x-y)(x^2+xy+y^2) \\
&=2x(x^2+xy+y^2)-y(x^2+xy+y^2) \\
&=(2x^3+2x^2y+2xy^2)+(-x^2y-xy^2-y^3) \\
&=2x^3+(2-1)x^2y+(2-1)xy^2-y^3 \\
&=2x^3+x^2y+xy^2-y^3
\end{aligned}
$$

POINT

- 분배법칙을 이용한다.
- 동류항끼리 모아서 간단히 정리한다.

답 $2x^3+x^2y+xy^2-y^3$

유제 2 ▶ 25445-0002

다항식 $(x-2)(x^2+x+1)-(x-1)(x^2+2)$를 전개하시오.

유형 **3** 곱셈 공식과 곱셈 공식의 변형

$a+b=4$, $ab=-3$일 때, $a^2+a^3+b^2+b^3$의 값을 구하시오.

풀이

$$\begin{aligned}
a^2+a^3+b^2+b^3 &= (a^2+b^2)+(a^3+b^3) \\
&= \{(a+b)^2-2ab\}+\{(a+b)^3-3ab(a+b)\} \\
&= \{4^2-2\times(-3)\}+\{4^3-3\times(-3)\times4\} \\
&= (16+6)+(64+36) \\
&= 22+100 \\
&= 122
\end{aligned}$$

POINT

■ 다항식의 덧셈에 대한 교환법칙과 결합법칙을 이용한다.

답 122

유제 3 ▶ 25445-0003

$a+b+c=4$, $ab+bc+ca=2$일 때, $a^2+b^2+c^2$의 값을 구하시오.

유형 **4** 다항식의 나눗셈

다항식 x^3+3x^2-3을 $1+x+x^2$으로 나누었을 때의 몫과 나머지를 구하시오.

풀이 $1+x+x^2$을 내림차순으로 정리하면 x^2+x+1이므로 다음과 같이 나눗셈을 계산할 수 있다.

$$\begin{array}{r}
x+2 \\
x^2+x+1\,\overline{)\,x^3+3x^2-3} \\
\underline{x^3+x^2+x} \\
2x^2-x-3 \\
\underline{2x^2+2x+2} \\
-3x-5
\end{array}$$

POINT

■ x^3+3x^2-3의 x의 계수가 0이므로 x항의 자리를 비워 두어야 한다.

따라서 몫은 $x+2$, 나머지는 $-3x-5$이다.

답 몫: $x+2$, 나머지: $-3x-5$

유제 4 ▶ 25445-0004

다항식 $A=x^3+x^2+2x-1$을 다항식 $B=x^2-1$로 나누었을 때의 몫을 Q, 나머지를 R이라 할 때, $A=BQ+R$의 꼴로 나타내시오.

유형 **1** 다항식의 덧셈과 뺄셈

01
▶ 25445-0005

두 다항식 $A=x^2-x+2$, $B=2x^2+3$에 대하여 다항식 $2(A-2B)+2(2A+B)$를 구하면?

① $2x^2-6x+6$
② $2x^2+6x-6$
③ $2x^2-6x-6$
④ $-2x^2-6x+6$
⑤ $-2x^2+6x-6$

02
▶ 25445-0006

세 다항식
$$A=x-2,\ B=x^2+2x+3,\ C=x^3-3x+1$$
에 대하여 다항식 $(A-2B+C)-(2A+B-C)$를 구하시오.

03
▶ 25445-0007

두 다항식
$$A=x^2+xy-2y^2,\ B=-2xy+y^2$$
에 대하여 $3(A+B+2X)-5(X-B)=A$를 만족시키는 다항식 X는?

① $-x^2+7xy-2y^2$
② $-x^2-7xy+2y^2$
③ $-2x^2-14xy-4y^2$
④ $-2x^2-14xy+4y^2$
⑤ $-2x^2+14xy-4y^2$

유형 **2** 다항식의 곱셈

04
▶ 25445-0008

다항식 $(2x^2-x+1)(x-2)$를 전개한 식이 $2x^3+ax^2+bx+c$일 때, $a+2b+3c$의 값은? (단, a, b, c는 상수이다.)

① -5
② -4
③ -3
④ -2
⑤ -1

05
▶ 25445-0009

다항식 $x(ax+1)(x^2+x+b)+(x-2)(x+1)$을 전개한 식이 $2x^4+3x^3+4x^2-2$일 때, a^2+b^2의 값은? (단, a, b는 상수이다.)

① 4
② 5
③ 6
④ 7
⑤ 8

06
▶ 25445-0010

다항식 $(x^3+2x^2+3x+4)(1-2x+3x^2-4x^3)$의 전개식에서 x^3의 계수는?

① -10
② -9
③ -8
④ -7
⑤ -6

07

▶ 25445-0011

다항식 $(a+2b)(a^2-2ab+4b^2)$의 전개식에서 모든 계수의 합은?

① 6 　　　② 7 　　　③ 8
④ 9 　　　⑤ 10

08

▶ 25445-0012

다항식 $(a^2+2a-1)^2$의 전개식에서 차수가 홀수인 항의 모든 계수의 합은?

① -2 　　　② -1 　　　③ 0
④ 1 　　　⑤ 2

09

▶ 25445-0013

$a+b=1$, $a^2+b^2=13$일 때, a^3+b^3의 값은?

① 16 　　　② 17 　　　③ 18
④ 19 　　　⑤ 20

10

▶ 25445-0014

$a-b=3$, $a^2+b^2=17$일 때, a^3-b^3의 값은?

① 61 　　　② 62 　　　③ 63
④ 64 　　　⑤ 65

11

▶ 25445-0015

다항식 A를 $x-2$로 나누었을 때의 몫은 x^2+2x+4이고 나머지가 3일 때, 다항식 A는?

① x^3-1 　　　② x^3-2 　　　③ x^3-3
④ x^3-4 　　　⑤ x^3-5

12

▶ 25445-0016

다항식 x^3-2x^2+3x+a가 x^2-x+2로 나누어떨어질 때, 상수 a의 값을 구하시오.

두 다항식 A, B에 대하여 $A \star B$를
$$A \star B = A^2 + B^2 + AB$$
라 하자. $A = x+1$, $B = x-2$일 때, 다항식
$A \star (A \star B)$를 x에 대한 다항식으로 나타내시오.

풀이

$A \star B$
$= A^2 + B^2 + AB$
$= (x+1)^2 + (x-2)^2 + (x+1)(x-2)$
$= (x^2 + 2x + 1) + (x^2 - 4x + 4) + (x^2 - x - 2)$
$= 3x^2 - 3x + 3$ 동류항끼리 모아서 그 계수들끼리   ◀ ❶
더하거나 뺀다.
$A \star (A \star B)$
$= (x+1) \star (3x^2 - 3x + 3)$
$= (x+1)^2 + (3x^2 - 3x + 3)^2 + (x+1)(3x^2 - 3x + 3)$
$= (x+1)^2 + 9(x^2 - x + 1)^2 + 3(x+1)(x^2 - x + 1)$
$= (x^2 + 2x + 1) + 9(x^4 + x^2 + 1 - 2x^3 - 2x + 2x^2) + 3(x^3 + 1)$
$= (x^2 + 2x + 1) + 9(x^4 - 2x^3 + 3x^2 - 2x + 1) + 3(x^3 + 1)$
$= 9x^4 - 15x^3 + 28x^2 - 16x + 13$ ◀ ❷

$(a+b+c)^2$ 🖹 $9x^4 - 15x^3 + 28x^2 - 16x + 13$
$= a^2 + b^2 + c^2 + 2ab + 2bc + 2ca$

단계	채점 기준	비율
❶	$A \star B$를 구한 경우	40 %
❷	$A \star (A \star B)$를 구한 경우	60 %

01

▶ 25445-0017

다항식
$$(x+1)(2x+a) + (x-2)(x^2 + x + b)$$
의 전개식에서 x의 계수가 -1, 상수항이 5일 때, $a^2 + b^2$의 값을 구하시오. (단, a, b는 상수이다.)

02

▶ 25445-0018

두 양수 a, b에 대하여
$$a^2 - b^2 = 3, \ (a^3 - b^3)(a^3 + b^3) = 63$$
일 때, ab의 값을 구하시오.

$(a+b)(a^2 - ab + b^2) = a^3 + b^3$

03

▶ 25445-0019

다항식 $x^3 + ax^2 + bx + 2$를 $x^2 - x + 1$로 나눈 나머지가 $2x+1$일 때, $a-b$의 값을 구하시오.

(단, a, b는 상수이다.)

내신 + 수능 고난도 문항

---

01   ▶ 25445-0020

두 다항식 A, B에 대하여

$$[A,\ B]=2A+3B,\quad <A,\ B>=3A-2B$$

라 하자. 세 다항식 $A=x^2+ax+a$, $B=x^2-x+1$, $C=x^2+3x-2$에 대하여

다항식 $[<A,\ B>,\ <B,\ C>]$의 x의 계수가 1일 때, 상수항은? (단, a는 상수이다.)

① 37   ② 39   ③ 41   ④ 43   ⑤ 45

---

02   ▶ 25445-0021

그림과 같이 한 모서리의 길이가 각각 $x-1$, $x+1$, $x+3$인 세 개의 정육면체가 있다. 세 개의 정육면체가 면과 면이 완전히 맞닿도록 새로운 입체도형을 만들 때, 이 입체도형의 겉넓이의 최댓값을 $S(x)$라 하자. 다항식 $(x+1)S(x)$의 상수항을 포함하는 모든 항의 계수의 합은? (단, $x>1$)

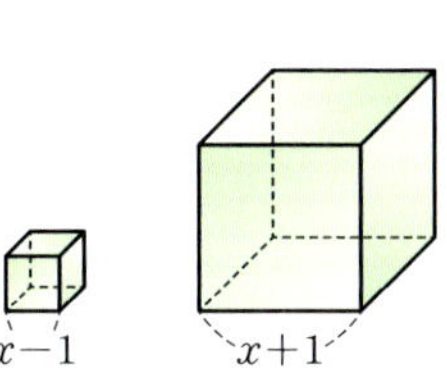
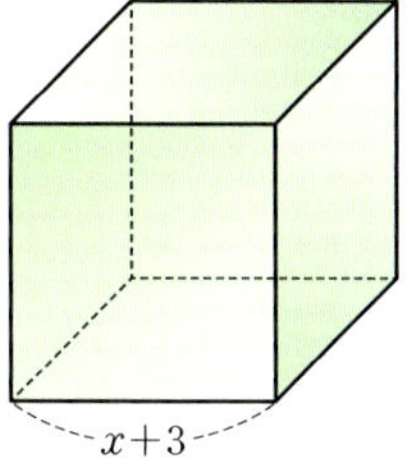

① 230   ② 240   ③ 250   ④ 260   ⑤ 270

---

03   ▶ 25445-0022

$x=\sqrt{3}-1$일 때, $x^5+2x^4+3x^3-4x^2+5x+6=a\sqrt{3}+b$이다. 두 정수 a, b에 대하여 $a-b$의 값을 구하시오.

02 나머지정리

개념 1 항등식

(1) 주어진 등식의 문자에 어떤 값을 대입해도 항상 성립하는 등식을 그 문자에 대한 항등식이라고 한다.

(2) 항등식의 성질
① $ax+b=0$이 x에 대한 항등식이면 $a=0$, $b=0$이다.
② $ax+b=a'x+b'$이 x에 대한 항등식이면 $a=a'$, $b=b'$이다.
③ $ax^2+bx+c=0$이 x에 대한 항등식이면 $a=0$, $b=0$, $c=0$이다.
④ $ax^2+bx+c=a'x^2+b'x+c'$이 x에 대한 항등식이면 $a=a'$, $b=b'$, $c=c'$이다.

(3) 미정계수법
항등식의 성질을 이용하여 다항식의 미지의 계수를 결정하는 방법을 미정계수법이라고 한다.
① **계수비교법**: 양변의 동류항의 계수를 비교하여 미정계수를 정하는 방법이다.
② **수치대입법**: x에 대한 항등식은 x에 어떤 값을 대입해도 항상 성립함을 이용하여 미정계수를 정하는 방법이다.

개념 2 나머지정리

(1) x에 대한 다항식 $f(x)$를 일차식 $x-a$로 나누었을 때의 나머지를 R이라 하면 $R=f(a)$이다.

(2) x에 대한 다항식 $f(x)$를 일차식 $ax+b$로 나누었을 때의 나머지를 R이라 하면 $R=f\left(-\dfrac{b}{a}\right)$이다.

> **설명** (1) 다항식 $f(x)$를 일차식 $x-a$로 나누었을 때의 몫을 $Q(x)$, 나머지를 R이라 하면
> $$f(x)=(x-a)Q(x)+R \ (R은 \ 상수)$$
> 가 성립한다. 이 등식은 x에 대한 항등식이므로 양변에 $x=a$를 대입하면
> $$f(a)=(a-a)Q(a)+R=0\times Q(a)+R=R$$
> 즉, $R=f(a)$이다.

개념 3 인수정리

(1) x에 대한 다항식 $f(x)$에 대하여 $f(a)=0$이면 $f(x)$는 일차식 $x-a$로 나누어떨어진다. 즉, $x-a$는 $f(x)$의 인수이다.

(2) '다항식 $f(x)$는 일차식 $x-a$로 나누어떨어진다.'와 같은 표현

① $f(x)$를 $x-a$로 나누었을 때의 나머지는 0이다.

② $f(a)=0$

③ $x-a$는 $f(x)$의 인수이다.

④ $f(x)$는 모든 x에 대하여 등식 $f(x)=(x-a)Q(x)$를 만족시킨다.

(단, $Q(x)$는 다항식)

예시 보기

다항식 $f(x)=x^2-3x+2$를 $x-1$로 나누었을 때의 나머지는 $f(1)=1^2-3\times1+2=0$이므로 다항식 $f(x)$는 $x-1$로 나누어떨어진다. 즉, $x-1$은 $f(x)$의 인수이다.

개념 4 조립제법

다항식 $a_0x^3+a_1x^2+a_2x+a_3$을 일차식 $x-\alpha$로 나누었을 때 실제로 나눗셈을 하지 않고도 몫과 나머지를 구하는 방법을 조립제법이라 한다.

$$
\begin{array}{c|cccc}
\alpha & a_0 & a_1 & a_2 & a_3 \\
& & b_0\alpha & b_1\alpha & b_2\alpha \\
\hline
& b_0 & b_1 & b_2 & R \\
& \parallel & \parallel & \parallel & \parallel \\
& a_0 & a_1+b_0\alpha & a_2+b_1\alpha & a_3+b_2\alpha
\end{array}
$$

이때 $a_0x^3+a_1x^2+a_2x+a_3$을 $x-\alpha$로 나누었을 때의 몫은 $b_0x^2+b_1x+b_2$이고 나머지는 R이다.

예시 보기

다항식 x^3+x^2-2를 $x-2$로 나눈 몫과 나머지를 조립제법을 이용하여 구하면

$$
\begin{array}{c|cccc}
2 & 1 & 1 & 0 & -2 \\
& & 2 & 6 & 12 \\
\hline
& 1 & 3 & 6 & 10
\end{array}
$$

에서 몫은 x^2+3x+6, 나머지는 10이다.

설명

〈나눗셈〉

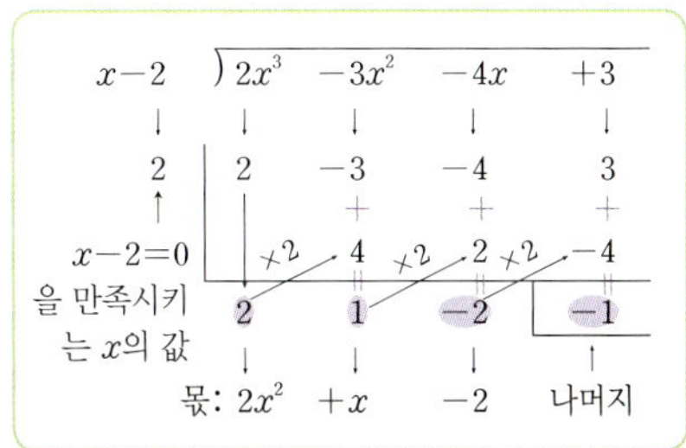

〈조립제법〉

기본 유형 익히기

유형 1 항등식

등식 $ax(x+2)+b(x-1)^2=3x^2-2x+2$가 모든 실수 x에 대하여 성립할 때, 두 상수 a, b에 대하여 ab의 값을 구하시오.

풀이

$$ax(x+2)+b(x-1)^2=ax^2+2ax+b(x^2-2x+1)$$
$$=ax^2+2ax+(bx^2-2bx+b)$$
$$=(a+b)x^2+(2a-2b)x+b$$

이고 모든 실수 x에 대하여

$(a+b)x^2+(2a-2b)x+b=3x^2-2x+2$

가 성립하므로 양변의 동류항의 계수를 비교하면

$a+b=3$, $2a-2b=-2$, $b=2$

따라서 $a=1$, $b=2$이므로 $ab=1\times2=2$

POINT

- 항등식의 양변의 동류항의 계수를 비교하여 미정계수를 구한다.

답 2

다른 풀이

주어진 등식의 양변에 $x=0$을 대입하면

$b\times(-1)^2=2$에서 $b=2$

다시 주어진 등식의 양변에 $x=1$을 대입하면

$3a=3$에서 $a=1$

따라서 $ab=1\times2=2$

- 항등식의 양변의 x에 적당한 값을 대입한다. 이때 가급적 계산이 간단해지는 수를 대입하는 것이 편리하다.

유제 1 ▶ 25445-0023

등식 $ax^2-(a+b)x-a-b-c=2x^2-5x-5$가 x에 대한 항등식일 때, 세 상수 a, b, c에 대하여 $ab+bc$의 값을 구하시오.

유형 2 나머지정리

다항식 $f(x)=4x^3-4x+5$를 $x-\dfrac{1}{2}$로 나눈 나머지를 구하시오.

풀이

다항식 $f(x)=4x^3-4x+5$를 $x-\dfrac{1}{2}$로 나눈 나머지는

$$f\left(\dfrac{1}{2}\right)=4\times\left(\dfrac{1}{2}\right)^3-4\times\dfrac{1}{2}+5=\dfrac{1}{2}-2+5=\dfrac{7}{2}$$

POINT

- 다항식 $f(x)$를 $x-a$로 나눈 나머지는 $f(a)$이다.

답 $\dfrac{7}{2}$

유제 2 ▶ 25445-0024

다항식 $f(x)=8x^3-4x^2+2x-1$을 $2x+1$로 나눈 나머지를 구하시오.

유형 **3** 인수정리

다항식 $f(x)=x^3+2x^2+ax+b$가 $x+1$과 $x-2$를 인수로 가질 때, 두 상수 a, b에 대하여 $a+b$의 값을 구하시오.

 **풀이** $f(x)=x^3+2x^2+ax+b$가 $x+1$과 $x-2$를 인수로 가지므로
$f(-1)=0$, $f(2)=0$이다.
따라서
$f(-1)=-1+2-a+b=0$에서 $a-b=1$ $\quad\cdots\cdots$ ㉠
$f(2)=8+8+2a+b=0$에서 $2a+b=-16$ $\quad\cdots\cdots$ ㉡
㉠, ㉡에서 $a=-5$, $b=-6$이므로 $a+b=-5+(-6)=-11$

POINT

▪ 다항식 $f(x)$가 $x-a$를 인수로 가지면 $f(x)$는 $x-a$로 나누어떨어지므로 $f(a)=0$이다.

답 -11

유제 3 ▶ 25445-0025

다항식 $f(x)=x^3+ax^2-bx+1$이 $(x-1)(x+1)$로 나누어떨어질 때, 두 상수 a, b에 대하여 a^2+b^2의 값을 구하시오.

유형 **4** 조립제법

다항식 $2x^3+3x^2-2x+1$을 $x+1$로 나누었을 때의 몫과 나머지를 조립제법을 이용하여 구하시오.

 **풀이** 다항식 $2x^3+3x^2-2x+1$을 $x+1$로 나누었을 때의 몫과 나머지를
조립제법을 이용하여 구하면

$$
\begin{array}{r|rrr|r}
-1 & 2 & 3 & -2 & 1 \\
   &   & -2 & -1 & 3 \\
\hline
   & 2 & 1 & -3 & 4
\end{array}
$$

따라서 몫은 $2x^2+x-3$, 나머지는 4이다.

POINT

▪ 조립제법은 다항식을 일차식으로 나눌 때 직접 나누지 않고도 몫과 나머지를 쉽게 구하는 방법이다.

답 몫: $2x^2+x-3$, 나머지: 4

유제 4 ▶ 25445-0026

다항식 $2x^3-3x^2+2$를 $2x-1$로 나누었을 때의 몫과 나머지를 조립제법을 이용하여 구하시오.

유형 1　항등식

01
▶ 25445-0027

등식
$$(x+1)^3+a(x+1)^2+b(x+1)+c$$
$$=x^3+2x^2+3x+2$$
가 임의의 실수 x에 대하여 성립할 때, $a+2b+3c$의 값은? (단, a, b, c는 상수이다.)

① 1　　　　② 2　　　　③ 3
④ 4　　　　⑤ 5

02
▶ 25445-0028

모든 실수 x, y에 대하여 등식
$$a(x+2y)+b(2x+y)=3x+2y$$
가 성립할 때, $3(a+b)$의 값은? (단, a, b는 상수이다.)

① 1　　　　② 2　　　　③ 3
④ 4　　　　⑤ 5

03
▶ 25445-0029

다항식 $f(x)$에 대하여 등식
$$(x+1)f(x)=x^3+3x^2+ax-1$$
이 모든 실수 x에 대하여 성립할 때, $f(a)$의 값은?
(단, a는 상수이다.)

① 1　　　　② 2　　　　③ 3
④ 4　　　　⑤ 5

유형 2　나머지정리

04
▶ 25445-0030

다항식 $f(x)=x^3+ax^2+3x-b$를 $x+1$로 나눈 나머지가 2, $x-2$로 나눈 나머지가 -1일 때, ab의 값을 구하시오. (단, a, b는 상수이다.)

05
▶ 25445-0031

다항식 $f(x)$를 $x-2$로 나눈 나머지가 1, $x+2$로 나눈 나머지가 2일 때, 다항식 $f(x)$를 x^2-4로 나눈 나머지를 $g(x)$라 하자. $g(x)$를 $x-4$로 나눈 나머지는?

① $\dfrac{1}{2}$　　　　② 1　　　　③ $\dfrac{3}{2}$

④ 2　　　　⑤ $\dfrac{5}{2}$

06
▶ 25445-0032

다항식 x^8+ax^3+b를 x^2-1로 나눈 나머지가 $3x-1$일 때, 다항식 x^8+ax^3+b를 $x+2$로 나눈 나머지는?
(단, a, b는 상수이다.)

① 210　　　　② 220　　　　③ 230
④ 240　　　　⑤ 250

07

▶ 25445-0033

다항식 $f(x)=x^3+ax-2$를 $x-1$로 나눈 나머지가 2일 때, 다항식 $f(2x+1)$을 $x+1$로 나눈 나머지는?

(단, a는 상수이다.)

① -10 ② -9 ③ -8
④ -7 ⑤ -6

유형 **3** 인수정리

08

▶ 25445-0034

다항식 $f(x)=x^3+x^2+ax+4$가 $x-2$를 인수로 가질 때, 다항식 $f(x)$를 $x+2$로 나눈 나머지는?

(단, a는 상수이다.)

① 16   ② 17   ③ 18
④ 19   ⑤ 20

09

▶ 25445-0035

다항식 $f(x)=x^3-3x^2+ax+b$가 x^2-2x로 나누어떨어질 때, 다항식 $xf(x)$를 $x+2$로 나눈 나머지는?

(단, a, b는 상수이다.)

① 40   ② 44   ③ 48
④ 52   ⑤ 56

10

▶ 25445-0036

두 다항식 $f(x)=x^2+ax+a$, $g(x)=x^3-2x^2+x-1$에 대하여 다항식 $h(x)=2f(x)+g(x)$가 $x-1$을 인수로 가질 때, 상수 a의 값을 구하시오.

유형 **4** 조립제법

11

▶ 25445-0037

다항식 $4x^4-2x^2+3x-2$를 $x+1$로 나누었을 때의 몫을 $Q(x)$, 나머지를 r이라 할 때, 다항식 $Q(x)+r$의 일차항의 계수와 상수항의 합은?

① -2 ② -1 ③ 0
④ 1   ⑤ 2

12

▶ 25445-0038

다항식 ax^3+bx^2+cx+2를 $x-1$로 나누었을 때의 몫과 나머지를 조립제법을 이용하여 구하는 과정이다.

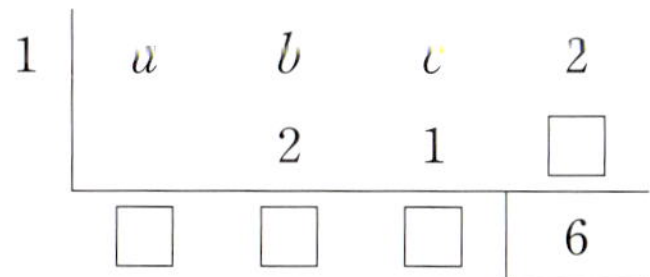

1	a	b	c	2
		2	1	$\square$
	$\square$	$\square$	$\square$	6

abc의 값은? (단, a, b, c는 상수이다.)

① -6 ② -7 ③ -8
④ -9 ⑤ -10

등식
$$(2x^2+x+1)^3$$
$$=a_0+a_1x+a_2x^2+a_3x^3+a_4x^4+a_5x^5+a_6x^6$$
이 x에 대한 항등식일 때, $a_1+a_3+a_5$의 값을 구하시오.

(단, a_0, a_1, a_2, a_3, a_4, a_5, a_6은 상수이다.)

풀이

> x에 어떤 값을 대입해도 항상 성립하는 등식

주어진 등식은 x에 대한 항등식이므로 양변에 $x=1$을 대입하면

$(2+1+1)^3=a_0+a_1+a_2+a_3+a_4+a_5+a_6$

$a_0+a_1+a_2+a_3+a_4+a_5+a_6=64$ ······ ㉠ ◀ ❶

또, 양변에 $x=-1$을 대입하면

$(2-1+1)^3=a_0-a_1+a_2-a_3+a_4-a_5+a_6$

$a_0-a_1+a_2-a_3+a_4-a_5+a_6=8$ ······ ㉡ ◀ ❷

㉠$-$㉡을 하면

$2a_1+2a_3+2a_5=56$

따라서 $a_1+a_3+a_5=28$ ◀ ❸

目 28

단계	채점 기준	비율
❶	$a_0+a_1+a_2+a_3+a_4+a_5+a_6$의 값을 구한 경우	40 %
❷	$a_0-a_1+a_2-a_3+a_4-a_5+a_6$의 값을 구한 경우	40 %
❸	$a_1+a_3+a_5$의 값을 구한 경우	20 %

01
▶ 25445-0039

다항식 $f(x)$를 $x-2$로 나눈 나머지가 3일 때, 다항식 $(x+2)f(2x)+1$을 $x-1$로 나눈 나머지를 구하시오.

02
▶ 25445-0040

최고차항의 계수가 1인 삼차식 $f(x)$가 x^2+4x+4로 나누어떨어지고 $f(x)+9$는 $x-1$로 나누어떨어질 때, $f(x)$를 $x+1$로 나눈 나머지를 구하시오.

03
▶ 25445-0041

다항식 x^4+ax^3-8x+1을 $x-2$로 나누었을 때의 몫을 $Q(x)$, 나머지를 R이라 하자. $Q(x)$를 $x-2$로 나눈 나머지가 36일 때, R의 값을 조립제법을 이용하여 구하시오. (단, a는 상수이다.)

01 ▶ 25445-0042

등식 $(a-2)x^2+(x+1)^2(a+2)-2(1+x)(b+1)+2=0$이 모든 실수 x에 대하여 항상 성립할 때, $a+b$의 값은? (단, a, b는 상수이다.)

① 1   ② 2   ③ 3   ④ 4   ⑤ 5

02 ▶ 25445-0043

두 다항식 $f(x)$, $g(x)$가 모든 실수 x에 대하여 다음 조건을 만족시킬 때, 다항식 $g(2x+1)$을 $x+2$로 나눈 나머지는?

> (가) $2x^2f(x)+3g(x)=0$
> (나) $2(x^3+2)f(x)+3xg(x)=4x+8$

① 2   ② 4   ③ 6   ④ 8   ⑤ 10

03 ▶ 25445-0044

삼차식 $f(x)$가 다음 조건을 만족시킬 때, $f(12)$의 값은?

> (가) $f(1)=f(2)=f(3)=0$
> (나) $f(x^2-1)$을 $x+1$로 나눈 나머지가 3이다.

① -480 ② -485 ③ -490 ④ -495 ⑤ -500

03 인수분해

개념 1 인수분해 공식

인수분해는 다항식의 전개 과정을 거꾸로 생각한 것이므로 곱셈 공식으로부터 다음과 같은 인수분해 공식을 얻을 수 있다.

(1) $a^3+3a^2b+3ab^2+b^3=(a+b)^3$

(2) $a^3-3a^2b+3ab^2-b^3=(a-b)^3$

(3) $a^3+b^3=(a+b)(a^2-ab+b^2)$

(4) $a^3-b^3=(a-b)(a^2+ab+b^2)$

(5) $a^2+b^2+c^2+2ab+2bc+2ca=(a+b+c)^2$

참고　중학교에서 배운 인수분해 공식
  (1) $a^2+2ab+b^2=(a+b)^2$
  (2) $a^2-2ab+b^2=(a-b)^2$
  (3) $a^2-b^2=(a-b)(a+b)$

개념 2 공통부분이 있는 식의 인수분해

(1) 공통부분이 있는 식은 공통부분을 하나의 문자로 치환하여 인수분해한다.

(2) ax^4+bx^2+c (a, b, c는 상수, $a\neq0$)꼴의 식의 인수분해
  ① $x^2=X$로 치환한 이차식 aX^2+bX+c를 인수분해한다.
  ② $x^2=X$로 치환하여 인수분해가 되지 않으면 적당한 식을 더하거나 빼서 A^2-B^2의 꼴로 변형하여 인수분해한다.

설명　(1) ax^4+bx^2+c (a, b, c는 상수, $a\neq0$)은 x에 대한 사차식이지만 $x^2=X$로 치환하면 X에 대한 이차식이 되므로 인수분해하기가 편해진다.
  (2) A^2-B^2의 꼴로 고칠 때 완전제곱꼴로 변형하면 편리하다.

개념 **3** 여러 개의 문자를 포함한 식의 인수분해

두 개 이상의 문자가 들어 있는 다항식의 인수분해

(1) 차수가 가장 낮은 문자에 대하여 내림차순으로 정리한다.

(2) 상수항을 인수분해한다.

(3) 주어진 식을 인수분해한다.

> **참고** 여러 개의 문자의 차수가 서로 같을 때에는 최고차항의 계수가 간단한 한 문자에 대하여 내림차순으로 정리하여 인수분해한다.

예시 보기

$$ab+ac+a^2+bc$$
$$=(a+c)b+ac+a^2$$
$$=(a+c)b+(a+c)a$$
$$=(a+c)(a+b)$$

개념 **4** 인수정리를 이용한 인수분해

삼차 이상의 다항식 $f(x)$는 다음과 같은 순서로 인수정리와 조립제법을 이용하여 인수분해한다.

(1) $f(\alpha)=0$을 만족시키는 상수 α를 찾는다.

(2) 조립제법을 이용하여 $f(x)$를 $x-\alpha$로 나누었을 때의 몫 $Q(x)$를 구하여 $f(x)=(x-\alpha)Q(x)$로 인수분해한다.

(3) $Q(x)$를 인수분해한다.

> **참고** 일반적으로 $f(\alpha)=0$인 상수 α의 값은 $\pm\dfrac{(f(x)\text{의 상수항의 약수})}{(f(x)\text{의 최고차항의 계수의 약수})}$ 중에서 찾는다.

예시 보기

x^3-2x^2-x+2에서
$f(x)=x^3-2x^2-x+2$라 하면
$f(1)=1-2-1+2=0$이므로
$f(x)$는 $x-1$을 인수로 갖는다.
따라서 조립제법에 의하여

$$
\begin{array}{r|rrrr}
1 & 1 & -2 & -1 & 2 \\
  &   & 1 & -1 & -2 \\
\hline
  & 1 & -1 & -2 & 0
\end{array}
$$

$$f(x)=(x-1)(x^2-x-2)$$
$$=(x-1)(x-2)(x+1)$$

유형 **1** 인수분해 공식

다음 식을 인수분해하시오.

(1) $x^3-6x^2+12x-8$

(2) $8x^3-1$

풀이

(1) $x^3-6x^2+12x-8=x^3-3\times x^2\times 2+3\times x\times 2^2-2^3$
$=(x-2)^3$

(2) $8x^3-1=(2x)^3-1^3$
$=(2x-1)\{(2x)^2+2x\times 1+1^2\}$
$=(2x-1)(4x^2+2x+1)$

답 (1) $(x-2)^3$　(2) $(2x-1)(4x^2+2x+1)$

POINT

■ 주어진 식을 인수분해 공식
$a^3-3a^2b+3ab^2-b^3=(a-b)^3$
을 이용할 수 있는 꼴로 변형해 본다.

■ 주어진 식을 인수분해 공식
$a^3-b^3=(a-b)(a^2+ab+b^2)$
을 이용할 수 있는 꼴로 변형해 본다.

유제 **1**　▶ 25445-0045

다음 식을 인수분해하시오.

(1) $x^2+y^2+z^2-2xy+2yz-2zx$

(2) $8x^3+27$

유형 **2** 공통부분이 있는 식의 인수분해

다음 식을 인수분해하시오.

(1) $(x-1)^2-2(x-1)-8$

(2) x^4+x^2+1

풀이

(1) $x-1=X$라 하면
$(x-1)^2-2(x-1)-8=X^2-2X-8$
$=(X-4)(X+2)$
$=\{(x-1)-4\}\{(x-1)+2\}$
$=(x-5)(x+1)$

(2) $x^4+x^2+1=(x^4+2x^2+1)-x^2$
$=(x^2+1)^2-x^2$
$=(x^2+x+1)(x^2-x+1)$

답 (1) $(x-5)(x+1)$　(2) $(x^2+x+1)(x^2-x+1)$

POINT

■ 공통부분을 한 문자로 나타낸다.

■ 주어진 식을 인수분해 공식
$a^2-b^2=(a-b)(a+b)$
를 이용할 수 있는 꼴로 변형해 본다.

유제 **2**　▶ 25445-0046

다음 식을 인수분해하시오.

(1) x^4-5x^2+4

(2) x^4-9x^2+16

유형 **3** 여러 개의 문자를 포함한 식의 인수분해

다음 식을 인수분해하시오.

$$x^2 y + x^3 - x - y$$

풀이
$$\begin{aligned}
x^2 y + x^3 - x - y &= (x^2-1)y + x^3 - x \\
&= (x^2-1)y + (x^2-1)x \\
&= (x^2-1)(x+y) \\
&= (x-1)(x+1)(x+y)
\end{aligned}$$

POINT
■ x는 차수가 3, y는 차수가 1이므로 차수가 낮은 y에 대하여 주어진 식을 내림차순으로 정리한다.

답 $(x-1)(x+1)(x+y)$

유제 3 ▶ 25445-0047

다음 식을 인수분해하시오.

$$x^2 + y^2 z - xy^2 - zx$$

유형 **4** 인수정리를 이용한 인수분해

다음 식을 인수분해하시오.

$$3x^3 + 4x^2 - x - 2$$

풀이 $f(x) = 3x^3 + 4x^2 - x - 2$라 하면
$$f(-1) = -3 + 4 + 1 - 2 = 0$$
이므로 인수정리에 의하여 $f(x)$는 $x+1$을 인수로 갖는다.

POINT
■ $f(a)=0$인 상수 a를 찾는다.

$$\begin{array}{r|rrr|r}
-1 & 3 & 4 & -1 & -2 \\
   &   & -3 & -1 & 2 \\
\hline
   & 3 & 1 & -2 & 0
\end{array}$$

따라서 조립제법에 의하여
$$\begin{aligned}
f(x) &= (x+1)(3x^2 + x - 2) \\
&= (x+1)(3x-2)(x+1) \\
&= (x+1)^2(3x-2)
\end{aligned}$$

답 $(x+1)^2(3x-2)$

유제 4 ▶ 25445-0048

다음 식을 인수분해하시오.

$$x^4 + x^3 - 7x^2 - x + 6$$

유형 1　인수분해 공식

01
▶ 25445-0049

다음 식을 인수분해하시오.

$$x^3+y^3-2x^2y-2xy^2$$

02
▶ 25445-0050

$x=11$, $y=-2$일 때, $8x^4+12x^3y+6x^2y^2+xy^3$의 값을 N이라 하자. $\dfrac{N}{100}$의 값을 구하시오.

03
▶ 25445-0051

$ax+by-3$이 $x^2+4y^2+4xy-12y-6x+9$의 인수일 때, a^2+b^2의 값은? (단, a, b는 상수이다.)

① 1　　　　② 2　　　　③ 3
④ 4　　　　⑤ 5

유형 2　공통부분이 있는 식의 인수분해

04
▶ 25445-0052

$(x^2-3x)(x^2-3x-2)-8$을 인수분해하면 네 개의 일차식의 곱으로 나타내어질 때, 네 개의 모든 일차식의 합은? (단, 네 개의 일차식의 일차항의 계수는 모두 1이다.)

① $4x-4$　　　② $4x-5$　　　③ $4x-6$
④ $4x-7$　　　⑤ $4x-8$

05
▶ 25445-0053

$(x-1)(x+1)(x+2)(x+4)+9$를 인수분해하시오.

06
▶ 25445-0054

x^4+5x^2+9가 $(x^2+ax+b)(x^2-ax+b)$로 인수분해될 때, 두 자연수 a, b의 곱 ab의 값은?

① 1　　　　② 2　　　　③ 3
④ 4　　　　⑤ 5

유형 3 여러 개의 문자를 포함한 식의 인수분해

07

▶ 25445-0055

다음 식을 인수분해하시오.

$$x^3+x^2+y-x^2y$$

08

▶ 25445-0056

$x^2+2y^2-3xy+y-1$이 $(x-ay-1)(x-by+1)$로 인수분해될 때, $\dfrac{b}{a}$의 값은? (단, a, b는 양의 상수이다.)

① 1   ② 2   ③ 3
④ 4   ⑤ 5

09

▶ 25445-0057

다음 식을 인수분해하시오.

$$a^3+3a^2+a^2b+2ab+3a+b+1$$

유형 4 인수정리를 이용한 인수분해

10

▶ 25445-0058

$x-\dfrac{1}{3}$을 인수로 갖는 다항식 $3x^3-4x^2-5x+a$를 인수분해하시오. (단, a는 상수이다.)

11

▶ 25445-0059

다항식 x^4+2x^3-2x-1이 $(x+a)(x+b)^3$으로 인수분해될 때, $a+2b$의 값은? (단, a, b는 정수이다.)

① 1   ② 2   ③ 3
④ 4   ⑤ 5

12

▶ 25445-0060

다항식 $x^3-7x^2+11x-5$의 인수인 것만을 **보기**에서 있는 대로 고른 것은?

> **보기**
>
> ㄱ. $x-1$
> ㄴ. $(x-1)^2$
> ㄷ. $(x-1)(x-5)$

① ㄱ   ② ㄷ   ③ ㄱ, ㄴ
④ ㄴ, ㄷ   ⑤ ㄱ, ㄴ, ㄷ

$ax^2+bxy+7y^2$이 $(2x-y)^3+8(x+y)^3$의 인수일 때, $a+b$의 값을 구하시오. (단, a, b는 상수이다.)

풀이

$8(x+y)^3=2^3(x+y)^3=(2x+2y)^3$이므로
$2x-y=m$, $2x+2y=n$이라 하면

$(2x-y)^3+8(x+y)^3$
$=m^3+n^3$
$=(m+n)(m^2-mn+n^2)$
$=\{(2x-y)+(2x+2y)\}\{(2x-y)^2-(2x-y)(2x+2y)$
$\qquad\qquad\qquad\qquad\qquad\qquad +(2x+2y)^2\}$
$=(4x+y)\{(4x^2-4xy+y^2)-(4x^2+2xy-2y^2)$
$\qquad\qquad\qquad\qquad\qquad +(4x^2+8xy+4y^2)\}$
$=(4x+y)(4x^2+2xy+7y^2)$ ◀ ❶
따라서 $a=4$, $b=2$이므로
$a+b=4+2=6$ ◀ ❷

답 6

> n이 자연수일 때,
> $a^n b^n=(ab)^n$

단계	채점 기준	비율
❶	$(2x-y)^3+8(x+y)^3$을 인수분해한 경우	70 %
❷	$a+b$의 값을 구한 경우	30 %

01
▶ 25445-0061

다항식 x^3-2x^2+ax+b가 $x-1$과 $x+1$을 인수로 가질 때, 다항식 x^4+3ax^2+b-1을 인수분해하시오.
(단, a, b는 상수이다.)

02
▶ 25445-0062

등식 $17\times19\times21\times23+16=n^2$을 만족시키는 자연수 n의 값을 인수분해를 이용하여 구하시오.

03
▶ 25445-0063

세 변의 길이가 a, b, c인 삼각형에서
$$a^3-a^2c-b^2a+b^2c=0$$
이 성립할 때, 이 삼각형은 어떤 삼각형인지 구하시오.

내신 + 수능 고난도 문항

01 ▶ 25445-0064

$2x^2-(k+4)xy-kx+2y^2-y-1$이 x, y에 대한 두 일차식의 곱으로 인수분해될 때, 자연수 k의 값은?

① 1　　　② 2　　　③ 3　　　④ 4　　　⑤ 5

02 ▶ 25445-0065

그림과 같이 한 모서리의 길이가 $x+3$인 정육면체에 한 모서리의 길이가 $x-1$인 정육면체 모양의 구멍이 있는 입체도형이 있다. 이 입체도형의 부피가 $ax^2+bx+28$일 때, ab의 값은? (단, a, b는 상수이다.)

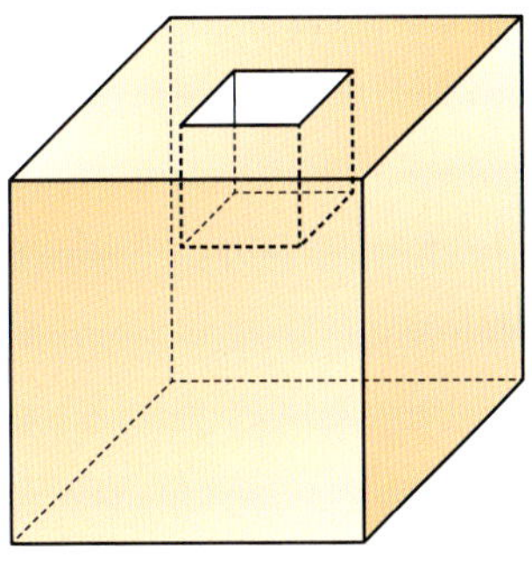

① 252　　　② 264　　　③ 276　　　④ 288　　　⑤ 300

03 ▶ 25445-0066

1이 아닌 두 자연수 a, b에 대하여

$$11^3-2\times11^2+2\times11-1=a\times b$$

를 만족시키는 모든 순서쌍 (a, b)의 개수는? (단, $a<b$)

① 3　　　② 4　　　③ 5　　　④ 6　　　⑤ 7

대단원 종합문제

LEVEL 1

01
▶ 25445-0067

두 다항식 $A=x^2+2x-3$, $B=-x^2+3x-1$에 대하여 $2X-A+2B=0$을 만족시키는 다항식 X는?

① $\dfrac{3}{2}x^2+2x-\dfrac{1}{2}$ 　② $\dfrac{3}{2}x^2-2x+\dfrac{1}{2}$

③ $\dfrac{3}{2}x^2-2x-\dfrac{1}{2}$ 　④ $\dfrac{1}{2}x^2+x-\dfrac{1}{2}$

⑤ $\dfrac{1}{2}x^2-x+\dfrac{1}{2}$

02
▶ 25445-0068

다항식 $(x^2+ax+b)(x^2-x-1)$의 전개식에서 x^2의 계수와 x^3의 계수가 같을 때, $\dfrac{a}{b}$의 값은?

(단, a, b는 0이 아닌 상수이다.)

① $\dfrac{1}{2}$ 　② 1 　③ $\dfrac{3}{2}$

④ 2 　⑤ $\dfrac{5}{2}$

03
▶ 25445-0069

다항식 x^3+ax^2+bx+1을 x^2-1로 나눈 나머지가 x일 때, a^2+b^2의 값은? (단, a, b는 상수이다.)

① 1 　② 2 　③ 3

④ 4 　⑤ 5

04
▶ 25445-0070

다항식 $f(x)$를 x^2-x-2로 나눈 나머지가 $2x-1$일 때, 다항식 $xf(x-3)$을 $x-2$로 나눈 나머지는?

① -2 　② -4 　③ -6

④ -8 　⑤ -10

05
▶ 25445-0071

다항식 $5x^4-18x^2y^2-8y^4$의 인수 중에서 $ax+by$꼴의 인수의 개수는? (단, a, b는 자연수이다.)

① 0 　② 1 　③ 2

④ 3 　⑤ 4

06
▶ 25445-0072

다항식 $4x^4-4x^3-9x^2+x+2$를 인수분해하면 $(x+a)(x+b)(2x+c)(2x+d)$이다. $a+b+c+d$의 값은? (단, a, b, c, d는 정수이다.)

① -2 　② -1 　③ 0

④ 1 　⑤ 2

LEVEL **2**

07
▶ 25445-0073

등식 $1001 \times (10^6 - 10^3 + 1) = 10^9 + k$를 만족시키는 k의 값을 구하시오.

08
▶ 25445-0074

다항식 $f(x) = x^3 + ax^2 + bx + c$가 다음 조건을 만족시킬 때, abc의 값은? (단, a, b, c는 상수이다.)

> (가) $f(x)$는 $x^2 - 4$로 나누어떨어진다.
> (나) $f(x)$는 $x^2 + 3x + 2$로 나누어떨어진다.

① 12 ② 13 ③ 14
④ 15 ⑤ 16

09
▶ 25445-0075

그림과 같이 모든 모서리의 길이의 합이 60인 직육면체 ABCD$-$EFGH에서 $\overline{AF}^2 + \overline{FC}^2 + \overline{CA}^2 = 154$일 때, 직육면체의 겉넓이는?

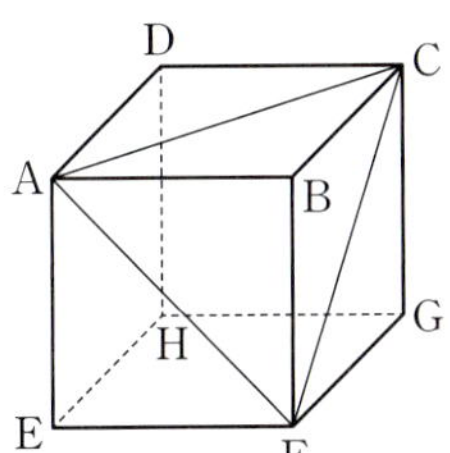

① 104 ② 148 ③ 173
④ 200 ⑤ 229

10
▶ 25445-0076

다음은 다항식 $2x^3 + 4x^2 + ax - 2$를 $x^2 + x + 1$로 나누는 과정이다.

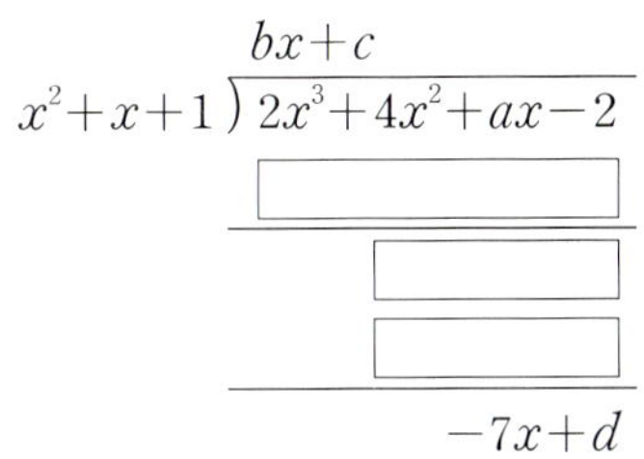

$abcd$의 값은? (단, a, b, c, d는 상수이다.)

① 12 ② 24 ③ 36
④ 48 ⑤ 60

11
▶ 25445-0077

모든 실수 x에 대하여 등식
$$x^3 - 2x^2 - 2x + 1$$
$$= a(x-1)^3 + b(x-1)^2 + c(x-1) + d$$
가 성립할 때, $ab + cd$의 값은?

(단, a, b, c, d는 상수이다.)

① 6 ② 7 ③ 8
④ 9 ⑤ 10

12
▶ 25445-0078

다항식 $f(x) = x^3 + ax^2 - 2x + 3$에 대하여 $f(x+1)$을 $x+1$로 나눈 나머지는 b이고, $f(x-1)$을 $x+1$로 나눈 나머지가 3일 때, $f(x+a+b)$를 $x-2$로 나눈 나머지는? (단, a, b는 상수이다.)

① 241 ② 242 ③ 243
④ 244 ⑤ 245

13

▶ 25445-0079

다항식 $x^{10}-x^5+x-2$를 $x+1$로 나눈 몫을 $Q(x)$라 할 때, $Q(2x)$를 $x-1$로 나눈 나머지를 구하시오.

14

▶ 25445-0080

두 자연수 a, b가 다음 조건을 만족시킬 때, ab의 값은?

> (가) $a^2+b^2+2ab-2a-2b=63$
> (나) $4a^2+b^2+4ab-4a-2b=224$

① 12   ② 14   ③ 16
④ 18   ⑤ 20

15

▶ 25445-0081

최고차항의 계수가 1인 두 다항식 $f(x)$, $g(x)$에 대하여
$$f(x)g(x)=x^4+x^3-3x^2-x+2$$
이다. 다항식 $f(x)$를 $x-1$로 나눈 나머지가 2일 때, $f(3)+g(4)$의 값은?

① 52   ② 54   ③ 56
④ 58   ⑤ 60

LEVEL 3

16

▶ 25445-0082

네 실수 a, b, c, d가 다음 조건을 만족시킨다.

> (가) $a>b$, $c>d$
> (나) $a^2+b^2=5$, $c^2+d^2=13$
> (다) $ab=-2$, $cd=-6$

$m=ac+bd$, $n=bc+ad$일 때, m^3-n^3의 값은?

① 835   ② 840   ③ 845
④ 850   ⑤ 855

17

▶ 25445-0083

최고차항의 계수가 1인 삼차식 $f(x)$를 $(x+1)(x-2)$로 나눈 나머지가 $x-1$이고 $f(x)$를 $(x-2)^2$으로 나눈 나머지는 $2x-3$이다. $f(x)$를 $x-3$으로 나눈 나머지는?

① 7   ② $\dfrac{22}{3}$ ③ $\dfrac{23}{3}$
④ 8   ⑤ $\dfrac{25}{3}$

18

▶ 25445-0084

두 다항식 $f(x)$, $g(x)$가 다음 조건을 만족시킨다.

> (가) 모든 실수 x에 대하여 $f(x)=xg(x)$이다.
> (나) 다항식 $f(x)g(x)$를 $2x+1$로 나눈 나머지는 $-\dfrac{1}{2}$이다.

다항식 $(4x^2+1)f(2x+1)$을 $4x+3$으로 나눈 나머지의 최댓값을 구하시오.

19

▶ 25445-0085

다항식 $f(x)$를 x^2-x+1로 나누었을 때의 몫을 $Q(x)$, 나머지를 $2x-1$이라 하자. $Q(x)$를 x^2+x+1로 나눈 나머지가 $2x+1$일 때, $f(x)$를 x^4+x^2+1로 나눈 나머지는?

① $2x^3-x^2+3x$
② $2x^3-x^2+3x+2$
③ $2x^3-x^2+3x+4$
④ $2x^3-3x^2+x$
⑤ $2x^3-3x^2+x+2$

20

▶ 25445-0086

다항식 $f(x)$를 x^2-2x-3으로 나눈 나머지가 $2x-1$일 때, 다항식 $\{f(x)\}^3-f(x)$를 x^2-2x-3으로 나눈 나머지는 $R(x)$이다. $R(x)$를 $x-4$로 나눈 나머지는?

① 144
② 150
③ 156
④ 162
⑤ 168

21

▶ 25445-0087

다항식 $x^2(x-2)^2+6x^2-12x+k$가 x에 대한 이차식의 완전제곱식으로 인수분해되도록 하는 상수 k의 값은?

① 6
② 7
③ 8
④ 9
⑤ 10

22

▶ 25445-0088

두 실수 x, y에 대하여
$$x+y=3, \quad xy=-2$$
일 때, x^6-y^6의 값을 구하시오. (단, $x>y$)

23

▶ 25445-0089

다항식 $f(x)=x^3+ax^2-ax+1$을 $x-1$로 나눈 나머지를 R_1, 다항식 $f(x)$를 $x+1$로 나눈 나머지를 R_2라 하자. $R_1 \times R_2=12$일 때, 다항식 $f(x)$를 $x-2$로 나눈 나머지를 구하시오. (단, a는 상수이다.)

04 복소수와 이차방정식

개념 1 복소수

(1) 허수단위

제곱하여 -1이 되는 수를 i로 나타내고, 이것을 허수단위라고 한다.

즉, $i^2=-1$이고 $i=\sqrt{-1}$로 나타낸다.

(2) 복소수

① 두 실수 a, b에 대하여 $a+bi$의 꼴로 나타낼 수 있는 수를 복소수라 하며, a를 실수부분, b를 허수부분이라고 한다.

② $0i=0$으로 정하면 실수 a는 $a+0i$로 나타낼 수 있으므로 실수도 복소수이다.

③ 두 실수 a, b에 대하여 $b \neq 0$일 때, 복소수 $a+bi$는 실수가 아니다. 이와 같이 실수가 아닌 복소수를 허수라고 한다.

참고 허수는 대소 비교를 할 수 없다.

개념 2 두 복소수가 서로 같을 조건

네 실수 a, b, c, d에 대하여

(1) $a+bi=c+di$이면 $a=c$, $b=d$이다.

(2) $a+bi=0$이면 $a=0$, $b=0$이다.

개념 3 켤레복소수

(1) 복소수 $a+bi$ (a, b는 실수)에 대하여 허수부분의 부호를 바꾼 복소수 $a-bi$를 $a+bi$의 켤레복소수라 하고, 이것을 기호 $\overline{a+bi}$로 나타낸다. 즉, $\overline{a+bi}=a-bi$이다.

(2) $\overline{a-bi}=a+bi$이므로 두 복소수 $a+bi$와 $a-bi$는 서로 켤레복소수이다.

참고 복소수 $z=a+bi$ (a, b는 실수)에 대하여
(1) $a=0$이면 $z=bi$이고 $\overline{bi}=-bi$이므로 $\bar{z}=-z$이다.
(2) $b=0$이면 $z=a$이고 $\bar{a}=a$이므로 $\bar{z}=z$이다.

개념 4 복소수의 연산

a, b, c, d가 실수일 때,

(1) $(a+bi)+(c+di)=(a+c)+(b+d)i$

(2) $(a+bi)-(c+di)=(a-c)+(b-d)i$

(3) $(a+bi)(c+di)=(ac-bd)+(ad+bc)i$

(4) $\dfrac{a+bi}{c+di}=\dfrac{ac+bd}{c^2+d^2}+\dfrac{bc-ad}{c^2+d^2}i$ (단, $c+di\neq0$)

설명 (1) 복소수의 덧셈과 뺄셈은 허수단위 i를 문자처럼 생각하여 실수부분은 실수부분끼리, 허수부분은 허수부분끼리 계산한다.

(2) 복소수의 곱셈은 허수단위 i를 문자처럼 생각하여 다항식의 곱셈과 같이 전개하고, $i^2=-1$임을 이용하여 계산한다.

(3) 복소수의 나눗셈은 분모의 켤레복소수를 분자와 분모에 각각 곱하여 계산한다.

즉, a, b, c, d가 실수이고 $c+di\neq0$일 때,

$$\frac{a+bi}{c+di}=\frac{(a+bi)(c-di)}{(c+di)(c-di)}=\frac{(ac+bd)+(bc-ad)i}{c^2+d^2}=\frac{ac+bd}{c^2+d^2}+\frac{bc-ad}{c^2+d^2}i$$

이다.

참고 허수단위 i의 거듭제곱: 음이 아닌 정수 n에 대하여

$$i^{4n+1}=i,\ i^{4n+2}=-1,\ i^{4n+3}=-i,\ i^{4n+4}=1$$
$$i^{4n+1}+i^{4n+2}+i^{4n+3}+i^{4n+4}=0$$

개념 5 음수의 제곱근

(1) 음수의 제곱근

$a>0$일 때,

① $\sqrt{-a}=\sqrt{a}\,i$

② $-a$의 제곱근은 $\sqrt{a}\,i$와 $-\sqrt{a}\,i$이다.

설명 두 복소수 $-\sqrt{2}\,i$, $\sqrt{2}\,i$에 대하여
$$(-\sqrt{2}\,i)^2=-2,\ (\sqrt{2}\,i)^2=-2$$
이므로 $-\sqrt{2}\,i$, $\sqrt{2}\,i$는 -2의 제곱근이다.

(2) 음수의 제곱근의 성질

① $a<0$, $b<0$일 때, $\sqrt{a}\sqrt{b}=-\sqrt{ab}$

② $a>0$, $b<0$일 때, $\dfrac{\sqrt{a}}{\sqrt{b}}=-\sqrt{\dfrac{a}{b}}$

예시 보기

(1) $(3+7i)+(5+2i)$
$=(3+5)+(7+2)i$
$=8+9i$

(2) $(3+7i)-(5+2i)$
$=(3-5)+(7-2)i$
$=-2+5i$

(3) $(1+2i)(1-2i)$
$=1^2-(2i)^2$
$=1-(-4)=5$

(4) $\dfrac{2+i}{2-i}=\dfrac{(2+i)^2}{(2-i)(2+i)}$
$=\dfrac{4+4i+i^2}{4-i^2}$
$=\dfrac{4+4i+(-1)}{4-(-1)}$
$=\dfrac{3}{5}+\dfrac{4}{5}i$

예시 보기

(1) $\sqrt{-5}=\sqrt{5}\,i$, $\sqrt{-4}=2i$

(2) -9의 제곱근은 $3i$와 $-3i$이다.

(3) $\sqrt{-2}\times\sqrt{-3}$
$=\sqrt{2}\,i\times\sqrt{3}\,i$
$=\sqrt{6}\,i^2=-\sqrt{6}$
$=-\sqrt{(-2)\times(-3)}$

(4) $\dfrac{\sqrt{3}}{\sqrt{-2}}=\dfrac{\sqrt{3}}{\sqrt{2}\,i}=\dfrac{\sqrt{3}\,i}{\sqrt{2}\,i^2}$
$=\dfrac{\sqrt{3}\,i}{-\sqrt{2}}=-\sqrt{\dfrac{3}{2}}\,i$
$=-\sqrt{\dfrac{3}{-2}}$

개념 **6** 이차방정식의 판별식

(1) 계수가 실수인 이차방정식 $ax^2+bx+c=0$의 근은 복소수의 범위에서 항상 근을 갖고, 이차방정식의 근 중에서 실수인 것을 실근, 허수인 것을 허근이라고 한다.

> **참고** 계수가 실수인 이차방정식 $ax^2+bx+c=0$이 $p+qi$ (p, q는 실수이고, $q\neq0$)을 근으로 가지면 그 켤레복소수 $p-qi$도 이차방정식의 근이 된다.

(2) 계수가 실수인 이차방정식 $ax^2+bx+c=0$에서 b^2-4ac를 이차방정식의 판별식이라 하고, 기호 D로 나타낸다. 즉, $D=b^2-4ac$이다.

> **설명** 계수가 실수인 이차방정식 $ax^2+bx+c=0$의 근은 b^2-4ac의 부호에 따라 실근인지 허근인지 결정된다.

(3) 이차방정식의 근의 판별

계수가 실수인 이차방정식 $ax^2+bx+c=0$에 대하여 $D=b^2-4ac$라 할 때,

① $D>0$이면 서로 다른 두 실근을 갖고, 서로 다른 두 실근을 가지면 $D>0$이다.

② $D=0$이면 중근(서로 같은 두 실근)을 갖고, 중근(서로 같은 두 실근)을 가지면 $D=0$이다.

③ $D<0$이면 서로 다른 두 허근을 갖고, 서로 다른 두 허근을 가지면 $D<0$이다.

> **참고** 계수가 실수인 이차방정식 $ax^2+2b'x+c=0$의 판별식 D는
> $$D=(2b')^2-4ac=4\{(b')^2-ac\}$$이므로 $\dfrac{D}{4}=(b')^2-ac$를 이용하여 이차방정식의 근을 판별할 수 있다.

(1) 이차방정식
$(x+2)(x-3)=0$의 근은
$x=-2$ 또는 $x=3$으로 실근
이고, 이차방정식
$x^2-x+1=0$의 근은
$x=\dfrac{1\pm\sqrt{3}i}{2}$로 허근이다.

(2) 이차방정식
$x^2-3x-2=0$의 판별식 D는
$D=(-3)^2-4\times1\times(-2)$
$=17>0$
이므로 서로 다른 두 실근을 갖는다.

(3) 이차방정식
$x^2+2x+1=0$의 판별식 D는
$D=2^2-4\times1\times1=0$
이므로 중근(서로 같은 두 실근)을 갖는다.

(4) 이차방정식 $x^2-x+2=0$의 판별식 D는
$D=(-1)^2-4\times1\times2$
$=-7<0$
이므로 서로 다른 두 허근을 갖는다.

개념 **7** 이차방정식의 근과 계수의 관계

(1) 이차방정식 $ax^2+bx+c=0$의 두 근을 α, β라 하면
$$\alpha+\beta=-\frac{b}{a}, \ \alpha\beta=\frac{c}{a}$$

(2) 두 수를 근으로 갖는 이차방정식

두 수 α, β를 근으로 하고, x^2의 계수가 1인 이차방정식은
$$x^2-(\alpha+\beta)x+\alpha\beta=0$$

(3) 이차식의 인수분해

이차방정식 $ax^2+bx+c=0$의 두 근을 α, β라 하면
$$ax^2+bx+c=a(x-\alpha)(x-\beta)$$
와 같이 인수분해된다.

> **참고** 모든 이차식은 복소수 범위에서 두 개의 일차식의 곱으로 인수분해된다.

(1) 이차방정식
$2x^2+5x+1=0$의 두 근을
α, β라 하면
$\alpha+\beta=-\dfrac{5}{2}$, $\alpha\beta=\dfrac{1}{2}$

(2) 두 수 2, 3을 근으로 하고, x^2의 계수가 1인 이차방정식은
$x^2-(2+3)x+2\times3=0$
즉, $x^2-5x+6=0$이다.

(3) 이차방정식 $x^2-4x-1=0$의 두 근은 $2+\sqrt{5}$, $2-\sqrt{5}$이므로
x^2-4x-1
$=(x-2-\sqrt{5})(x-2+\sqrt{5})$
로 인수분해된다.

04 복소수와 이차방정식 · 기본 유형 익히기

유형 1 복소수

등식 $(a+2)+(2a+b)i=\overline{3-6i}$를 만족시키는 두 실수 a, b에 대하여 $a+b$의 값은? (단, $i=\sqrt{-1}$)

① 3 ② 4 ③ 5 ④ 6 ⑤ 7

풀이 $\overline{3-6i}=3+6i$이므로

$(a+2)+(2a+b)i=3+6i$에서

두 복소수가 서로 같을 조건에 의하여

$a+2=3$ ······ ㉠

$2a+b=6$ ······ ㉡

㉠에서 $a=1$

$a=1$을 ㉡에 대입하면

$2+b=6$, $b=4$

따라서 $a+b=1+4=5$

답 ③

POINT

- 복소수 $z=a+bi$(a, b는 실수)의 켤레복소수는 $\overline{z}=a-bi$이다.
- 네 실수 a, b, c, d에 대하여 $a+bi=c+di$이면 $a=c$, $b=d$이다. (단, $i=\sqrt{-1}$)

유제 1 ▶ 25445-0090

등식 $(x+2y)+xyi=(4+y)-2i$를 만족시키는 두 실수 x, y에 대하여 x^2+y^2의 값을 구하시오.

(단, $i=\sqrt{-1}$)

유형 2 복소수의 연산

$(1+i)(1-3i)+2i$의 값은? (단, $i=\sqrt{-1}$)

① 1 ② 2 ③ 3 ④ 4 ⑤ 5

풀이
$$(1+i)(1-3i)=1-3i+i-3i^2$$
$$=1-3i+i-3\times(-1)$$
$$=4-2i$$

따라서
$$(1+i)(1-3i)+2i=(4-2i)+2i=4$$

답 ④

POINT

- $i=\sqrt{-1}$에 대하여 $i^2=-1$이다.
- 복소수의 연산은 허수단위 i를 문자처럼 생각하여 계산한다.

유제 2 ▶ 25445-0091

$(1-i)^2+\dfrac{1+i}{1-i}$의 값은? (단, $i=\sqrt{-1}$)

① $-2i$ ② $-i$ ③ i ④ $2i$ ⑤ $4i$

유형 **3** 음수의 제곱근

$\sqrt{-2}\times\sqrt{2}+\sqrt{-2}\sqrt{-8}+\dfrac{\sqrt{12}}{\sqrt{-3}}$ 의 값은? (단, $i=\sqrt{-1}$)

① -4　　② -2　　③ $-4i$　　④ $-2i$　　⑤ $-i$

풀이

$\sqrt{-2}\times\sqrt{2}=\sqrt{2}i\times\sqrt{2}=2i$

$\sqrt{-2}\sqrt{-8}=-\sqrt{(-2)\times(-8)}=-\sqrt{16}=-4$

$\dfrac{\sqrt{12}}{\sqrt{-3}}=-\sqrt{\dfrac{12}{-3}}=-\sqrt{-4}=-2i$

따라서

$\sqrt{-2}\times\sqrt{2}+\sqrt{-2}\sqrt{-8}+\dfrac{\sqrt{12}}{\sqrt{-3}}=2i+(-4)+(-2i)=-4$　　답 ①

POINT

- $a<0$, $b<0$일 때,
  $\sqrt{a}\sqrt{b}=-\sqrt{ab}$
- $a>0$, $b<0$일 때,
  $\dfrac{\sqrt{a}}{\sqrt{b}}=-\sqrt{\dfrac{a}{b}}$

유제 **3**　▶ 25445-0092

0이 아닌 세 실수 a, b, c가 다음 조건을 만족시킬 때, $|a-b|+|b+c|-|a-c|$를 간단히 하면?

(가) $\sqrt{-a}\sqrt{b}=-\sqrt{-ab}$　　　(나) $\dfrac{\sqrt{c}}{\sqrt{ab}}=\sqrt{\dfrac{c}{ab}}$

① $a-b$　　② $b+c$　　③ $2a$　　④ $-2b$　　⑤ $-2c$

유형 **4** 이차방정식의 판별식

x에 대한 이차방정식 $x^2-3x+k-5=0$이 서로 다른 두 실근을 갖도록 하는 자연수 k의 개수는?

① 3　　② 4　　③ 5　　④ 6　　⑤ 7

풀이

이차방정식 $x^2-3x+k-5=0$이 서로 다른 두 실근을 가져야 하므로

이차방정식 $x^2-3x+k-5=0$의 판별식을 D라 하면

$D=(-3)^2-4\times1\times(k-5)>0$

$k<\dfrac{29}{4}$

따라서 자연수 k의 값은 1, 2, 3, $\cdots$, 7이고, 그 개수는 7이다.　　답 ⑤

POINT

계수가 실수인 이차방정식
$ax^2+bx+c=0$에서

- 서로 다른 두 실근을 가지면
  $D>0$이다.
- $D=b^2-4ac$

유제 **4**　▶ 25445-0093

양수 k에 대하여 x에 대한 이차방정식 $x^2-kx+k+3=0$이 중근 α를 가질 때, $k+\alpha$의 값은?

① 5　　② 7　　③ 9　　④ 11　　⑤ 13

유형 5 이차방정식의 근과 계수의 관계 (1)

이차방정식 $2x^2-4x-1=0$의 두 근을 α, β라 할 때, $\alpha^3+\beta^3$의 값은?

① 8　　　② 9　　　③ 10　　　④ 11　　　⑤ 12

풀이 이차방정식의 근과 계수의 관계에 의하여

$\alpha+\beta=-\dfrac{-4}{2}=2,\ \alpha\beta=\dfrac{-1}{2}=-\dfrac{1}{2}$

$\alpha^3+\beta^3=(\alpha+\beta)^3-3\alpha\beta(\alpha+\beta)$

$\quad\quad=2^3-3\times\left(-\dfrac{1}{2}\right)\times2$

$\quad\quad=11$

POINT
- 이차방정식 $ax^2+bx+c=0$의 두 근을 α, β라 할 때,
$\alpha+\beta=-\dfrac{b}{a},\ \alpha\beta=\dfrac{c}{a}$
- x^3+y^3
$=(x+y)^3-3xy(x+y)$

답 ④

유제 5　▶ 25445-0094

이차방정식 $x^2-5x+2=0$의 두 근을 α, β라 할 때, 다음 식의 값을 구하시오.

(1) $\alpha^2\beta+\alpha\beta^2$

(2) $\dfrac{\beta}{\alpha}+\dfrac{\alpha}{\beta}$

유형 6 이차방정식의 근과 계수의 관계 (2)

이차방정식 $x^2+6x+4=0$의 두 근을 α, β라 할 때, x^2의 계수가 1이고 두 수 $\alpha+2$, $\beta+2$를 두 근으로 하는 이차방정식을 구하시오.

풀이 이차방정식 $x^2+6x+4=0$의 두 근이 α, β이므로
이차방정식의 근과 계수의 관계에 의하여

$\alpha+\beta=-\dfrac{6}{1}=-6,\ \alpha\beta=\dfrac{4}{1}=4$

이때 $(\alpha+2)+(\beta+2)=(\alpha+\beta)+4=-6+4=-2$,
$(\alpha+2)(\beta+2)=\alpha\beta+2(\alpha+\beta)+4=4+2\times(-6)+4=-4$
따라서 x^2의 계수가 1이고 두 수 $\alpha+2$, $\beta+2$를 두 근으로 하는 이차방정식은
$x^2-(-2)x+(-4)=0$, 즉 $x^2+2x-4=0$

POINT
- 이차방정식
$ax^2+bx+c=0$의 두 근을 α, β라 할 때,
$\alpha+\beta=-\dfrac{b}{a},\ \alpha\beta=\dfrac{c}{a}$
- x^2의 계수가 1이고 두 수 α, β를 근으로 하는 이차방정식은
$x^2-(\alpha+\beta)x+\alpha\beta=0$

답 $x^2+2x-4=0$

유제 6　▶ 25445-0095

이차방정식 $2x^2-x-4=0$의 두 근을 α, β라 할 때, x^2의 계수가 4이고 두 수 $\dfrac{1}{\alpha}$, $\dfrac{1}{\beta}$을 두 근으로 하는 이차방정식을 구하시오.

유형 1 복소수

01
▶ 25445-0096

등식 $2a+(a-1)i=8+bi$를 만족시키는 두 실수 a, b에 대하여 $a+b$의 값은? (단, $i=\sqrt{-1}$)

① 5   ② 6   ③ 7
④ 8   ⑤ 9

02
▶ 25445-0097

복소수 $z=(3a+b)+(2b-8)i$에 대하여 z의 실수부분은 10이고 $z=\bar{z}$가 성립하도록 하는 두 실수 a, b에 대하여 ab의 값을 구하시오. (단, $i=\sqrt{-1}$)

유형 2 복소수의 연산

03
▶ 25445-0098

두 실수 a, b에 대하여 $\dfrac{5i}{2-i}+ai=b+4i$일 때, $a+b$의 값은? (단, $i=\sqrt{-1}$)

① -2 ② -1 ③ 0
④ 1 ⑤ 2

04
▶ 25445-0099

$\left(\dfrac{i}{1+i}\right)^4+\left(\dfrac{i}{1-i}\right)^4$을 간단히 하면? (단, $i=\sqrt{-1}$)

① $-\dfrac{1}{4}$ ② $-\dfrac{1}{2}$ ③ -1
④ $-\dfrac{i}{2}$ ⑤ $-\dfrac{i}{4}$

유형 3 음수의 제곱근

05
▶ 25445-0100

$\sqrt{-5}\sqrt{5}+\dfrac{\sqrt{24}}{\sqrt{-6}}$의 값은? (단, $i=\sqrt{-1}$)

① $-6i$ ② $-3i$ ③ 0
④ $3i$ ⑤ $6i$

06
▶ 25445-0101

서로 다른 두 복소수 α, β가 모두 -9의 제곱근일 때, $\sqrt{\alpha^2}\sqrt{\beta^2}+\dfrac{\sqrt{-\alpha\beta}}{\sqrt{-1}}$의 값은?

① -7 ② -6 ③ -5
④ -4 ⑤ -3

유형 **4** 이차방정식의 판별식

07
▶ 25445-0102

x에 대한 이차방정식 $x^2-2kx+k^2+3k-15=0$이 서로 다른 두 실근을 갖도록 하는 모든 자연수 k의 값의 합을 구하시오.

08
▶ 25445-0103

x에 대한 이차방정식 $x^2+3x+k=0$이 서로 다른 두 허근을 갖도록 하는 실수 k의 값의 범위를 구하시오.

09
▶ 25445-0104

x에 대한 이차방정식
$$x^2+2(m+a)x+m^2-6m+b=0$$
이 실수 m의 값에 관계없이 항상 중근을 가질 때, $a+b$의 값은? (단, a, b는 실수이다.)

① 6   ② 8   ③ 10
④ 12   ⑤ 14

유형 **5** 이차방정식의 근과 계수의 관계

10
▶ 25445-0105

x에 대한 이차방정식 $2x^2-6x-a=0$의 두 근이 -2와 b일 때, 두 상수 a, b에 대하여 $a-b$의 값은?

① 11   ② 12   ③ 13
④ 14   ⑤ 15

11
▶ 25445-0106

이차방정식 $x^2+4x+2=0$의 두 근을 α, β라 할 때, x^2의 계수가 2이고 두 수 $\dfrac{\beta+1}{\alpha}$, $\dfrac{\alpha+1}{\beta}$을 두 근으로 하는 이차방정식을 구하시오.

12
▶ 25445-0107

이차식 x^2-2x+5를 복소수의 범위에서 인수분해하시오.

등식 $\dfrac{a}{2-i}+\dfrac{bi}{2+i}=4-i$를 만족시키는 두 실수 a, b에 대하여 $a+b$의 값을 구하시오. (단, $i=\sqrt{-1}$)

풀이

$\dfrac{a}{2-i}+\dfrac{bi}{2+i}=4-i$에서

$\dfrac{a}{2-i}+\dfrac{bi}{2+i}=\dfrac{a(2+i)}{(2-i)(2+i)}+\dfrac{bi(2-i)}{(2+i)(2-i)}$

분자, 분모에 분모의 켤레복소수를 곱한다.

$\qquad =\dfrac{2a+ai}{2^2-i^2}+\dfrac{2bi-bi^2}{2^2-i^2}$

$\qquad =\dfrac{2a+ai}{4-(-1)}+\dfrac{2bi-b\times(-1)}{4-(-1)}$

$\qquad =\dfrac{2a+b}{5}+\dfrac{a+2b}{5}i \qquad \blacktriangleleft \ ❶$

이므로

$\dfrac{2a+b}{5}+\dfrac{a+2b}{5}i=4-i$

두 복소수가 서로 같을 조건에 의하여

> a, b, c, d가 실수일 때, $a+bi=c+di$이면 $a=c$, $b=d$이다.

$\dfrac{2a+b}{5}=4$, $\dfrac{a+2b}{5}=-1$, 즉

$2a+b=20 \qquad \cdots\cdots \ ㉠$

$a+2b=-5 \qquad \cdots\cdots \ ㉡ \qquad \blacktriangleleft \ ❷$

㉠, ㉡을 연립하여 풀면

$a=15$, $b=-10$

따라서

$a+b=15+(-10)=5 \qquad \blacktriangleleft \ ❸$

🔖 5

단계	채점 기준	비율
❶	분자, 분모에 분모의 켤레복소수를 곱한 후 이를 정리한 경우	40 %
❷	두 복소수가 서로 같을 조건을 이용하여 a, b에 대한 관계식을 구한 경우	40 %
❸	$a+b$의 값을 구한 경우	20 %

01 ▶ 25445-0108

복소수 $z=1+i$에 대하여 $\left(\dfrac{z\bar{z}}{z-\bar{z}}\right)^3+\left(\dfrac{z\bar{z}}{z-\bar{z}}\right)^6$의 값을 구하시오. (단, $i=\sqrt{-1}$)

02 ▶ 25445-0109

x에 대한 이차방정식 $x^2-2ax+a^2+a-8=0$이 실근을 갖도록 하는 정수 a의 최댓값을 M이라 하자. x에 대한 이차방정식 $2x^2+5x+b-1=0$이 서로 다른 두 허근을 갖도록 하는 정수 b의 최솟값을 m이라 하자. $M+m$의 값을 구하시오.

03 ▶ 25445-0110

x에 대한 이차방정식 $f(x)=0$의 두 근을 α, β라 하자. $\alpha+\beta=5$, $\alpha\beta=8$일 때, x에 대한 이차방정식 $f(4x-1)=0$의 두 근의 곱을 구하시오.

내신 + 수능 고난도 문항

01 ▶ 25445-0111

복소수 $z=\dfrac{(1+i)^2}{i}+(1-i)^2$에 대하여 z^n이 음의 실수가 되도록 하는 자연수 n의 최솟값을 k라 할 때, $k+z^k$의 값은? (단, $i=\sqrt{-1}$)

① -60 ② -56 ③ -52 ④ -48 ⑤ -44

02 ▶ 25445-0112

복소수 $z=\dfrac{1+i}{1-i}$에 대하여

$$z+2z^2+3z^3+4z^4+\cdots+60z^{60}=a+bi$$

가 성립할 때, 두 실수 a, b에 대하여 $a-b$의 값은? (단, $i=\sqrt{-1}$)

① 60 ② 65 ③ 70 ④ 75 ⑤ 80

03 ▶ 25445-0113

x에 대한 이차방정식

$$x^2-2(k+a)x+k^2+6k+b=0$$

이 실수 k의 값에 관계없이 항상 서로 다른 두 실근을 갖도록 하는 두 정수 a, b에 대하여 $a+b$의 최댓값을 구하시오.

05 이차방정식과 이차함수

개념 1 이차방정식과 이차함수의 관계

이차함수 $y=ax^2+bx+c$의 그래프와 x축의 교점의 x좌표는 이차방정식 $ax^2+bx+c=0$
의 실근과 같다.

개념 2 이차함수 $y=ax^2+bx+c$의 그래프와 x축의 위치 관계

이차함수 $y=ax^2+bx+c$의 그래프와 x축의 위치 관계는 이차방정식 $ax^2+bx+c=0$의
판별식 $D=b^2-4ac$의 값의 부호에 따라 다음과 같다.

D의 부호	$ax^2+bx+c=0$의 근	$y=ax^2+bx+c$의 그래프 $a>0$	$y=ax^2+bx+c$의 그래프 $a<0$	$y=ax^2+bx+c$의 그래프와 x축의 위치 관계
$D>0$	서로 다른 두 실근 $\alpha, \beta\,(\alpha<\beta)$			서로 다른 두 점에서 만난다.
$D=0$	중근 α			한 점에서 만난다. (접한다.)
$D<0$	서로 다른 두 허근			만나지 않는다.

개념 3 이차함수의 그래프와 직선의 위치 관계

(1) 이차함수 $y=ax^2+bx+c$의 그래프와 직선 $y=mx+n$의 교점의 x좌표는
이차방정식 $ax^2+bx+c=mx+n$, 즉
$$ax^2+(b-m)x+c-n=0 \quad\cdots\cdots\ \text{㉠}$$
의 실근과 같다.

(2) 이차함수 $y=ax^2+bx+c$의 그래프와 직선 $y=mx+n$의 위치 관계는 이차방정식
㉠의 판별식 $D=(b-m)^2-4a(c-n)$의 값의 부호에 따라 다음과 같다.

D의 부호	$D>0$	$D=0$	$D<0$
이차함수 $y=ax^2+bx+c$의 그래프와 직선 $y=mx+n$의 위치 관계 $(a>0, m>0)$	서로 다른 두 점에서 만난다.	한 점에서 만난다. (접한다.)	만나지 않는다.

개념 4 제한된 범위에서 이차함수의 최대 · 최소

x의 값의 범위가 $\alpha \leq x \leq \beta$일 때, 이차함수 $f(x)=a(x-p)^2+q$의 최댓값과 최솟값은 이차함수의 그래프의 꼭짓점의 x좌표 p가 주어진 범위에 포함되는지 조사하여 다음과 같이 구한다.

(1) $\alpha \leq p \leq \beta$인 경우

$f(\alpha)$, $f(\beta)$, $f(p)$ 중에서 가장 큰 값이 최댓값이고, 가장 작은 값이 최솟값이다.

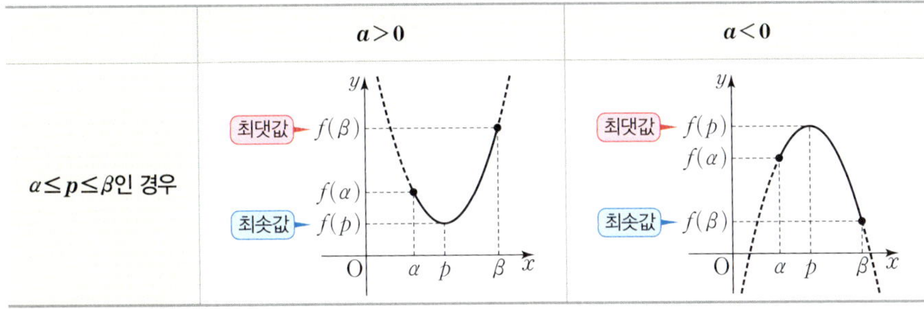

(2) $p < \alpha$ 또는 $p > \beta$인 경우

$f(\alpha)$, $f(\beta)$ 중에서 큰 값이 최댓값이고, 작은 값이 최솟값이다.

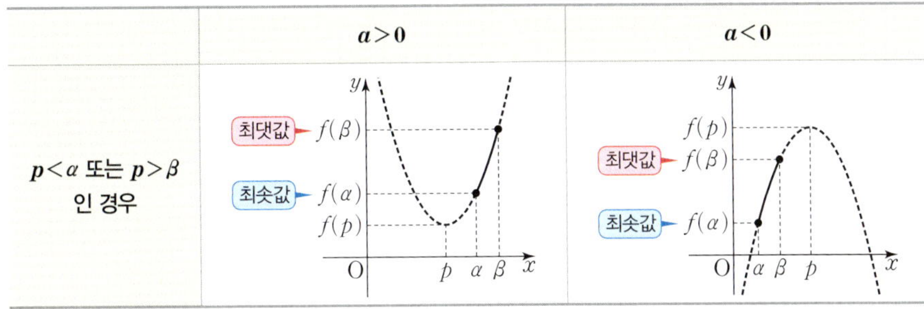

참고 $\alpha < x < \beta$일 때, 이차함수 $f(x)=a(x-p)^2+q$의 최댓값과 최솟값은 다음과 같다.

(1) $\alpha < p < \beta$일 때,

$a>0$이면 최솟값은 q이고 최댓값은 없다.

$a<0$이면 최댓값은 q이고 최솟값은 없다.

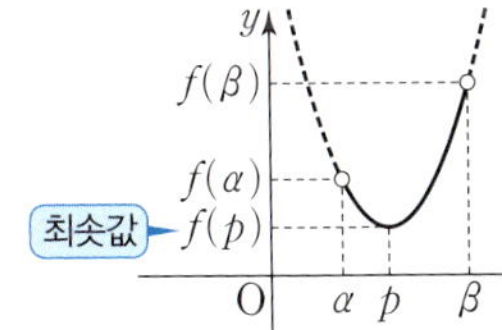 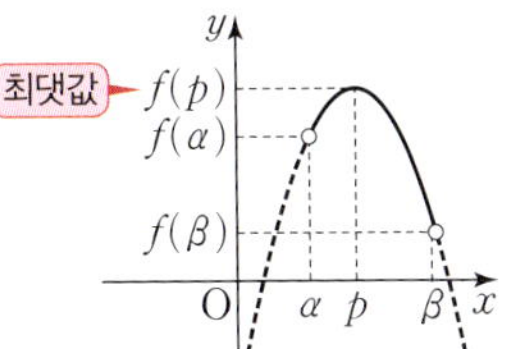

(2) $p \leq \alpha$ 또는 $p \geq \beta$일 때, 최댓값과 최솟값은 모두 없다.

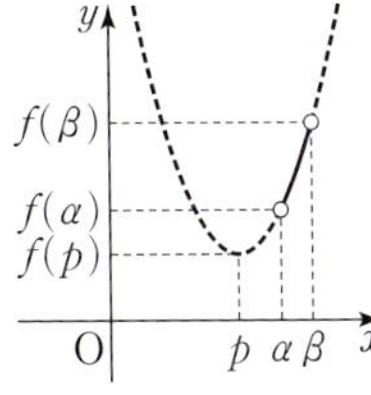 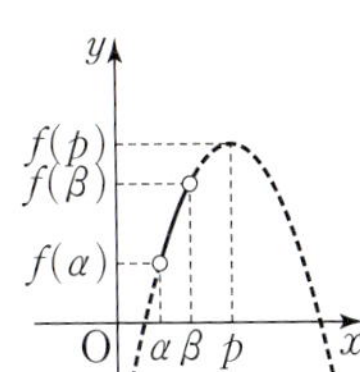

(1) $-2 \leq x \leq 3$일 때,

이차함수

$y=x^2-2x$

$\quad =(x-1)^2-1$

은 $x=-2$일 때 최댓값 8을 갖고, $x=1$일 때 최솟값 -1을 갖는다.

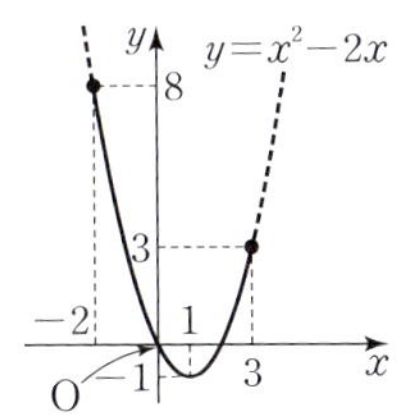

(2) $-3 \leq x \leq 0$일 때,

이차함수

$y=-x^2-4x+2$

$\quad =-(x+2)^2+6$

은 $x=-2$일 때 최댓값 6을 갖고, $x=0$일 때 최솟값 2를 갖는다.

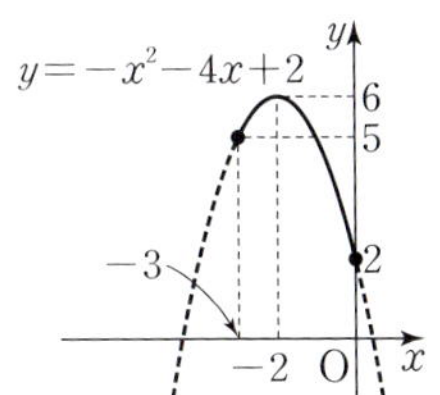

(3) $-1 \leq x \leq 1$일 때,

이차함수

$y=x^2+4x+5$

$\quad =(x+2)^2+1$

은 $x=1$일 때 최댓값 10을 갖고, $x=-1$일 때 최솟값 2를 갖는다.

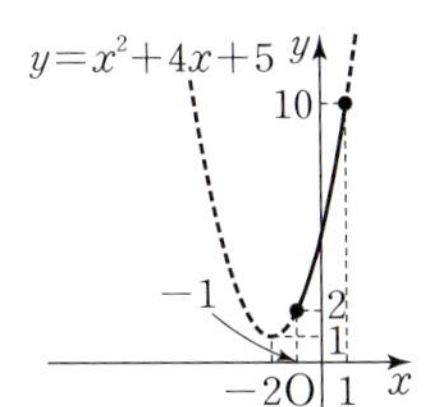

유형 **1** 이차방정식과 이차함수의 관계

이차함수 $y=x^2+ax-6$의 그래프와 x축이 두 점 A$(-1,\ 0)$, B$(b,\ 0)$에서 만날 때, $a+b$의 값은?

(단, a는 상수이다.)

① -2　　　② -1　　　③ 0　　　④ 1　　　⑤ 2

풀이 이차함수 $y=x^2+ax-6$의 그래프와 x축이 두 점 A$(-1,\ 0)$, B$(b,\ 0)$에서 만나므로

이차방정식 $x^2+ax-6=0$의 두 근은 -1, b이다.

이차방정식의 근과 계수의 관계에 의하여

$-1+b=-a$　　……　㉠

$-1\times b=-6$　　……　㉡

㉡에서 $b=6$

$b=6$을 ㉠에 대입하면

$-1+6=-a$, $a=-5$

따라서 $a+b=-5+6=1$

POINT

■ 이차함수
$y=ax^2+bx+c$의 그래프와 x축의 교점의 x좌표는 이차방정식 $ax^2+bx+c=0$의 실근과 같다.

답 ④

유제 1　　▶ 25445-0114

이차함수 $y=x^2-9x+a$의 그래프와 x축이 두 점 A, B에서 만난다. 선분 AB의 길이가 5일 때, 상수 a의 값을 구하시오.

유형 **2** 이차함수의 그래프와 x축의 위치 관계

이차함수 $y=x^2+7x+k$의 그래프가 x축과 서로 다른 두 점에서 만나도록 하는 정수 k의 최댓값은?

① 11　　　② 12　　　③ 13　　　④ 14　　　⑤ 15

풀이 이차함수 $y=x^2+7x+k$의 그래프가 x축과 서로 다른 두 점에서 만나야 하므로

이차방정식 $x^2+7x+k=0$의 판별식을 D라 하면

$D=7^2-4k>0$

$k<\dfrac{49}{4}$

따라서 정수 k의 최댓값은 12이다.

POINT

■ 이차함수
$y=ax^2+bx+c$의 그래프와 x축의 교점의 개수는 이차방정식 $ax^2+bx+c=0$의 서로 다른 실근의 개수와 같다.

답 ②

유제 2　　▶ 25445-0115

이차함수 $y=-3x^2+2kx+k-6$의 그래프가 x축과 접할 때, 양수 k의 값을 구하시오.

유형 3 이차함수의 그래프와 직선의 위치 관계

이차함수 $y=x^2-2x+k$의 그래프와 직선 $y=3x+2k$가 만나도록 하는 실수 k의 값의 범위를 구하시오.

풀이 이차함수 $y=x^2-2x+k$의 그래프와 직선 $y=3x+2k$가 만나야 하므로

이차방정식 $x^2-2x+k=3x+2k$, 즉 $x^2-5x-k=0$의 판별식을 D라 하면

$D=(-5)^2-4\times1\times(-k)\geq0$

$25+4k\geq0$

따라서

$k\geq-\dfrac{25}{4}$

POINT

- 이차함수 $y=ax^2+bx+c$의 그래프와 직선 $y=mx+n$의 교점의 개수는 이차방정식 $ax^2+(b-m)x+c-n=0$의 서로 다른 실근의 개수와 같다.

답 $k\geq-\dfrac{25}{4}$

유제 3 ▶ 25445-0116

이차함수 $y=-2x^2-7x+k$의 그래프와 직선 $y=x-k+5$가 만나지 않도록 하는 정수 k의 최댓값은?

① -5
② -4
③ -3
④ -2
⑤ -1

유형 4 제한된 범위에서 이차함수의 최대·최소

$-2\leq x\leq2$에서 이차함수 $f(x)=x^2-2x+a$의 최솟값은 -4이고 최댓값은 M이다. $a+M$의 값은?
(단, a는 상수이다.)

① -2
② -1
③ 0
④ 1
⑤ 2

풀이 $f(x)=x^2-2x+a=(x-1)^2+a-1$

이차함수 $f(x)$는 $x=1$일 때, 최솟값 $a-1$을 가지므로

$a-1=-4$에서 $a=-3$

또, 이차함수 $f(x)$는 $x=-2$일 때,

최댓값 M을 가지므로

$M=(-2)^2-2\times(-2)-3=5$

따라서 $a+M=-3+5=2$

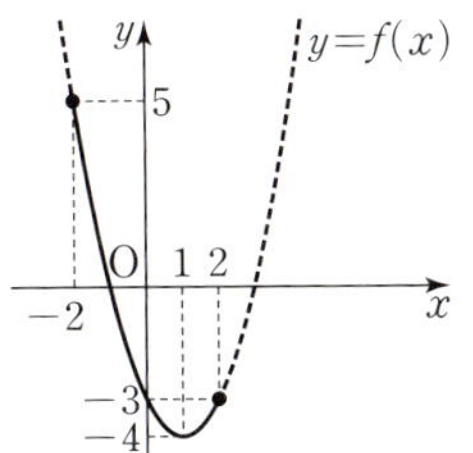

POINT

- $\alpha\leq x\leq\beta$일 때, 이차함수 $f(x)=a(x-p)^2+q$ $(a>0,\ \alpha\leq p\leq\beta)$의 최솟값은 $f(p)$이고, 최댓값은 $f(\alpha)$, $f(\beta)$ 중에서 큰 값이다.
- 꼭짓점의 x좌표 1이 주어진 범위에 포함되므로 $f(1)$이 최솟값이다.

답 ⑤

유제 4 ▶ 25445-0117

$0\leq x\leq3$에서 이차함수 $f(x)=-x^2-4x+a$의 최댓값이 5이고 최솟값이 m일 때, $a+m$의 값을 구하시오. (단, a는 상수이다.)

유형 1 이차방정식과 이차함수의 관계

01
▶ 25445-0118

이차함수 $y=-2x^2+6x+a$의 그래프와 x축이 만나는 두 점의 x좌표가 7, b일 때, $a+b$의 값은?

(단, a는 상수이다.)

① 44 ② 46 ③ 48
④ 50 ⑤ 52

02
▶ 25445-0119

이차함수 $f(x)$가 다음 조건을 만족시킬 때, 이차방정식 $f(x)=0$의 서로 다른 모든 실근의 곱을 구하시오.

> (가) 이차함수 $f(x)$는 $x=5$에서 최솟값을 갖는다.
> (나) 이차함수 $y=f(x)$의 그래프는 점 $(2, 0)$을 지난다.

03
▶ 25445-0120

이차함수 $y=x^2-ax+12$의 그래프가 x축과 서로 다른 두 점 A, B에서 만나고, y축과 점 C에서 만난다. 삼각형 ABC의 넓이가 24일 때, 양수 a의 값은?

① 6 ② 7 ③ 8
④ 9 ⑤ 10

유형 2 이차함수의 그래프와 x축의 위치 관계

04
▶ 25445-0121

이차함수 $y=x^2+2ax+a+12$의 그래프가 x축과 접할 때, 양수 a의 값은?

① 1 ② 2 ③ 3
④ 4 ⑤ 5

05
▶ 25445-0122

이차함수 $y=-\dfrac{1}{4}x^2+nx-n^2+2n-14$의 그래프가 x축과 만나지 않도록 하는 정수 n의 최댓값은?

① 3 ② 4 ③ 5
④ 6 ⑤ 7

06
▶ 25445-0123

이차함수 $f(x)=x^2-6x+a$의 그래프가 x축과 만나도록 하는 실수 a의 값의 범위를 구하시오.

07

▶ 25445-0124

점 $(0, a)$를 지나고 기울기가 2인 직선과 이차함수 $y=x^2-6x+7$의 그래프가 서로 다른 두 점에서 만나도록 하는 정수 a의 최솟값은?

① -10 ② -9 ③ -8

④ -7 ⑤ -6

08

▶ 25445-0125

이차함수 $f(x)=x^2+ax$의 그래프와 직선 $y=5x-9$가 접하고 $f(-1)<0$일 때, $f(1)$의 값은?

(단, a는 상수이다.)

① 11 ② 12 ③ 13

④ 14 ⑤ 15

09

▶ 25445-0126

이차함수 $y=-2x^2+8x+a$의 그래프와 직선 $y=3x+6$이 만나지 않도록 하는 자연수 a의 개수를 구하시오.

10

▶ 25445-0127

$-2 \leq x \leq 1$에서 이차함수 $f(x)=-x^2-2x+a$의 최댓값과 최솟값의 합이 6일 때, 상수 a의 값은?

① 4 ② 5 ③ 6

④ 7 ⑤ 8

11

▶ 25445-0128

$0 \leq x \leq 2$에서 이차함수 $y=(2x-1)^2-4(2x-1)+6$의 최댓값을 M, 최솟값을 m이라 할 때, $M+m$의 값은?

① 9 ② 10 ③ 11

④ 12 ⑤ 13

12

▶ 25445-0129

가로의 길이가 24 cm, 세로의 길이가 5 cm인 직사각형이 있다. 이 직사각형의 가로의 길이를 $2x$ cm만큼 줄이고 세로의 길이는 $(x+1)$ cm만큼 늘여 새로 만든 직사각형의 넓이의 최댓값을 구하시오. (단, $0<x<12$)

최고차항의 계수가 양수인 이차함수 $f(x)$가 다음 조건을 만족시킨다.

> (가) 이차함수 $y=f(x)$의 그래프와 x축이 만나는 두 점
>   의 x좌표는 각각 -1, 3이다.
> (나) $-3 \le x \le 4$에서 이차함수 $f(x)$의 최댓값은 24이다.

$f(2)$의 값을 구하시오.

풀이

이차함수 $f(x)$의 최고차항의 계수를 a ($a>0$)이라 하자.
조건 (가)에서
이차함수 $y=f(x)$의 그래프와 x축이 만나는 두 점의 x좌표가 각각 -1, 3이므로 x에 대한 이차방정식 $f(x)=0$의 두 근은 -1, 3이다.　이차함수 $y=ax^2+bx+c$의 그래프와 x축이 만나는
　　　　점의 x좌표는 이차방정식 $ax^2+bx+c=0$의 실근이다.
이때 $f(x)=a(x+1)(x-3)$으로 놓을 수 있다.　　◀ ❶
$f(x)=a(x^2-2x-3)=a(x-1)^2-4a$
이차함수 $y=f(x)$의 그래프의 축이 직선 $x=1$이고 $a>0$이므로
$-3 \le x \le 4$에서 이차함수 $f(x)$는 $x=-3$에서 최댓값을 갖는다.　$\alpha \le x \le \beta$일 때, 이차함수 $f(x)=a(x-p)^2+q$
　　　$(a>0,\ \alpha \le p \le \beta)$의 최솟값은 $f(p)$이고, 최댓값은
　　　$f(\alpha)$, $f(\beta)$ 중에서 큰 값이다.
$f(-3)=12a=24$에서 $a=2$　　◀ ❷
따라서 $f(x)=2(x+1)(x-3)$이므로
$f(2)=2 \times 3 \times (-1)=-6$　　◀ ❸

답 -6

단계	채점 기준	비율
❶	조건 (가)를 이용하여 함수 $f(x)$를 나타낸 경우	40 %
❷	조건 (나)를 이용하여 이차함수 $f(x)$의 최고차항의 계수를 구한 경우	40 %
❸	$f(2)$의 값을 구한 경우	20 %

01
▶ 25445-0130

이차함수 $y=x^2-4x+k$의 그래프와 직선 $y=k$가 만나는 두 점을 A, B라 하자. 삼각형 OAB의 넓이가 14일 때, 양수 k의 값을 구하시오. (단, O는 원점이다.)

02
▶ 25445-0131

이차함수 $y=-x^2+2x+k$의 그래프와 x축은 서로 다른 두 점에서 만나고 이차함수 $y=-x^2+2x+k$의 그래프와 직선 $y=6x+k^2+k$는 접하도록 하는 실수 k의 값을 구하시오.

03
▶ 25445-0132

$-1 \le x \le 3$에서 이차함수 $f(x)=x^2-2ax-a+5$의 최솟값이 -1일 때, 함수 $f(x)$의 최댓값을 구하시오.
(단, a는 양수이다.)

🥾 내신 · 수능 고난도 문항

▶ 25445-0133

01

이차함수 $f(x)=\dfrac{1}{2}x^2-ax+6$의 그래프와 직선 $y=x+1$이 서로 다른 두 점 A, B에서 만난다. 두 점 A, B 에서 x축에 내린 수선의 발을 각각 C, D라 하자. 선분 CD의 길이가 3일 때, 양수 a의 값은?

(단, 점 B의 x좌표가 점 A의 x좌표보다 크다.)

① 2   ② $\dfrac{5}{2}$ ③ 3   ④ $\dfrac{7}{2}$ ⑤ 4

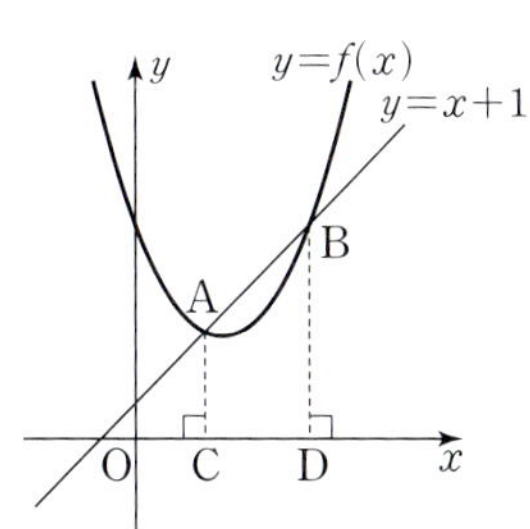

▶ 25445-0134

02

최고차항의 계수가 양수인 이차함수 $f(x)$가 다음 조건을 만족시킬 때, $f(5)$의 값은?

(가) 함수 $y=f(x)$의 그래프와 직선 $y=8$이 만나는 두 점의 x좌표는 각각 -2, 3이다.
(나) $0\leq x\leq 4$에서 이차함수 $f(x)$의 최댓값은 20이다.

① 24   ② 28   ③ 32   ④ 36   ⑤ 40

▶ 25445-0135

03

그림과 같이 $1\leq a\leq 3$인 실수 a에 대하여 이차함수 $f(x)=x^2-2(a+1)x+a^2+2a$의 그래프가 x축과 만나 는 서로 다른 두 점을 각각 A, B라 하고, y축과 만나는 점을 C라 하자. 삼각형 ABC의 넓이의 최댓값이 M, 최솟값이 m일 때, $M-m$의 값을 구하시오.

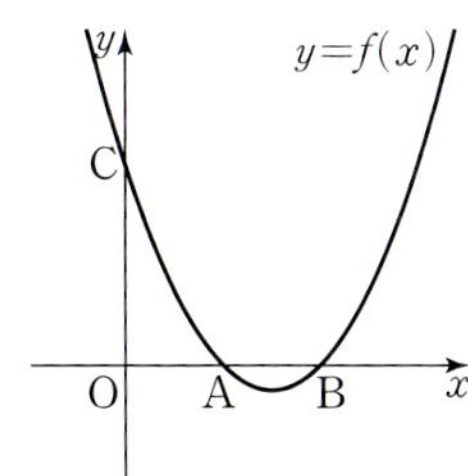

06 여러 가지 방정식과 부등식

개념 1 삼차방정식과 사차방정식

(1) 삼차방정식과 사차방정식

다항식 $f(x)$가 x에 대한 삼차식일 때 방정식 $f(x)=0$을 x에 대한 삼차방정식이라 하고, 다항식 $f(x)$가 x에 대한 사차식일 때 방정식 $f(x)=0$을 x에 대한 사차방정식이라 한다.

(2) 삼차방정식과 사차방정식의 풀이

① 다항식 $f(x)$를 인수분해 공식을 이용하거나 공통인수로 묶어 인수분해하여 방정식의 근을 구한다.

② $f(\alpha)=0$이면 인수정리에 의하여 $f(x)$는 $x-\alpha$를 인수로 가지므로 조립제법을 이용하여 다항식 $f(x)$를 인수분해한 다음 방정식의 근을 구한다.

③ 사차방정식 $ax^4+bx^2+c=0$은

　(i) $x^2=X$로 치환하여 다항식 aX^2+bX+c를 인수분해한 다음 사차방정식의 근을 구한다.

　(ii) (i)의 방법으로 인수분해가 어려울 경우에는 사차식 ax^4+bx^2+c를 A^2-B^2의 꼴로 변형하여 인수분해한 다음 사차방정식의 근을 구한다.

참고 $ABC=0$이면 $A=0$ 또는 $B=0$ 또는 $C=0$

(1) 삼차방정식

$x^3-2x^2+3x-2=0$에서

$f(x)=x^3-2x^2+3x-2$

라 하면 $f(1)=0$이므로

$f(x)$는 $x-1$을 인수로 갖는다. 이때 조립제법을 이용하여 $f(x)$를 인수분해하면

$(x-1)(x^2-x+2)=0$

$x=1$ 또는 $x^2-x+2=0$

따라서 주어진 방정식의 근은

$x=1$ 또는 $x=\dfrac{1\pm\sqrt{7}i}{2}$

(2) 사차방정식

$x^4-3x^2-4=0$에서

$x^2=X$로 놓으면

$X^2-3X-4=0$

$(X+1)(X-4)=0$

$X=-1$ 또는 $X=4$,

즉 $x^2=-1$ 또는 $x^2=4$

따라서 주어진 방정식의 근은

$x=\pm i$ 또는 $x=\pm2$

개념 2 삼차방정식 $x^3=1$의 허근의 성질

삼차방정식 $x^3=1$의 한 허근을 ω라 하고, ω의 켤레복소수를 $\overline{\omega}$라 하면

① $\omega^3=1$, $\overline{\omega}^3=1$

② $\omega^2+\omega+1=0$, $\overline{\omega}^2+\overline{\omega}+1=0$

③ $\overline{\omega}=\omega^2$, $\omega+\overline{\omega}=-1$, $\omega\overline{\omega}=1$

설명 (1) ① 삼차방정식 $x^3=1$의 한 허근이 ω이므로 $\overline{\omega}$도 삼차방정식 $x^3=1$의 허근이다.

　　② $x^3-1=0$에서 $(x-1)(x^2+x+1)=0$이므로 ω, $\overline{\omega}$는 방정식 $x^2+x+1=0$의 근이다. 따라서 $\omega^2+\omega+1=0$, $\overline{\omega}^2+\overline{\omega}+1=0$이다.

　　③ ω, $\overline{\omega}$는 방정식 $x^2+x+1=0$의 두 근이므로 이차방정식의 근과 계수의 관계에 의하여 $\omega+\overline{\omega}=-1$, $\omega\overline{\omega}=1$이고, $\omega^3-\omega\overline{\omega}=\omega(\omega^2-\overline{\omega})=0$에서 $\overline{\omega}=\omega^2$이 성립한다.

참고 다항식 $f(x)$의 계수가 모두 실수일 때, $p+qi$가 방정식 $f(x)=0$의 근이면 켤레복소수 $p-qi$도 이 방정식의 근이다. (단, p, q는 실수이고, $i=\sqrt{-1}$이다.)

삼차방정식 $x^3=1$의 한 허근을 ω라 하면

(1) $\omega^6=(\omega^3)^2=1^2=1$

(2) $\omega^5+\omega^4=\omega^3\times\omega^2+\omega^3\times\omega$

$\qquad=\omega^2+\omega$

$\qquad=-1$

개념 **3** 연립이차방정식

(1) 미지수가 2개인 연립이차방정식

미지수가 2개인 연립방정식에서 차수가 가장 높은 방정식이 이차방정식일 때, 이 연립방정식을 미지수가 2개인 연립이차방정식이라고 한다.

(2) 연립방정식 $\begin{cases} (일차식)=0 \\ (이차식)=0 \end{cases}$ 의 풀이

일차방정식을 한 미지수에 대하여 정리한 다음 이차방정식에 대입하여 푼다.

(3) 연립방정식 $\begin{cases} (이차식)=0 \\ (이차식)=0 \end{cases}$ 의 풀이

인수분해가 쉽게 되는 이차방정식을 인수분해하여 얻은 두 일차방정식을 다른 이차방정식에 대입하여 푼다.

(4) 연립방정식 $\begin{cases} x+y=a \\ xy=b \end{cases}$ 의 풀이

합과 곱이 주어진 연립방정식은 x, y가 t에 대한 이차방정식 $t^2-at+b=0$의 두 근임을 이용하여 푼다.

연립방정식
$$\begin{cases} 2x+y=5 & \cdots\cdots ㉠ \\ x^2+y^2=10 & \cdots\cdots ㉡ \end{cases}$$
의 해를 구해 보자.
㉠에서
$$y=5-2x \quad \cdots\cdots ㉢$$
㉢을 ㉡에 대입하면
$$x^2+(5-2x)^2=10$$
$$x^2-4x+3=0$$
$$(x-1)(x-3)=0$$
$$x=1 \text{ 또는 } x=3$$
(ⅰ) $x=1$일 때,
　㉢에 $x=1$을 대입하면
　$y=3$
(ⅱ) $x=3$일 때,
　㉢에 $x=3$을 대입하면
　$y=-1$
(ⅰ), (ⅱ)에서
연립방정식의 해는
$$\begin{cases} x=1 \\ y=3 \end{cases} \text{ 또는 } \begin{cases} x=3 \\ y=-1 \end{cases}$$

개념 **4** 연립일차부등식

(1) 연립일차부등식

두 개 이상의 부등식을 한 쌍으로 묶어서 나타낸 것을 연립부등식이라 하고, 각각의 부등식이 일차부등식인 연립부등식을 연립일차부등식이라고 한다.

(2) 연립일차부등식의 풀이

① 연립부등식을 이루고 있는 각 부등식의 해의 공통인 부분을 연립부등식의 해라 하며, 연립부등식의 해를 구하는 것을 연립부등식을 푼다고 한다.

② 연립부등식 $\begin{cases} f(x)>0 \\ g(x)<0 \end{cases}$ 은 다음 순서로 푼다.

　(ⅰ) $f(x)>0$의 해와 $g(x)<0$의 해를 각각 구한다.

　(ⅱ) 두 해의 공통인 부분을 구해 연립부등식의 해를 구한다.

③ 부등식 $f(x)<g(x)<h(x)$의 꼴은 $\begin{cases} f(x)<g(x) \\ g(x)<h(x) \end{cases}$ 로 고쳐서 푼다.

연립부등식
$$\begin{cases} 4x-5<2x+1 & \cdots\cdots ㉠ \\ 3-x\leq x+7 & \cdots\cdots ㉡ \end{cases}$$
의 해를 구해 보자.
부등식 ㉠을 풀면
$$4x-2x<1+5$$
$$x<3 \quad \cdots\cdots ㉢$$
부등식 ㉡을 풀면
$$3-7\leq x+x$$
$$x\geq -2 \quad \cdots\cdots ㉣$$
㉢, ㉣에서
주어진 연립부등식의 해는
$$-2\leq x<3$$

개념 **5** 절댓값을 포함한 일차부등식

(1) 양의 실수 a에 대하여 절댓값의 정의에 따라 다음이 성립한다.
    ① $|x|<a$의 해는 $-a<x<a$
    ② $|x|>a$의 해는 $x<-a$ 또는 $x>a$

(2) $a<b$일 때, 부등식 $|x-a|+|x-b|<c$의 해는 세 구간
    (ⅰ) $x<a$ (ⅱ) $a\leq x<b$ (ⅲ) $x\geq b$
    로 나누어 푼다. (단, a, b, c는 상수이다.)

> **참고** 절댓값의 성질
> (1) $|x|=\begin{cases} x & (x\geq 0) \\ -x & (x<0) \end{cases}$
> (2) $|x-a|=\begin{cases} x-a & (x\geq a) \\ -x+a & (x<a) \end{cases}$

예시 보기

⑴ 부등식 $|x-3|\leq 5$를 풀면
  $-5\leq x-3\leq 5$에서
  $-2\leq x\leq 8$
⑵ 부등식 $|x+1|>4$를 풀면
  $x+1<-4$ 또는 $x+1>4$
  따라서
  $x<-5$ 또는 $x>3$

개념 **6** 이차부등식과 연립이차부등식

(1) 이차부등식의 해와 이차함수의 그래프
이차방정식 $ax^2+bx+c=0$ $(a>0)$의 판별식을 $D=b^2-4ac$라 하면 이차부등식의 해와 이차함수의 그래프 사이에는 다음과 같은 관계가 있다.

	$D>0$	$D=0$	$D<0$
$y=ax^2+bx+c$ $(a>0)$의 그래프			
$ax^2+bx+c>0$의 해	$x<\alpha$ 또는 $x>\beta$	$x\neq\alpha$인 모든 실수	모든 실수
$ax^2+bx+c<0$의 해	$\alpha<x<\beta$	해가 없다.	해가 없다.
$ax^2+bx+c\geq 0$의 해	$x\leq\alpha$ 또는 $x\geq\beta$	모든 실수	모든 실수
$ax^2+bx+c\leq 0$의 해	$\alpha\leq x\leq\beta$	$x=\alpha$	해가 없다.

(2) 연립이차부등식
  ① 연립이차부등식
    연립부등식을 이루고 있는 부등식 중에서 차수가 가장 높은 부등식이 이차부등식일 때, 이 연립부등식을 연립이차부등식이라고 한다.
  ② 연립이차부등식의 풀이
    연립부등식을 이루고 있는 각 부등식의 해의 공통인 부분을 구한다.

예시 보기

이차부등식 $x^2-x-2<0$의 해를 구해보자.
$y=x^2-x-2$라 하면
$y=x^2-x-2=(x+1)(x-2)$
이므로 이 이차함수의 그래프는 다음 그림과 같다.

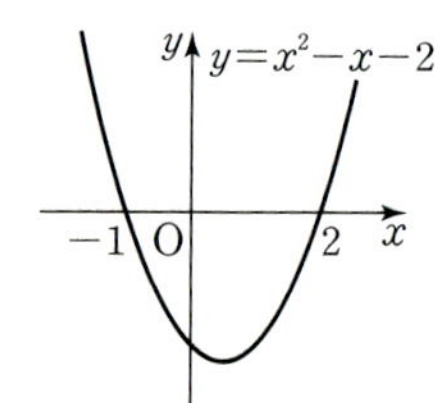

따라서 주어진 부등식의 해는 이차함수 $y=x^2-x-2$의 그래프에서 $y<0$인 x의 값의 범위이므로 $-1<x<2$이다.

기본 유형 익히기

유형 **1** 삼차방정식과 사차방정식

삼차방정식 $x^3-5x^2+6x+a=0$의 서로 다른 세 근이 1, α, β일 때, $(\alpha-\beta)^2$의 값은? (단, a는 상수이다.)

① -8 ② -4 ③ 4 ④ 8 ⑤ 12

풀이 삼차방정식 $x^3-5x^2+6x+a=0$의 한 근이 1이므로

$1^3-5\times1^2+6\times1+a=0$, 즉 $a=-2$

$f(x)=x^3-5x^2+6x-2$라 하면 $f(1)=0$이므로 $f(x)$는 $x-1$을 인수로 갖는다.

이때 조립제법을 이용하여 $f(x)$를 인수분해하면

$f(x)=(x-1)(x^2-4x+2)$

$f(x)=0$에서 $x=1$ 또는 $x^2-4x+2=0$

두 수 α, β는 이차방정식 $x^2-4x+2=0$의 두 근이므로

이차방정식의 근과 계수의 관계에 의하여 $\alpha+\beta=4$, $\alpha\beta=2$

따라서 $(\alpha-\beta)^2=(\alpha+\beta)^2-4\alpha\beta=4^2-4\times2=8$

$$\begin{array}{r|rrr} 1 & 1 & -5 & 6 & -2 \\ & & 1 & -4 & 2 \\ \hline & 1 & -4 & 2 & 0 \end{array}$$

답 ④

POINT

■ $f(a)=0$이면 인수정리에 의하여 다항식 $f(x)$는 $f(x)=(x-a)Q(x)$와 같이 인수분해된다.

■ 이차방정식 $ax^2+bx+c=0$의 두 근을 α, β라 하면 $\alpha+\beta=-\dfrac{b}{a}$, $\alpha\beta=\dfrac{c}{a}$

유제 1 ▶ 25445-0136

다음 방정식을 푸시오.

(1) $x^3+x^2-4x-4=0$

(2) $x^4+2x^2+9=0$

유형 **2** 삼차방정식 $x^3=1$의 허근의 성질

삼차방정식 $x^3=1$의 한 허근을 ω라 할 때, $(\omega^4+2)(\overline{\omega}^4+2)$의 값은?

① -1 ② 1 ③ 3 ④ 5 ⑤ 7

풀이 삼차방정식 $x^3=1$의 한 허근이 ω이므로 $\overline{\omega}$도 삼차방정식 $x^3=1$의 허근이다.

즉, $\omega^3=1$, $\overline{\omega}^3=1$

또 $x^3=1$에서 $x^3-1=0$, $(x-1)(x^2+x+1)=0$이므로 $x=1$ 또는 $x^2+x+1=0$

이차방정식 $x^2+x+1=0$의 판별식을 D라 하면 $D=1^2-4\times1\times1=-3<0$

이므로 이차방정식 $x^2+x+1=0$은 서로 다른 두 허근을 갖는다.

즉, ω, $\overline{\omega}$는 이차방정식 $x^2+x+1=0$의 두 근이므로 이차방정식의 근과 계수의 관계에 의하여 $\omega+\overline{\omega}=-1$, $\omega\overline{\omega}=1$

따라서 $(\omega^4+2)(\overline{\omega}^4+2)=(\omega+2)(\overline{\omega}+2)=\omega\overline{\omega}+2(\omega+\overline{\omega})+4=1+2\times(-1)+4=3$

답 ③

POINT

■ 다항식 $f(x)$의 계수가 모두 실수일 때, 허수 z가 방정식 $f(x)=0$의 근이면 그 켤레복소수 $\overline{z}$도 방정식의 근이다.

■ 계수가 모두 실수인 이차방정식 $ax^2+bx+c=0$의 판별식을 D라 할 때, $D<0$이면 이차방정식은 서로 다른 두 허근을 갖는다.

유제 2 ▶ 25445-0137

삼차방정식 $x^3=1$의 한 허근을 ω라 할 때, $\dfrac{1}{\omega+1}+\dfrac{1}{\omega^5+1}+\dfrac{1}{\omega^9+1}$의 값을 구하시오.

유형 **3** 연립이차방정식

연립방정식 $\begin{cases} x-y=4 \\ x^2+xy-y^2=5 \end{cases}$ 의 해를 $x=\alpha$, $y=\beta$라 할 때, $\alpha+\beta$의 최댓값을 구하시오.

풀이 $\begin{cases} x-y=4 & \cdots\cdots \ \text{㉠} \\ x^2+xy-y^2=5 & \cdots\cdots \ \text{㉡} \end{cases}$

㉠에서 $y=x-4$ $\cdots\cdots$ ㉢

㉢을 ㉡에 대입하면

$x^2+x(x-4)-(x-4)^2=5$, $x^2+4x-21=0$, $(x+7)(x-3)=0$

$x=-7$ 또는 $x=3$

(i) $x=-7$일 때, ㉢에서 $y=-11$

(ii) $x=3$일 때, ㉢에서 $y=-1$

(i), (ii)에서 $\begin{cases} x=-7 \\ y=-11 \end{cases}$ 또는 $\begin{cases} x=3 \\ y=-1 \end{cases}$

따라서 $\alpha+\beta$의 최댓값은 $3+(-1)=2$

답 2

POINT

■ 일차방정식을 한 미지수에 대하여 정리한 다음 이차방정식에 대입하여 푼다.

유제 3 ▶ 25445-0138

다음 연립방정식을 푸시오.

(1) $\begin{cases} x^2-xy-2y^2=0 \\ x^2-2xy-y^2=-4 \end{cases}$

(2) $\begin{cases} x+y=4 \\ xy=3 \end{cases}$

유형 **4** 연립일차부등식

연립부등식 $\begin{cases} 3x-12<x+8 \\ 2x+1\geq7 \end{cases}$ 을 만족시키는 정수 x의 개수를 구하시오.

풀이 $\begin{cases} 3x-12<x+8 & \cdots\cdots \ \text{㉠} \\ 2x+1\geq7 & \cdots\cdots \ \text{㉡} \end{cases}$

㉠에서 $3x-x<8+12$, $x<10$

㉡에서 $2x\geq7-1$, $x\geq3$

㉠, ㉡의 공통부분은 $3\leq x<10$

따라서 연립부등식을 만족시키는 정수 x는 $3, 4, 5, \cdots, 9$이고, 그 개수는 7이다.

답 7

POINT

■ 연립부등식 $\begin{cases} f(x)>0 \\ g(x)<0 \end{cases}$ 은 다음 순서로 푼다.

(i) $f(x)>0$의 해와 $g(x)<0$의 해를 각각 구한다.

(ii) 두 부등식의 해의 공통인 부분을 구해 연립부등식의 해를 구한다.

유제 4 ▶ 25445-0139

부등식 $-2x+6\leq3x-4\leq x+8$을 만족시키는 모든 정수 x의 값의 합을 구하시오.

유형 **5** 절댓값을 포함한 일차부등식

부등식 $|2x-3| \leq 5$의 해가 $a \leq x \leq b$일 때, $a+b$의 값은?

① 3 ② 4 ③ 5 ④ 6 ⑤ 7

풀이 $|2x-3| \leq 5$에서 $-5 \leq 2x-3 \leq 5$이므로

$-2 \leq 2x \leq 8$

$-1 \leq x \leq 4$

이 부등식의 해가 $a \leq x \leq b$이므로 $a=-1$, $b=4$

따라서 $a+b=-1+4=3$

POINT
■ 양의 실수 a에 대하여 $|x|<a$의 해는 $-a<x<a$이다.

답 ①

유제 5 ▶ 25445-0140

부등식 $|x+1|+|x-2| \leq 7$을 만족시키는 정수 x의 개수는?

① 7 ② 8 ③ 9 ④ 10 ⑤ 11

유형 **6** 이차부등식과 연립이차부등식

이차부등식 $x^2-8x+12 \leq 0$을 만족시키는 정수 x의 개수는?

① 3 ② 4 ③ 5 ④ 6 ⑤ 7

풀이 이차함수 $y=x^2-8x+12=(x-2)(x-6)$이므로 이 이차함수의 그래프는 다음 그림과 같이 x축과 두 점 $(2, 0)$, $(6, 0)$에서 만난다.

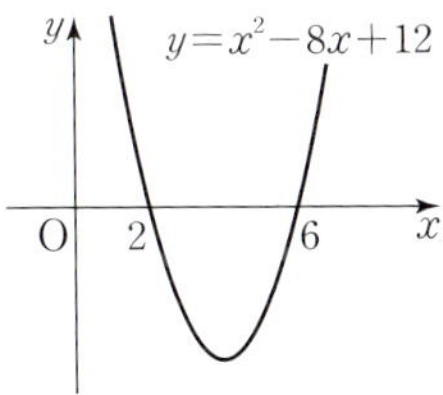

이차부등식 $x^2-8x+12 \leq 0$의 해는 이차함수 $y=x^2-8x+12$의 그래프에서 $y \leq 0$인 x의 값의 범위이므로

$2 \leq x \leq 6$

따라서 주어진 이차부등식을 만족시키는 정수 x는 2, 3, 4, 5, 6이고 그 개수는 5이다.

POINT
■ 이차부등식 $(x-\alpha)(x-\beta) \leq 0 \ (\alpha<\beta)$의 해는 $\alpha \leq x \leq \beta$이다.

답 ③

유제 6 ▶ 25445-0141

연립부등식 $\begin{cases} x^2-5x-14<0 \\ x^2-4x-5 \geq 0 \end{cases}$ 을 만족시키는 모든 정수 x의 값의 합을 구하시오.

유형 **1** 삼차방정식과 사차방정식

01
▶ 25445-0142

삼차방정식 $x^3+x^2+2x-4=0$의 서로 다른 두 허근을 α, β라 할 때, $(\alpha+1)(\beta+1)$의 값은?

① 1 　　　② 2 　　　③ 3
④ 4 　　　⑤ 5

02
▶ 25445-0143

사차방정식
$$(x^2+4x)^2-2(x^2+4x)-35=0$$
의 서로 다른 모든 실근의 곱을 p, 서로 다른 모든 허근의 곱을 q라 할 때, $q-p$의 값은?

① 12 　　　② 14 　　　③ 16
④ 18 　　　⑤ 20

유형 **2** 삼차방정식 $x^3=1$의 허근의 성질

03
▶ 25445-0144

삼차방정식 $x^3-1=0$의 한 허근을 ω라 하자.
$$1+\omega+\omega^2+\omega^3+\cdots+\omega^{25}=a+b\omega$$
를 만족시키는 두 실수 a, b에 대하여 $a+b$의 값은?

① -2 　　　② -1 　　　③ 0
④ 1 　　　⑤ 2

04
▶ 25445-0145

삼차방정식 $x^3=-1$의 한 허근을 α라 할 때, $\dfrac{\bar{\alpha}-1}{\alpha+1}+\dfrac{\alpha-1}{\bar{\alpha}+1}$의 값은?

① -2 　　　② -1 　　　③ 0
④ 1 　　　⑤ 2

유형 **3** 연립이차방정식

05
▶ 25445-0146

연립방정식
$$\begin{cases} x^2-2xy=0 \\ x^2-4xy+5y^2=9 \end{cases}$$
의 해를 $x=\alpha$, $y=\beta$라 할 때, $\alpha+\beta$의 값은? (단, $\alpha>0$)

① 3 　　　② 6 　　　③ 9
④ 12 　　　⑤ 15

06
▶ 25445-0147

x, y에 대한 연립방정식
$$\begin{cases} 2x+y=4 \\ 3x^2-y^2=k \end{cases}$$
가 오직 한 쌍의 해를 갖도록 하는 상수 k의 값을 구하시오.

유형 **4** **연립일차부등식**

07

▶ 25445-0148

부등식

$$5x-8 \leq 3x+4 \leq 6x+7$$

의 해가 $a \leq x \leq b$일 때, $a+b$의 값은?

① 1 ② 2 ③ 3

④ 4 ⑤ 5

08

▶ 25445-0149

x에 대한 연립부등식

$$\begin{cases} 4x+3 > -5 \\ x-7 < -2x+a \end{cases}$$

를 만족시키는 정수 x의 개수가 8이 되도록 하는 모든 정수 a의 값의 합을 구하시오.

유형 **5** **절댓값을 포함한 일차부등식**

09

▶ 25445-0150

다음 부등식의 해를 구하시오.

(1) $|2x-5| > 7$

(2) $|x+2| - |x-3| \geq 1$

10

▶ 25445-0151

부등식 $|3x-2| < x+6$을 만족시키는 정수 x의 개수는?

① 2 ② 4 ③ 6

④ 8 ⑤ 10

유형 **6** **이차부등식과 연립이차부등식**

11

▶ 25445-0152

다음 부등식의 해를 구하시오.

(1) $x^2-x-12 > 0$ (2) $x^2+4x+4 \leq 0$

(3) $2x^2-4x+4 > 0$ (4) $-x^2+6x-10 \geq 0$

12

▶ 25445-0153

연립부등식

$$\begin{cases} 4x+5 \geq -3 \\ x^2-x-20 < 0 \end{cases}$$

을 만족시키는 정수 x의 개수는?

① 4 ② 5 ③ 6

④ 7 ⑤ 8

연립부등식
$$\begin{cases} |x+3| \leq 5 \\ x^2-x-6<0 \end{cases}$$
을 만족시키는 정수 x의 개수를 구하시오.

풀이

$$\begin{cases} |x+3| \leq 5 & \cdots\cdots \ \text{㉠} \\ x^2-x-6<0 & \cdots\cdots \ \text{㉡} \end{cases}$$

㉠에서

$$-5 \leq x+3 \leq 5$$

양수 a에 대하여 부등식 $|x| \leq a$의 해는 $-a \leq x \leq a$이다.

$$-8 \leq x \leq 2 \qquad \blacktriangleleft \ \mathbf{❶}$$

㉡에서

$$(x+2)(x-3)<0$$

이차부등식 $(x-a)(x-b)<0 \ (a<b)$의 해는 $a<x<b$이다.

$$-2<x<3 \qquad \blacktriangleleft \ \mathbf{❷}$$

㉠, ㉡의 공통부분은

$$-2<x \leq 2$$

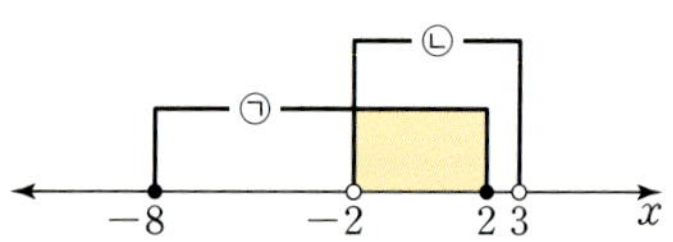

따라서 연립부등식을 만족시키는 정수 x는 -1, 0, 1, 2이고, 그 개수는 4이다. $\qquad \blacktriangleleft \ \mathbf{❸}$

目 4

단계	채점 기준	비율
❶	절댓값을 포함한 부등식의 해를 구한 경우	30 %
❷	이차부등식의 해를 구한 경우	30 %
❸	연립부등식을 만족시키는 정수 x의 개수를 구한 경우	40 %

01
▶ 25445-0154

x에 대한 삼차방정식
$$x^3-(a+1)x^2+(3a-4)x-2a+4=0$$
의 서로 다른 실근의 개수가 2가 되도록 하는 모든 실수 a의 값의 합을 구하시오.

02
▶ 25445-0155

모든 실수 x에 대하여 이차부등식
$$x^2+2(k-1)x-k+7 \geq 0$$
이 성립하도록 하는 정수 k의 개수를 구하시오.

03
▶ 25445-0156

길이가 64 cm인 철사를 모두 사용하여 두 정사각형 A, B를 만들었다. 두 정사각형 A, B의 넓이의 합이 130 cm^{2}일 때, 두 정사각형 A, B의 둘레의 길이의 차는 k cm이다. 상수 k의 값을 구하시오. (단, 철사의 굵기는 무시하고, 철사로 정사각형을 만들 때, 철사가 겹치는 부분은 없다.)

내신 + 수능 고난도 문항

01 ▶ 25445-0157

x에 대한 삼차방정식 $x^3-(k^2-1)x-k=0$의 한 허근을 α라 할 때,
$$\alpha^2+\bar{\alpha}^2=-1,\ \alpha+\bar{\alpha}>0$$
이다. 실수 k의 값은?

① -2 ② -1 ③ 0 ④ 1 ⑤ 2

02 ▶ 25445-0158

x, y에 대한 연립방정식
$$\begin{cases} x+y=2a \\ x^2+y^2=-2a+12 \end{cases}$$
의 해 중 x와 y의 값이 모두 실수인 해가 존재할 때, $p\leq a^2-2a+3\leq q$이다. $q-p$의 최솟값은?

(단, a는 실수이다.)

① 14 ② 16 ③ 18 ④ 20 ⑤ 22

03 ▶ 25445-0159

x에 대한 연립부등식 $\begin{cases} |x-2|\leq n \\ x^2-2x-24>0 \end{cases}$ 을 만족시키는 정수 x의 개수가 1 이상 6 이하가 되도록 하는 모든 자연수 n의 값의 합을 구하시오.

대단원 종합문제

01
▶ 25445-0160

두 실수 a, b에 대하여 $\dfrac{4a}{1+i}-7i=-6+bi$일 때, $a+b$의 값은? (단, $i=\sqrt{-1}$)

① -5 ② -4 ③ -3
④ -2 ⑤ -1

02
▶ 25445-0161

x에 대한 이차방정식 $x^2-kx+2k+5=0$이 중근을 갖도록 하는 실수 k의 최댓값을 구하시오.

03
▶ 25445-0162

이차방정식 $2x^2-6x+1=0$의 두 근을 α, β라 할 때, $\dfrac{\beta}{2\alpha}+\dfrac{\alpha}{2\beta}$의 값은?

① 2 ② 4 ③ 6
④ 8 ⑤ 10

04
▶ 25445-0163

$-2\le x\le 2$에서 이차함수 $f(x)=-x^2-2x+k$의 최댓값을 M, 최솟값을 m이라 하자. $M\times m=52$일 때, 양수 k의 값은?

① 8 ② 10 ③ 12
④ 14 ⑤ 16

05
▶ 25445-0164

사차방정식 $(x^2-3x)(x^2-3x-2)-8=0$의 모든 양의 실근의 합은?

① 3 ② 4 ③ 5
④ 6 ⑤ 7

06
▶ 25445-0165

연립부등식
$$\begin{cases} 2x^2-3x-5\ge 0 \\ x^2+x-30<0 \end{cases}$$
을 만족시키는 정수 x의 개수를 구하시오.

LEVEL 2

07
▶ 25445-0166

복소수 $z=\dfrac{3+i}{1-i}$일 때, $2\bar{z}^3-4\bar{z}^2+9\bar{z}+1$의 값은?

(단, $i=\sqrt{-1}$)

① -2 ② 0 ③ 2

④ $-2i$ ⑤ $2i$

08
▶ 25445-0167

실수 x에 대하여 복소수 $z=(2xi+6)i-x(1+i)+12$가 $z^2<0$을 만족시킬 때, $\dfrac{z^6}{x}$의 값은? (단, $i=\sqrt{-1}$)

① -32 ② -16 ③ -8

④ 8 ⑤ 16

09
▶ 25445-0168

x에 대한 이차방정식 $2x^2+ax+b=0$의 한 근이 $\dfrac{4i}{1+i}$ 일 때, 두 실수 a, b에 대하여 $a+b$의 값은?

(단, $i=\sqrt{-1}$)

① 6 ② 7 ③ 8

④ 9 ⑤ 10

10
▶ 25445-0169

이차함수 $y=x^2-4ax+5a^2-2a-8$의 그래프가 x축과 서로 다른 두 점에서 만나도록 하는 정수 a의 개수는?

① 4 ② 5 ③ 6

④ 7 ⑤ 8

11
▶ 25445-0170

최고차항의 계수가 -1인 이차함수 $y=f(x)$의 그래프와 x축이 만나는 두 점의 x좌표가 각각 -2, 4일 때, 부등식 $f(2x-6)\geq0$을 만족시키는 모든 정수 x의 값의 합은?

① 10 ② 12 ③ 14

④ 16 ⑤ 18

12
▶ 25445-0171

삼차방정식 $x^3=1$의 한 허근을 ω라 할 때,
$$\omega+2\omega^2+3\omega^3+4\omega^4+5\omega^5+6\omega^6+7\omega^7=a+b\omega$$
를 만족시키는 두 실수 a, b에 대하여 ab의 값은?

① 4 ② 6 ③ 8

④ 10 ⑤ 12

13

▶ 25445-0172

연립방정식

$$\begin{cases} x+y=-2 \\ x^2-xy+y^2=28 \end{cases}$$

의 해를 $x=\alpha$, $y=\beta$라 할 때, $|\alpha-\beta|$의 값은?

① 6 ② 7 ③ 8
④ 9 ⑤ 10

14

▶ 25445-0173

x에 대한 이차방정식 $x^2+2(a-1)x-3a+13=0$이 중근을 가질 때, y에 대한 부등식 $|2y-5|\leq a$를 만족시키는 정수 y의 개수는? (단, a는 양수이다.)

① 3 ② 4 ③ 5
④ 6 ⑤ 7

15

▶ 25445-0174

x에 대한 이차부등식

$$x^2-(n+6)x+6n<0$$

을 만족시키는 정수 x의 개수가 4가 되도록 하는 모든 정수 n의 값의 합은?

① 8 ② 9 ③ 10
④ 11 ⑤ 12

LEVEL 3

16

▶ 25445-0175

100 이하의 자연수 n에 대하여

$$\left(\frac{1+i}{1-i}\right)^n+\left(\frac{1+\sqrt{3}i}{2}\right)^n=2$$

를 만족시키는 n의 개수는? (단, $i=\sqrt{-1}$)

① 7 ② 8 ③ 9
④ 10 ⑤ 11

17

▶ 25445-0176

정수 a에 대하여 이차함수 $f(x)=-x^2+2ax+a-5$가 다음 조건을 만족시킬 때, $f(4)$의 값을 구하시오.

> (가) 함수 $y=f(x)$의 그래프와 직선 $y=2x-a$는 만나지 않는다.
> (나) $-1\leq x\leq 1$에서 함수 $f(x)$의 최솟값은 -7이다.

18

▶ 25445-0177

x에 대한 삼차방정식
$$x^3-(a^2-5a-5)x^2+(a^2-6a-4)x+b=0$$
은 서로 다른 세 실근을 갖고, 이 세 실근이 다음 조건을 만족시킬 때, $a+b$의 값을 구하시오.

(단, a, b는 상수이다.)

(가) 세 실근 중 하나는 1이다.
(나) 1이 아닌 두 실근은 절댓값이 서로 같고 부호는 서로 다르다.

19

▶ 25445-0178

x에 대한 연립부등식
$$\begin{cases} |x-k|<2 \\ x^2-x-2\le0 \end{cases}$$
을 만족시키는 정수 x가 존재할 때, 이 연립부등식을 만족시키는 모든 정수 x의 값의 합을 p라 하자. $|p|=3$이 되도록 하는 모든 정수 k의 값의 합을 구하시오.

20

▶ 25445-0179

이차식 $f(x)$에 대하여 이차방정식 $f(x)=0$의 두 근을 α, β라 하자.
$$\alpha+\beta=2,\ \alpha^2+\beta^2=14$$
일 때, 이차방정식 $f(3x-4)=0$의 두 근의 곱을 구하시오.

21

▶ 25445-0180

연립부등식
$$\begin{cases} 2x+4>-x-2 \\ x^2-2x-24<0 \end{cases}$$
의 해가 $\alpha<x<\beta$일 때, 부등식
$|x-\alpha|+|x-\beta|\le10$을 만족시키는 정수 x의 개수를 구하시오.

07 경우의 수

개념 1 합의 법칙

두 사건 A, B가 동시에 일어나지 않을 때, 두 사건 A, B가 일어나는 경우의 수가 각각 m, n이면 사건 A 또는 사건 B가 일어나는 경우의 수는 $m+n$이다.

> **참고** 합의 법칙은 어느 두 사건도 동시에 일어나지 않는 셋 이상의 사건에 대해서도 성립한다.

예 한 개의 주사위를 던질 때, 3의 약수의 눈 또는 짝수의 눈이 나오는 경우의 수를 구해 보자.
주사위의 눈의 수가 3의 약수인 경우는 1, 3의 2가지이고, 주사위의 눈의 수가 짝수인 경우는 2, 4, 6의 3가지이다.
이때 3의 약수의 눈이 나오는 경우와 짝수의 눈이 나오는 경우는 동시에 일어날 수 없으므로 구하는 경우의 수는 합의 법칙에 의하여 $2+3=5$이다.

서로 다른 연필 3자루와 서로 다른 볼펜 4자루 중에서 필기구 한 개를 택하는 경우의 수를 구해 보자.
연필을 택하는 경우의 수는 3이고, 볼펜을 택하는 경우의 수는 4이다.
이때 연필과 볼펜을 동시에 택할 수 없으므로 구하는 경우의 수는 합의 법칙에 의하여 $3+4=7$이다.

개념 2 곱의 법칙

두 사건 A, B에 대하여 사건 A가 일어나는 경우의 수가 m이고 그 각각에 대하여 사건 B가 일어나는 경우의 수가 n일 때, 두 사건 A, B가 잇달아 일어나는 경우의 수는 $m \times n$이다.

> **참고** 곱의 법칙은 잇달아 일어나는 셋 이상의 사건에 대해서도 성립한다.

예 서로 다른 두 개의 주사위 A, B를 동시에 던질 때, 주사위 A의 눈의 수는 홀수이고 주사위 B의 눈의 수는 짝수인 경우의 수를 구해 보자.
주사위 A의 눈의 수가 홀수인 경우는 1, 3, 5의 3가지이고, 그 각각에 대하여 주사위 B의 눈의 수가 짝수인 경우는 2, 4, 6의 3가지이므로 구하는 경우의 수는 곱의 법칙에 의하여 $3 \times 3 = 9$이다.

서로 다른 셔츠 3벌과 서로 다른 바지 2벌 중에서 셔츠 한 벌과 바지 한 벌을 짝지어 입는 경우의 수를 구해 보자.
셔츠 3벌을 각각 A, B, C, 바지 2벌을 각각 a, b라 하고 짝지어 입는 경우를 수형도로 나타내면 다음과 같다.

$$A < \begin{matrix} a \\ b \end{matrix}$$
$$B < \begin{matrix} a \\ b \end{matrix}$$
$$C < \begin{matrix} a \\ b \end{matrix}$$

따라서 구하는 경우의 수는 곱의 법칙에 의하여 $3 \times 2 = 6$이다.

개념 **3** 순열

(1) 서로 다른 n개에서 $r\,(0<r\leq n)$개를 택하여 일렬로 나열하는 것을 n개에서 r개를 택하는 순열이라 하고, 이 순열의 수를 기호로 $_n\mathrm{P}_r$과 같이 나타낸다.

(2) 서로 다른 n개에서 $r\,(0<r\leq n)$개를 택하는 순열의 수는
$$_n\mathrm{P}_r=n(n-1)(n-2)\cdots(n-r+1)$$

설명 서로 다른 n개에서 r개를 택하여 일렬로 나열할 때, 첫 번째 자리에 올 수 있는 것은 n가지이고, 그 각각에 대하여 두 번째 자리에 올 수 있는 것은 첫 번째 자리에 놓인 것을 제외한 $(n-1)$가지이다. 이와 같이 계속하면 r번째 자리에 올 수 있는 것은 앞의 $(r-1)$자리에 놓인 것을 제외한 $n-(r-1)$, 즉 $(n-r+1)$가지이다.

첫 번째	두 번째	세 번째	$\cdots$	r번째
$\Downarrow$	$\Downarrow$	$\Downarrow$		$\Downarrow$
n	$n-1$	$n-2$	$\cdots$	$n-r+1$

따라서 곱의 법칙에 의하여 다음이 성립한다.
$$_n\mathrm{P}_r=n(n-1)(n-2)\cdots(n-r+1)$$
— 택하는 것의 개수
— 서로 다른 것의 개수

개념 **4** 순열의 수의 성질

(1) 서로 다른 n개에서 n개를 모두 택하는 순열의 수는
$$_n\mathrm{P}_n=n(n-1)(n-2)\times\cdots\times3\times2\times1$$
이다. 이와 같이 1부터 n까지의 자연수를 차례로 곱한 것을 n의 계승이라고 하고, 이것을 기호로 $n!$과 같이 나타낸다.

참고 $n!$에서 !을 팩토리얼(factorial)이라고 읽는다.

(2) $_n\mathrm{P}_r=\dfrac{n!}{(n-r)!}\,(0\leq r\leq n)$

$_n\mathrm{P}_n=n!,\ _n\mathrm{P}_0=1,\ 0!=1$

설명 $_n\mathrm{P}_r=n(n-1)(n-2)\cdots(n-r+1)\,(0<r<n)$
$$=\frac{n(n-1)(n-2)\cdots(n-r+1)(n-r)\times\cdots\times3\times2\times1}{(n-r)\times\cdots\times3\times2\times1}$$
$$=\frac{n!}{(n-r)!}$$
이때 $r=0$과 $r=n$일 때도 성립하도록 $_n\mathrm{P}_0=1,\ 0!=1$이라 한다.

개념 5 조합

(1) 서로 다른 n개에서 순서를 생각하지 않고 $r\,(0<r\leq n)$개를 택하는 것을 n개에서 r개를 택하는 조합이라 하고, 이 조합의 수를 기호로 $_n\mathrm{C}_r$과 같이 나타낸다.

(2) 서로 다른 n개에서 r개를 택하는 조합의 수는

$$_n\mathrm{C}_r=\frac{_n\mathrm{P}_r}{r!}=\frac{n!}{r!\,(n-r)!}\ (0\leq r\leq n)$$

참고 $\quad _n\mathrm{C}_r=\dfrac{_n\mathrm{P}_r}{r!}=\dfrac{n(n-1)\cdots(n-r+1)}{r!}$

설명 서로 다른 n개에서 r개를 택하는 조합의 수는 $_n\mathrm{C}_r\,(0<r\leq n)$이고, 그 각각에 대하여 r개를 일렬로 나열하는 경우의 수는 $r!$이다. 그런데 이것은 서로 다른 n개에서 r개를 택하는 순열의 수인 $_n\mathrm{P}_r$과 같으므로

$$_n\mathrm{C}_r\times r!=_n\mathrm{P}_r$$

즉, $_n\mathrm{C}_r=\dfrac{_n\mathrm{P}_r}{r!}=\dfrac{n!}{r!\,(n-r)!}\ (0<r\leq n)$

이때 $0!=1$, $_n\mathrm{P}_0=1$이므로 $r=0$일 때도 성립하도록 $_n\mathrm{C}_0=1$이라 한다.

(1) 네 개의 문자 $a,\,b,\,c,\,d$ 중에서 서로 다른 2개를 택하는 경우의 수는

$_4\mathrm{C}_2=\dfrac{4\times 3}{2\times 1}=6$이다.

(2) $_7\mathrm{C}_3=\dfrac{7\times 6\times 5}{3\times 2\times 1}=35$

개념 6 조합의 수의 성질

(1) $_n\mathrm{C}_n=_n\mathrm{C}_0=1$

(2) $_n\mathrm{C}_r=_n\mathrm{C}_{n-r}\ (0\leq r\leq n)$

설명 (1) $_n\mathrm{C}_n=\dfrac{n!}{n!\,(n-n)!}=\dfrac{n!}{n!\times 0!}=\dfrac{n!}{n!}=1$

(2) $_n\mathrm{C}_{n-r}=\dfrac{n!}{(n-r)!\,\{n-(n-r)\}!}=\dfrac{n!}{r!\,(n-r)!}=_n\mathrm{C}_r$

(1) $_7\mathrm{C}_7=\dfrac{7!}{7!\times 0!}=1$

(2) $_7\mathrm{C}_4=_7\mathrm{C}_3=\dfrac{7\times 6\times 5}{3\times 2\times 1}=35$

07 경우의 수 — 기본 유형 익히기

유형 1 합의 법칙

한 개의 주사위를 두 번 던져서 나오는 눈의 수의 합이 4 또는 5가 되는 경우의 수를 구하시오.

풀이 한 개의 주사위를 두 번 던져서 나오는 눈의 수를 차례로 a, b라 하자.

(ⅰ) $a+b=4$일 때,

$a+b=4$를 만족시키는 순서쌍 (a, b)의 개수는

$(1, 3)$, $(2, 2)$, $(3, 1)$의 3

(ⅱ) $a+b=5$일 때,

$a+b=5$를 만족시키는 순서쌍 (a, b)의 개수는

$(1, 4)$, $(2, 3)$, $(3, 2)$, $(4, 1)$의 4

(ⅰ), (ⅱ)가 동시에 일어나지 않으므로 구하는 경우의 수는 합의 법칙에 의하여

$3+4=7$

POINT

- 두 사건 A, B가 동시에 일어나지 않을 때, 두 사건 A, B가 일어나는 경우의 수가 각각 m, n이면 사건 A 또는 사건 B가 일어나는 경우의 수는 $m+n$이다.

답 7

유제 1 ▶ 25445-0181

한 개의 주사위를 던져서 나오는 눈의 수가 3의 배수이거나 4의 약수인 경우의 수를 구하시오.

유형 2 곱의 법칙

다음 조건을 만족시키는 두 자리의 자연수의 개수를 구하시오.

(가) 일의 자리의 수는 홀수이다.　　　　(나) 십의 자리의 수는 짝수이다.

풀이 조건 (가)에서 일의 자리의 수가 홀수이므로

일의 자리에 올 수 있는 수는 1, 3, 5, 7, 9의 5가지

그 각각에 대하여 조건 (나)에서 십의 자리의 수가 짝수이므로

십의 자리에 올 수 있는 수는 2, 4, 6, 8의 4가지이다.

따라서 구하는 경우의 수는 곱의 법칙에 의하여 $5 \times 4 = 20$

POINT

- 사건 A가 일어나는 경우의 수가 m이고 그 각각에 대하여 사건 B가 일어나는 경우의 수가 n일 때, 두 사건 A, B가 잇달아 일어나는 경우의 수는 $m \times n$이다.

답 20

유제 2 ▶ 25445-0182

다항식 $(a+b+c)(x+y+z+w)$를 전개하였을 때, 서로 다른 항의 개수를 구하시오.

유형 **3** 순열 (1)

5개의 숫자 1, 2, 3, 4, 5 중에서 서로 다른 3개를 택하여 만들 수 있는 세 자리의 자연수 중에서 홀수의 개수를 구하시오.

풀이 일의 자리에 올 수 있는 수는 1, 3, 5의 3가지이고,
그 각각에 대하여 백의 자리와 십의 자리에는 일의 자리에 사용한 숫자를 제외한
나머지 4개의 숫자 중에서 서로 다른 2개를 택하여 일렬로 나열하면 된다.
따라서 구하는 홀수의 개수는
$3 \times {}_4\mathrm{P}_2 = 3 \times 4 \times 3 = 36$

POINT
■ 홀수가 되려면 일의 자리의 수가 홀수이어야 한다.

탑 36

유제 3 ▶ 25445-0183

6개의 숫자 0, 1, 2, 3, 4, 5 중에서 서로 다른 3개를 택하여 만들 수 있는 300보다 작은 세 자리의 자연수의 개수를 구하시오.

유형 **4** 순열 (2)

1학년 학생 2명과 2학년 학생 3명을 일렬로 세울 때, 1학년 학생 2명은 서로 이웃하도록 세우는 경우의 수는?

① 32　　　② 36　　　③ 40　　　④ 44　　　⑤ 48

풀이 1학년 학생 2명을 한 명으로 생각하여 2학년 학생 3명과 함께 4명을 일렬로 세우는
경우의 수는
${}_4\mathrm{P}_4 = 4! = 4 \times 3 \times 2 \times 1 = 24$
그 각각에 대하여 1학년 학생 2명이 서로 자리를 바꿀 수 있으므로 구하는 경우의 수는
$24 \times 2! = 48$

POINT
■ 이웃하는 1학년 학생 2명을 한 명으로 생각하여 순열의 수를 구한다.
■ 한 명으로 생각했던 그 묶음 안의 순열도 생각해야 한다.

탑 ⑤

유제 4 ▶ 25445-0184

회장 1명과 부회장 1명을 포함한 6명을 일렬로 세울 때, 회장과 부회장은 서로 이웃하도록 세우는 경우의 수를 구하시오.

유형 **5** 조합 (1)

7 이하의 자연수 중에서 서로 다른 4개의 수를 택할 때, 홀수 2개와 짝수 2개를 택하는 경우의 수를 구하시오.

풀이 7 이하의 홀수 1, 3, 5, 7의 4개 중에서 서로 다른 2개를 택하는 경우의 수는

$$_4C_2=\frac{4\times3}{2\times1}=6$$

이고, 그 각각에 대하여 7 이하의 짝수 2, 4, 6의 3개 중에서 서로 다른 2개를 택하는 경우의 수는

$$_3C_2=_3C_1=3$$

이므로 구하는 경우의 수는

$$6\times3=18$$

POINT

■ 2, 4, 6의 3개 중에서 2개를 택하는 경우의 수는 3개 중에서 선택되지 않을 1개를 택하는 경우의 수와 같다.

답 18

유제 5 ▶ 25445-0185

남학생 5명과 여학생 6명으로 구성된 동아리에서 남학생 대표 2명과 여학생 대표 3명을 뽑는 경우의 수를 구하시오.

유형 **6** 조합 (2)

1부터 9까지의 자연수가 하나씩 적혀 있는 9장의 카드 중에서 3장의 카드를 동시에 택할 때, 짝수가 적힌 카드가 적어도 1장 포함되도록 택하는 경우의 수를 구하시오.

풀이 9장의 카드 중에서 서로 다른 3장의 카드를 택하는 경우의 수는

$$_9C_3=\frac{9\times8\times7}{3\times2\times1}=84$$

홀수 1, 3, 5, 7, 9가 적혀 있는 5장의 카드 중에서 서로 다른 3장의 카드를 모두 택하는 경우의 수는

$$_5C_3=_5C_2=\frac{5\times4}{2\times1}=10$$

따라서 구하는 경우의 수는

$$84-10=74$$

POINT

■ 적어도 하나가 포함된 경우의 수를 구할 때에는 전체 경우의 수에서 하나도 포함되지 않는 경우의 수를 빼면 된다.

답 74

유제 6 ▶ 25445-0186

1학년 학생 5명과 2학년 학생 7명으로 구성된 방송반에서 지역사회 축제에 참여할 학생 4명을 뽑으려고 한다. 1학년 학생과 2학년 학생이 각각 적어도 1명씩 포함되도록 뽑는 경우의 수를 구하시오.

유형 1 합의 법칙

01
▶ 25445-0187

서로 다른 두 개의 주사위를 동시에 던져서 나오는 눈의 수의 합이 6의 배수가 되는 경우의 수는?

① 5 ② 6 ③ 7
④ 8 ⑤ 9

02
▶ 25445-0188

부등식 $5 \leq 4x + y \leq 10$을 만족시키는 두 자연수 x, y의 모든 순서쌍 (x, y)의 개수는?

① 6 ② 7 ③ 8
④ 9 ⑤ 10

03
▶ 25445-0189

40 이하의 자연수 중에서 6의 배수이거나 7의 배수인 자연수의 개수를 구하시오.

유형 2 곱의 법칙

04
▶ 25445-0190

일의 자리의 수와 십의 자리의 수의 곱이 홀수가 되는 두 자리의 자연수의 개수는?

① 21 ② 22 ③ 23
④ 24 ⑤ 25

05
▶ 25445-0191

648의 양의 약수의 개수를 구하시오.

06
▶ 25445-0192

1부터 9까지의 자연수 중에서 서로 다른 3개를 택해 일렬로 나열하여 세 자리의 자연수를 만들 때, 다음 조건을 만족시키는 자연수의 개수를 구하시오.

(가) 백의 자리의 수는 홀수이다.
(나) 각 자리의 수 중 홀수끼리는 이웃하지 않는다.

유형 **3** 순열

07

▶ 25445-0193

숫자 1, 2, 3, 4, 5, 6이 하나씩 적혀 있는 6장의 카드를 일렬로 나열할 때, 양 끝에 짝수가 적힌 카드가 오도록 나열하는 경우의 수를 구하시오.

08

▶ 25445-0194

3 이상의 자연수 n에 대하여
$$_n\mathrm{P}_3 = 3 \times {}_{n-1}\mathrm{P}_2 + {}_9\mathrm{P}_3$$
을 만족시키는 n의 값은?

① 6   ② 7   ③ 8
④ 9   ⑤ 10

09

▶ 25445-0195

숫자 1, 2, 3, 4, 5, 6 중에서 서로 다른 3개를 택하여 만들 수 있는 세 자리의 자연수 중에서 짝수의 개수는?

① 48   ② 51   ③ 54
④ 57   ⑤ 60

10

▶ 25445-0196

남학생 n명과 여학생 2명이 일렬로 설 때, 여학생 2명이 이웃하게 서는 경우의 수가 240이다. 자연수 n의 값은?

① 3   ② 4   ③ 5
④ 6   ⑤ 7

11

▶ 25445-0197

네 개의 모음 O, U, A, E를 포함한 7개의 문자 C, O, U, R, A, G, E가 하나씩 적혀 있는 7장의 카드 중에서 서로 다른 5장을 뽑아 일렬로 나열할 때, 다음 조건을 만족시키는 경우의 수는?

> (가) 모음이 적힌 카드는 2장 뿐이다.
> (나) 양 끝에는 모음이 적힌 카드를 놓는다.

① 68   ② 70   ③ 72
④ 74   ⑤ 76

12

▶ 25445-0198

7개의 숫자 1, 2, 3, 4, 5, 6, 7을 일렬로 나열할 때, 홀수는 앞에서부터 홀수 번째 자리에 오고 짝수는 앞에서부터 짝수 번째 자리에 오는 경우의 수를 구하시오.

13

▶ 25445-0199

네 개의 모음 O, I, A, E를 포함한 7개의 문자 F, O, L, I, A, G, E를 일렬로 나열할 때, 모음끼리는 모두 이웃하도록 나열하는 경우의 수가 $a^2 \times (b!)^2$이다. 1보다 큰 두 자연수 a, b에 대하여 $a+b$의 최댓값을 구하시오.

14

▶ 25445-0200

A, B를 포함한 5명의 학생이 일렬로 설 때, 두 학생 A, B가 이웃하지 않도록 서는 경우의 수는?

① 64 ② 66 ③ 68
④ 70 ⑤ 72

15

▶ 25445-0201

남학생 5명과 여학생 5명 중에서 회장 1명, 부회장 1명, 총무 1명을 뽑을 때, 회장, 부회장, 총무 중에서 한 명 이상은 여학생이 뽑히는 경우의 수를 구하시오.

16

▶ 25445-0202

1부터 7까지의 자연수 중에서 서로 다른 2개를 택할 때, 홀수만 2개 택하는 경우의 수는?

① 2 ② 4 ③ 6
④ 8 ⑤ 10

17

▶ 25445-0203

어느 학교 진로 박람회에 서로 다른 종류의 n개의 부스가 운영되고 있다. 이 부스 중에서 서로 다른 $(n-2)$개의 부스를 택하는 경우의 수는 78이다. 자연수 n의 값을 구하시오. (단, $n \geq 3$)

18

▶ 25445-0204

2 이상의 자연수 n에 대하여 $_{n+1}C_{n-1} + 2 \times {}_{n}C_{n-1} = 42$를 만족시키는 n의 값은?

① 4 ② 5 ③ 6
④ 7 ⑤ 8

19

▶ 25445-0205

한 개의 주사위를 세 번 던져서 나오는 눈의 수를 차례로 a, b, c라 하자. $a<b<c$가 되는 경우의 수는?

① 12   ② 14   ③ 16

④ 18   ⑤ 20

20

▶ 25445-0206

서로 다른 7개의 사탕을 서로 다른 2개의 봉지에 모두 나누어 담으려고 한다. 한 봉지에 들어갈 수 있는 최대 사탕 개수가 4일 때, 나누어 담는 방법의 수는?

① 64   ② 66   ③ 68

④ 70   ⑤ 72

21

▶ 25445-0207

A를 포함한 11명의 학생 중에서 대표 3명을 뽑을 때, 학생 A는 반드시 포함되도록 뽑는 경우의 수를 구하시오.

22

▶ 25445-0208

1부터 10까지의 자연수 중에서 서로 다른 5개의 수를 뽑을 때, 최솟값이 3이 되도록 뽑는 경우의 수는?

① 30   ② 35   ③ 40

④ 45   ⑤ 50

23

▶ 25445-0209

회장 1명과 부회장 1명을 포함하여 n명으로 구성된 외국어 동아리에서 글로벌 캠프에 참여할 3명을 뽑으려고 한다. 회장과 부회장 중에서 적어도 한 명이 포함되도록 뽑는 경우의 수는 64이다. 자연수 n의 값을 구하시오.

(단, $n\geq5$)

24

▶ 25445-0210

A 학교 축제를 진행할 사회자를 뽑는데 남학생 5명과 여학생 3명이 지원하였다. 8명의 지원자 중에서 사회자 3명을 뽑을 때, 남학생과 여학생이 각각 한 명 이상씩 포함되도록 뽑는 경우의 수를 구하시오.

서로 다른 두 개의 주사위를 던져서 나오는 눈의 수의 합이 6의 약수가 되는 경우의 수를 구하시오.

풀이

서로 다른 두 개의 주사위를 던져서 나오는 눈의 수를 각각 a, b라 하자.

서로 다른 두 개의 주사위를 던져서 나오는 눈의 수의 합이 6의 약수가 되는 경우는

$a+b \geq 2$에서 $a+b=1$이 될 수 없으므로 ($a=1$, $b=1$이 가장 작은 값이므로 $a+b=1$이 될 수 없다.)

$a+b=2$이거나 $a+b=3$이거나 $a+b=6$일 때이다. ◀ ❶

(i) $a+b=2$를 만족시키는 순서쌍 (a, b)의 개수는
 $(1, 1)$의 1 ◀ ❷

(ii) $a+b=3$을 만족시키는 순서쌍 (a, b)의 개수는
 $(1, 2)$, $(2, 1)$의 2 ◀ ❸

(iii) $a+b=6$을 만족시키는 순서쌍 (a, b)의 개수는
 $(1, 5)$, $(2, 4)$, $(3, 3)$, $(4, 2)$, $(5, 1)$의 5 ◀ ❹

(i)~(iii)이 동시에 일어나지 않으므로 구하는 경우의 수는 합의 법칙에 의하여 (합의 법칙은 어느 두 사건도 동시에 일어나지 않는 셋 이상의 사건에 대해서도 성립한다.)

$1+2+5=8$ ◀ ❺

目 8

단계	채점 기준	비율
❶	6의 약수가 되는 경우를 나눈 경우	20 %
❷	$a+b=2$가 되는 경우의 수를 구한 경우	20 %
❸	$a+b=3$이 되는 경우의 수를 구한 경우	20 %
❹	$a+b=6$이 되는 경우의 수를 구한 경우	20 %
❺	합의 법칙을 이용하여 6의 약수가 되는 경우의 수를 구한 경우	20 %

01
▶ 25445-0211

한 개의 주사위를 두 번 던져서 나오는 눈의 수의 합이 4의 배수가 되는 경우의 수를 구하시오.

02
▶ 25445-0212

A, B 공연 팀을 포함한 서로 다른 7개의 공연 팀 중에서 서로 다른 5개의 공연 팀을 뽑아 공연 순서를 정하려고 한다. 다음 조건을 만족시키도록 공연 순서를 정하는 경우의 수를 구하시오.

> (가) A, B 공연 팀을 모두 포함한다.
> (나) A, B 공연 팀은 이어서 공연을 한다.

03
▶ 25445-0213

두 주머니 A, B에는 각각 1부터 7까지의 자연수가 하나씩 적혀 있는 7개의 공이 들어 있다. 두 주머니 A, B에서 각각 2개씩 공을 동시에 꺼낼 때, 꺼낸 공 중에서 같은 수가 적힌 공이 존재하는 경우의 수를 구하시오.

내신 + 수능 고난도 문항

01 ▶ 25445-0214

다음 조건을 만족시키는 세 자리의 자연수의 개수는?

> (가) 각 자리의 수가 모두 다르다.
>
> (나) 320보다 작은 짝수이다.

① 78   ② 79   ③ 80   ④ 81   ⑤ 82

02 ▶ 25445-0215

1학년 학생 3명과 2학년 학생 3명이 모두 일렬로 배치된 의자에 앉을 때, 다음 조건을 만족시키는 경우의 수를 구하시오.

> (가) 7개의 의자 중 가운데 의자는 빈 의자로 남겨둔다.
>
> (나) 빈 의자 양 옆에는 2학년 학생이 앉는다.
>
> (다) 2학년 학생끼리는 이웃하지 않는다.

03 ▶ 25445-0216

10 이하의 자연수 중에서 서로 다른 3개의 수를 뽑을 때, 뽑은 3개의 수의 합이 3의 배수가 되는 경우의 수는?

① 41   ② 42   ③ 43   ④ 44   ⑤ 45

04 ▶ 25445-0217

1부터 n까지의 자연수 중에서 서로 다른 3개의 수를 뽑으려고 한다. 뽑은 3개의 수 중 가장 작은 수가 5인 경우의 수가 50 이상이 되도록 하는 자연수 n의 최솟값을 구하시오. (단, $n \geq 7$)

대단원 종합문제

LEVEL 1

01
▶ 25445-0218

10 이하의 자연수 중에서 3의 배수 또는 4의 배수의 개수를 구하시오.

02
▶ 25445-0219

서로 다른 사탕 5개와 서로 다른 초콜릿 3개 중에서 사탕과 초콜릿을 각각 한 개씩 선택하는 경우의 수를 구하시오.

03
▶ 25445-0220

두 도시 A, B 사이에는 4개의 버스 노선과 2개의 기차 노선이 있다. A도시에서 출발하여 B도시에 갔다가 다시 A도시로 돌아오려고 할 때, 갈 때는 버스를 이용하고 올 때는 기차를 이용하는 경우의 수를 구하시오

04
▶ 25445-0221

$_6\mathrm{P}_2 + {}_6\mathrm{C}_4$의 값은?

① 30 ② 35 ③ 40
④ 45 ⑤ 50

05
▶ 25445-0222

2 이상의 자연수 n에 대하여
$$_{n+1}\mathrm{P}_3 = 5 \times {}_n\mathrm{P}_2$$
를 만족시키는 n의 값은?

① 3 ② 4 ③ 5
④ 6 ⑤ 7

06
▶ 25445-0223

숫자 0, 1, 2, 3, 4가 하나씩 적혀 있는 5장의 카드 중에서 서로 다른 3장을 선택하여 일렬로 나열하여 만들 수 있는 세 자리의 자연수의 개수는?

① 45 ② 46 ③ 47
④ 48 ⑤ 49

LEVEL 2

07
▶ 25445-0224

서로 다른 2개의 주사위 A, B를 동시에 던져서 나오는 눈의 수를 각각 a, b라 할 때, $2a+b=9$를 만족시키는 a, b의 모든 순서쌍 (a, b)의 개수는?

① 1   ② 2   ③ 3
④ 4   ⑤ 5

08
▶ 25445-0225

서로 다른 2개의 주사위를 동시에 던져서 나오는 눈의 수의 곱이 6 이하가 되는 경우의 수를 구하시오.

09
▶ 25445-0226

한 개의 주사위를 두 번 던져서 나오는 눈의 수를 차례로 a, b라 하자. x에 대한 이차방정식 $x^2+ax+b=0$이 서로 다른 두 실근을 갖도록 하는 a, b의 모든 순서쌍 (a, b)의 개수는?

① 16   ② 17   ③ 18
④ 19   ⑤ 20

10
▶ 25445-0227

십의 자리의 수와 일의 자리의 수의 합이 홀수인 두 자리의 자연수의 개수는?

① 41   ② 42   ③ 43
④ 44   ⑤ 45

11
▶ 25445-0228

숫자 1, 2, 3, 4, 5, 6, 7이 하나씩 적혀 있는 7장의 카드 중에서 서로 다른 5장의 카드를 뽑아 일렬로 나열할 때, 양 끝에 짝수가 적힌 카드가 오는 경우의 수를 구하시오.

12
▶ 25445-0229

$_9\mathrm{P}_5+5\times_9\mathrm{P}_4=_{10}\mathrm{P}_k$를 만족시키는 자연수 k의 값을 구하시오. (단, $1\leq k\leq 10$)

13
▶ 25445-0230

그림과 같이 원 위에 같은 간격으로 놓여 있는 6개의 점과 원의 중심이 있다. 이 7개의 점 중에서 3개의 점을 꼭짓점으로 하는 삼각형의 개수를 구하시오.

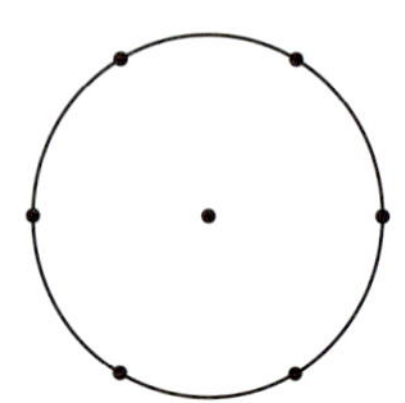

14
▶ 25445-0231

한 개의 주사위를 세 번 던져서 나오는 눈의 수를 차례로 a, b, c라 하자. $2 \leq a < b < c$가 되는 경우의 수는?

① 10 ② 12 ③ 14
④ 16 ⑤ 18

15
▶ 25445-0232

1부터 9까지의 자연수 중에서 서로 다른 3개의 수를 뽑을 때, 이 3개의 수의 곱이 짝수가 되도록 뽑는 경우의 수를 구하시오.

LEVEL 3

16
▶ 25445-0233

서로 다른 두 개의 주사위를 동시에 던져서 나오는 눈의 수의 합이 4의 배수이거나 5의 배수일 경우의 수는?

① 14 ② 15 ③ 16
④ 17 ⑤ 18

17
▶ 25445-0234

한 개의 주사위를 세 번 던져서 나오는 눈의 수를 차례로 a, b, c라 하자. $(a-b)(b-c)=0$이 되는 경우의 수는?

① 64 ② 65 ③ 66
④ 67 ⑤ 68

18
▶ 25445-0235

두 정수 a, b에 대하여
$$a^2 + b^2 = 25$$
를 만족시키는 a, b의 모든 순서쌍 (a, b)의 개수는?

① 10 ② 12 ③ 14
④ 16 ⑤ 18

19

▶ 25445-0236

5개의 숫자 0, 1, 2, 3, 4를 한 번씩만 사용하여 만들 수 있는 다섯 자리의 자연수를 크기가 작은 수부터 크기 순으로 모두 나열할 때, 41230은 n번째 수이다. 자연수 n의 값을 구하시오.

20

▶ 25445-0237

숫자 1, 2, 3, 4, 5 중에서 서로 다른 3개를 뽑아 세 자리의 자연수를 만들 때, 6의 배수의 개수는?

① 8   ② 10   ③ 12

④ 14   ⑤ 16

21

▶ 25445-0238

1, 2, 3, 4, 5, 6, 7이 하나씩 적힌 7개의 공과 1, 2, 3, 4, 5, 6, 7이 하나씩 적힌 7개의 바구니가 있다. 각 바구니에 공을 하나씩 넣을 때, 바구니에 적힌 수와 공에 적힌 수가 같은 바구니의 개수가 3이 되는 경우의 수를 구하시오.

서술형 문제

22

▶ 25445-0239

1부터 9까지의 자연수가 하나씩 적힌 9장의 카드 중에서 서로 다른 2장을 뽑을 때, 뽑은 2장의 카드에 적힌 두 수 중 작은 수를 a, 큰 수를 b라 하자. $a+b$가 5의 배수가 되는 경우의 수를 구하시오.

23

▶ 25445-0240

A, B를 포함한 7명 중에서 4명을 뽑아 일렬로 세우려고 한다. 다음 조건을 만족시키는 경우의 수를 구하시오.

(가) A, B 중 적어도 한 명은 반드시 뽑혀야 한다.
(나) 양 끝에는 A, B 중 어느 누구도 서지 않는다.

24

▶ 25445-0241

3학년 학생 2명을 포함하여 12명으로 구성된 수학 동아리에서 수학체험전을 준비하는 7명을 구성하려고 한다. 3학년 학생 2명을 모두 포함하는 경우의 수를 a, 3학년 학생 2명을 모두 포함하지 않는 경우의 수를 b라 할 때, $a-b$의 값을 구하시오.

08 행렬과 그 연산

개념 1 행렬의 뜻

(1) 행렬

여러 개의 수나 문자를 직사각형 모양으로 배열하여 괄호로 묶어 나타낸 것을 행렬이라고 한다.

① 성분: 행렬을 이루는 각각의 수 또는 문자

② 행: 행렬에서 성분을 가로로 배열한 줄

③ 열: 행렬에서 성분을 세로로 배열한 줄

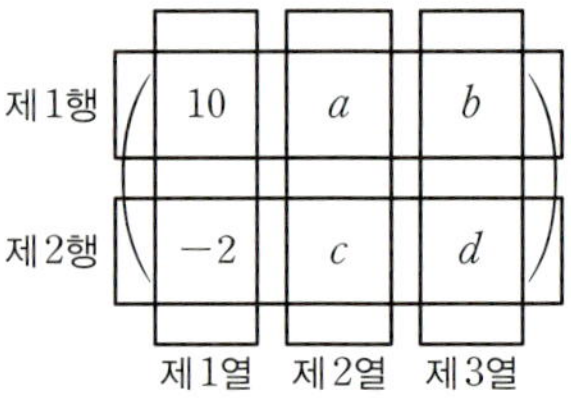

(2) $m \times n$ 행렬: 행이 m개, 열이 n개인 행렬

특히, $m=n$일 때 정사각행렬이라고 하고, $n \times n$ 행렬을 n차 정사각행렬이라고 한다.

(3) 행렬의 (i, j) 성분

행렬 A의 제i행과 제j열이 만나는 위치에 있는 행렬의 성분을 행렬 A의 (i, j) 성분이라고 하고, a_{ij}와 같이 나타 낸다.

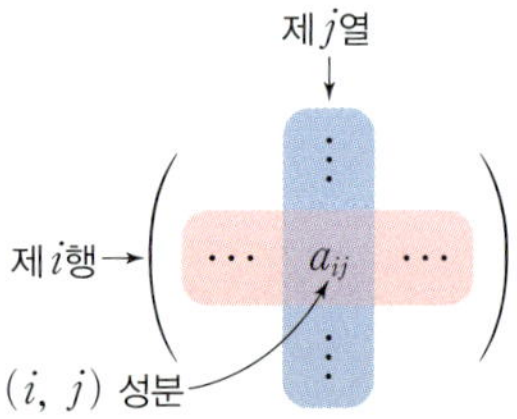

(4) 서로 같은 두 행렬

두 행렬 A, B가 같은 꼴이고 대응하는 성분이 각각 같을 때, 두 행렬 A, B는 서로 같다고 하고, 기호로 $A=B$와 같이 나타낸다.

행렬 $\begin{pmatrix} 1 & 2 \\ 3 & 4 \\ 5 & 6 \end{pmatrix}$은 행의 개수가 3, 열의 개수가 2이므로 3×2 행렬이다.

행렬 $A=\begin{pmatrix} 1 & 2 & -1 \\ 3 & 0 & -4 \\ -2 & -3 & -4 \end{pmatrix}$의 (i, j) 성분을 a_{ij}라 할 때, $a_{12}=2$, $a_{21}=3$, $a_{32}=-3$이므로
$$a_{12}+a_{21}+a_{32}=2+3+(-3)$$
$$=2$$

개념 2 행렬의 덧셈, 뺄셈, 실수배

(1) $A+B$: 두 행렬 A, B가 같은 꼴일 때, 두 행렬 A, B의 대응하는 성분의 합을 각 성분으로 하는 행렬

(2) $A-B$: 두 행렬 A, B가 같은 꼴일 때, 행렬 A의 각 성분에서 행렬 B의 대응하는 성분을 뺀 것을 각 성분으로 하는 행렬

(3) 영행렬: 행렬의 모든 성분이 0인 행렬, 기호로 O와 같이 나타낸다.

(4) 영행렬의 성질: 두 행렬 A, O가 같은 꼴일 때,

① $A+O=O+A=A$ ② $A+(-A)=(-A)+A=O$

(5) kA: 행렬 A의 각 성분에 실수 k를 곱한 것을 각 성분으로 하는 행렬

(6) 행렬의 실수배에 대한 성질: 같은 꼴인 두 행렬 A, B와 두 실수 k, l에 대하여

① $(kl)A=k(lA)$

② $(k+l)A=kA+lA$, $k(A+B)=kA+kB$

참고 행렬의 덧셈에 대한 성질

같은 꼴인 세 행렬 A, B, C에 대하여

① $A+B=B+A$ ② $(A+B)+C=A+(B+C)$

$$\begin{pmatrix} 1 & 2 \\ 3 & 4 \end{pmatrix}+\begin{pmatrix} -1 & 1 \\ 2 & 0 \end{pmatrix}=\begin{pmatrix} 0 & 3 \\ 5 & 4 \end{pmatrix}$$

$$\begin{pmatrix} 1 & 2 \\ 3 & 4 \end{pmatrix}-\begin{pmatrix} -1 & 1 \\ 2 & 0 \end{pmatrix}=\begin{pmatrix} 2 & 1 \\ 1 & 4 \end{pmatrix}$$

$$2\begin{pmatrix} 1 & 2 \\ 3 & 4 \end{pmatrix}-3\begin{pmatrix} -1 & 1 \\ 2 & 0 \end{pmatrix}$$
$$=\begin{pmatrix} 2 & 4 \\ 6 & 8 \end{pmatrix}-\begin{pmatrix} -3 & 3 \\ 6 & 0 \end{pmatrix}$$
$$=\begin{pmatrix} 5 & 1 \\ 0 & 8 \end{pmatrix}$$

영행렬의 예

$$(0\ 0),\ \begin{pmatrix} 0 & 0 \\ 0 & 0 \end{pmatrix},\ \begin{pmatrix} 0 & 0 & 0 \\ 0 & 0 & 0 \\ 0 & 0 & 0 \end{pmatrix}$$

개념 **3** 행렬의 곱셈

(1) AB: 두 행렬 A, B에 대하여 A의 열의 개수가 B의 행의 개수와 같을 때, A의 제i행의 각 성분과 B의 제j열의 각 성분을 차례로 곱하고 더한 것을 (i, j) 성분으로 하는 행렬

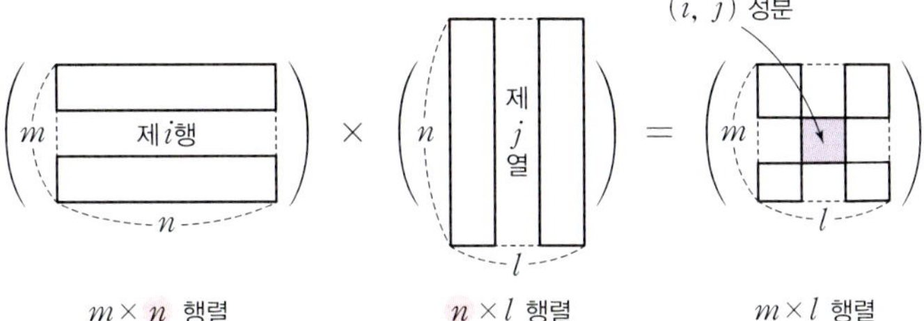

(2) **행렬의 거듭제곱**

행렬 A가 정사각행렬이고 n이 2 이상의 자연수일 때,
$$A^2 = AA, \ A^3 = A^2 A, \ \cdots, \ A^n = A^{n-1}A$$

(3) **단위행렬**: 정사각행렬 중에서 왼쪽 위에서 오른쪽 아래로의 대각선 성분이 모두 1이고 그 이외의 성분이 모두 0인 행렬을 단위행렬이라 하고, 기호로 E와 같이 나타낸다.

예 $\begin{pmatrix} 1 & 0 \\ 0 & 1 \end{pmatrix}$, $\begin{pmatrix} 1 & 0 & 0 \\ 0 & 1 & 0 \\ 0 & 0 & 1 \end{pmatrix}$

참고 행렬의 곱셈에 대한 성질

합과 곱이 가능한 세 행렬 A, B, C와 실수 k에 대하여

① $(AB)C = A(BC)$

② $A(B+C) = AB + AC$, $(A+B)C = AC + BC$

③ $k(AB) = (kA)B = A(kB)$

④ $AB = BA$가 항상 성립하는 것이 아니다.

예 두 행렬 $A = \begin{pmatrix} 1 & -1 \\ -2 & 1 \end{pmatrix}$, $B = \begin{pmatrix} 3 & 1 \\ 2 & 0 \end{pmatrix}$에 대하여

$$AB = \begin{pmatrix} 1 & -1 \\ -2 & 1 \end{pmatrix}\begin{pmatrix} 3 & 1 \\ 2 & 0 \end{pmatrix} = \begin{pmatrix} 1 & 1 \\ -4 & -2 \end{pmatrix},$$

$$BA = \begin{pmatrix} 3 & 1 \\ 2 & 0 \end{pmatrix}\begin{pmatrix} 1 & -1 \\ -2 & 1 \end{pmatrix} = \begin{pmatrix} 1 & -2 \\ 2 & -2 \end{pmatrix}$$

⑤ $AB = O$이지만 $A \neq O$, $B \neq O$일 수 있다.

예 두 행렬 $A = \begin{pmatrix} 1 & 2 \\ 1 & 2 \end{pmatrix}$, $B = \begin{pmatrix} 2 & -2 \\ -1 & 1 \end{pmatrix}$에 대하여

$$AB = \begin{pmatrix} 1 & 2 \\ 1 & 2 \end{pmatrix}\begin{pmatrix} 2 & -2 \\ -1 & 1 \end{pmatrix} = \begin{pmatrix} 0 & 0 \\ 0 & 0 \end{pmatrix}$$

두 행렬

$A = \begin{pmatrix} 2 & 1 \\ -3 & 1 \end{pmatrix}$, $B = \begin{pmatrix} 1 & 4 \\ -1 & 0 \end{pmatrix}$

에 대하여

AB

$= \begin{pmatrix} 2 & 1 \\ -3 & 1 \end{pmatrix}\begin{pmatrix} 1 & 4 \\ -1 & 0 \end{pmatrix}$

$= \begin{pmatrix} 2\times1+1\times(-1) & 2\times4+1\times0 \\ (-3)\times1+1\times(-1) & (-3)\times4+1\times0 \end{pmatrix}$

$= \begin{pmatrix} 1 & 8 \\ -4 & -12 \end{pmatrix}$

행렬 $A = \begin{pmatrix} 1 & 0 \\ 2 & 1 \end{pmatrix}$에 대하여

$A^2 = AA$

$= \begin{pmatrix} 1 & 0 \\ 2 & 1 \end{pmatrix}\begin{pmatrix} 1 & 0 \\ 2 & 1 \end{pmatrix} = \begin{pmatrix} 1 & 0 \\ 4 & 1 \end{pmatrix}$

$A^3 = A^2 A$

$= \begin{pmatrix} 1 & 0 \\ 4 & 1 \end{pmatrix}\begin{pmatrix} 1 & 0 \\ 2 & 1 \end{pmatrix} = \begin{pmatrix} 1 & 0 \\ 6 & 1 \end{pmatrix}$

두 행렬 $A = \begin{pmatrix} a & b \\ c & d \end{pmatrix}$,

$E = \begin{pmatrix} 1 & 0 \\ 0 & 1 \end{pmatrix}$에 대하여

$AE = \begin{pmatrix} a & b \\ c & d \end{pmatrix}\begin{pmatrix} 1 & 0 \\ 0 & 1 \end{pmatrix}$

$= \begin{pmatrix} a & b \\ c & d \end{pmatrix}$

$EA = \begin{pmatrix} 1 & 0 \\ 0 & 1 \end{pmatrix}\begin{pmatrix} a & b \\ c & d \end{pmatrix}$

$= \begin{pmatrix} a & b \\ c & d \end{pmatrix}$

유형 **1** 행렬의 뜻

2×3 행렬 A의 (i, j) 성분 a_{ij}가 $a_{ij}=i+2j-3$ $(i=1, 2, j=1, 2, 3)$일 때, 행렬 A의 모든 성분의 합은?

① 11　　　　② 12　　　　③ 13　　　　④ 14　　　　⑤ 15

풀이 2×3 행렬 A를 $A=\begin{pmatrix} a_{11} & a_{12} & a_{13} \\ a_{21} & a_{22} & a_{23} \end{pmatrix}$으로 나타내면

$a_{11}=1+2-3=0,\ a_{12}=1+4-3=2,\ a_{13}=1+6-3=4$

$a_{21}=2+2-3=1,\ a_{22}=2+4-3=3,\ a_{23}=2+6-3=5$

따라서 $A=\begin{pmatrix} 0 & 2 & 4 \\ 1 & 3 & 5 \end{pmatrix}$이므로

행렬 A의 모든 성분의 합은 $0+2+4+1+3+5=15$

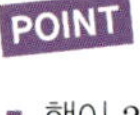 **POINT**

■ 행이 2개, 열이 3개인 행렬

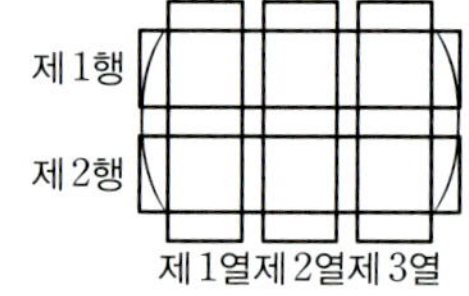

답 ⑤

유제 1 ▶ 25445-0242

이차정사각행렬 A의 (i, j) 성분 a_{ij}가 $a_{ij}=2i-j+k$ $(i=1, 2, j=1, 2)$일 때, 행렬 A의 모든 성분의 합은 14이다. 상수 k의 값을 구하시오.

유형 **2** 행렬의 덧셈, 뺄셈, 실수배

두 행렬 $A=\begin{pmatrix} 0 & -1 \\ 3 & 2 \end{pmatrix}$, $B=\begin{pmatrix} 1 & 2 \\ -2 & 0 \end{pmatrix}$에 대하여 행렬 $A+2B$의 모든 성분의 합은?

① 6　　　　② 7　　　　③ 8　　　　④ 9　　　　⑤ 10

풀이 $A+2B=\begin{pmatrix} 0 & -1 \\ 3 & 2 \end{pmatrix}+2\begin{pmatrix} 1 & 2 \\ -2 & 0 \end{pmatrix}=\begin{pmatrix} 0 & -1 \\ 3 & 2 \end{pmatrix}+\begin{pmatrix} 2 & 4 \\ -4 & 0 \end{pmatrix}=\begin{pmatrix} 2 & 3 \\ -1 & 2 \end{pmatrix}$

따라서 행렬 $A+2B$의 모든 성분의 합은

$2+3+(-1)+2=6$

POINT

■ 행렬 B의 각 성분에 2를 곱한다.

답 ①

유제 2 ▶ 25445-0243

두 행렬 $A=\begin{pmatrix} 2 & 3 \\ 1 & 4 \end{pmatrix}$, $B=\begin{pmatrix} -1 & 4 \\ 2 & 1 \end{pmatrix}$에 대하여 행렬 $A+B$의 $(2, 1)$ 성분은?

① 1　　　　② 3　　　　③ 5　　　　④ 7　　　　⑤ 9

유형 **3** 행렬의 곱셈

두 행렬 $A=\begin{pmatrix} 1 & -2 \\ 0 & 3 \end{pmatrix}$, $B=\begin{pmatrix} 4 & -1 \\ 1 & 2 \end{pmatrix}$에 대하여 행렬 AB의 모든 성분의 합은?

① 3   ② 4   ③ 5   ④ 6   ⑤ 7

 풀이

$$AB=\begin{pmatrix} 1 & -2 \\ 0 & 3 \end{pmatrix}\begin{pmatrix} 4 & -1 \\ 1 & 2 \end{pmatrix}$$

$$=\begin{pmatrix} 1\times4+(-2)\times1 & 1\times(-1)+(-2)\times2 \\ 0\times4+3\times1 & 0\times(-1)+3\times2 \end{pmatrix}=\begin{pmatrix} 2 & -5 \\ 3 & 6 \end{pmatrix}$$

따라서 행렬 AB의 모든 성분의 합은 $2+(-5)+3+6=6$

POINT

$$\begin{pmatrix} a_1 & a_2 \\ b_1 & b_2 \end{pmatrix}\begin{pmatrix} x_1 & y_1 \\ x_2 & y_2 \end{pmatrix}$$
$$=\begin{pmatrix} a_1x_1+a_2x_2 & a_1y_1+a_2y_2 \\ b_1x_1+b_2x_2 & b_1y_1+b_2y_2 \end{pmatrix}$$

답 ④

유제 **3** ▶ 25445-0244

두 행렬 $A=\begin{pmatrix} 4 & -2 \\ 1 & 3 \end{pmatrix}$, $B=\begin{pmatrix} 1 \\ -1 \end{pmatrix}$에 대하여 행렬 AB의 $(2, 1)$ 성분은?

① -2 ② 0   ③ 2   ④ 4   ⑤ 6

유형 **4** 행렬의 연산

두 행렬 $A=\begin{pmatrix} 1 & -2 \\ -3 & 4 \end{pmatrix}$, $B=\begin{pmatrix} 1 & 2 \\ 1 & -3 \end{pmatrix}$에 대하여 $(A-B)(A+B)=\begin{pmatrix} 8 & a \\ b & 7 \end{pmatrix}$이다. 두 상수 a, b에 대하여 $a-b$의 값을 구하시오.

 풀이

$$A-B=\begin{pmatrix} 1 & -2 \\ -3 & 4 \end{pmatrix}-\begin{pmatrix} 1 & 2 \\ 1 & -3 \end{pmatrix}=\begin{pmatrix} 0 & -4 \\ -4 & 7 \end{pmatrix}$$

$$A+B=\begin{pmatrix} 1 & -2 \\ -3 & 4 \end{pmatrix}+\begin{pmatrix} 1 & 2 \\ 1 & -3 \end{pmatrix}=\begin{pmatrix} 2 & 0 \\ -2 & 1 \end{pmatrix}$$

따라서 $(A-B)(A+B)=\begin{pmatrix} 0 & -4 \\ -4 & 7 \end{pmatrix}\begin{pmatrix} 2 & 0 \\ -2 & 1 \end{pmatrix}$

$$=\begin{pmatrix} 8 & -4 \\ -22 & 7 \end{pmatrix}=\begin{pmatrix} 8 & a \\ b & 7 \end{pmatrix}$$이므로

$a=-4$, $b=-22$

$a-b=-4-(-22)=18$

POINT

- $A-B$와 $A+B$를 구하고 그 두 행렬을 곱한다.
- $A=B$: 두 행렬 A, B가 같은 꼴이고 대응하는 성분이 각각 같다.

답 18

유제 **4** ▶ 25445-0245

두 행렬 $A=\begin{pmatrix} 1 & 2 \\ -3 & 0 \end{pmatrix}$, $B=\begin{pmatrix} 0 & -2 \\ 3 & 1 \end{pmatrix}$에 대하여 행렬 $(A+B)B$의 모든 성분의 합을 구하시오.

유형 **1** 행렬의 뜻

01
▶ 25445-0246

두 행렬 $A=\begin{pmatrix} 1 & 2 \\ 0 & -3 \\ 2 & 1 \end{pmatrix}$, $B=(5 \quad 4 \quad -1)$에 대하여 행렬 A는 $m \times n$ 행렬이고 행렬 B는 $p \times q$ 행렬이다. $m^n + p^q$의 값은?

① 8 ② 9 ③ 10
④ 11 ⑤ 12

02
▶ 25445-0247

3×2 행렬 A의 (i, j) 성분 a_{ij} $(i=1, 2, 3, j=1, 2)$가
$$a_{ij}=2ij+k$$
일 때, $a_{12}+a_{21}=16$이다. 행렬 A의 모든 성분의 합은?
(단, k는 상수이다.)

① 60 ② 62 ③ 64
④ 66 ⑤ 68

03
▶ 25445-0248

두 행렬 $A=\begin{pmatrix} a+1 & 2 \\ -3 & 4 \end{pmatrix}$, $B=\begin{pmatrix} 5 & 2 \\ -3 & b-2 \end{pmatrix}$에 대하여 $A=B$일 때, $a+b$의 값은? (단, a, b는 실수이다.)

① 2 ② 4 ③ 6
④ 8 ⑤ 10

유형 **2** 행렬의 덧셈, 뺄셈, 실수배

04
▶ 25445-0249

두 행렬 $A=\begin{pmatrix} -1 & 2 \\ 4 & -3 \end{pmatrix}$, $B=\begin{pmatrix} 1 & 0 \\ -2 & 1 \end{pmatrix}$에 대하여 행렬 $A-2B$의 모든 성분의 합은?

① 1 ② 2 ③ 3
④ 4 ⑤ 5

05
▶ 25445-0250

두 행렬 $A=\begin{pmatrix} 3 & 2 & -1 \\ 0 & a & 1 \end{pmatrix}$, $B=\begin{pmatrix} 2 & 0 & a \\ 3 & 1 & 4 \end{pmatrix}$에 대하여 행렬 $3A+2B$의 $(1, 3)$ 성분과 $(2, 3)$ 성분이 같다. 실수 a의 값은?

① 1 ② 3 ③ 5
④ 7 ⑤ 9

06
▶ 25445-0251

두 행렬 $A=\begin{pmatrix} 2 & 3 \\ -1 & 0 \end{pmatrix}$, $B=\begin{pmatrix} 4 & -1 \\ -2 & 3 \end{pmatrix}$에 대하여
$$2(3A+B)-(4A+B)=\begin{pmatrix} a & 5 \\ b & 3 \end{pmatrix}$$
일 때, $a-b$의 값을 구하시오. (단, a, b는 상수이다.)

유형 3 행렬의 곱셈

07
▶ 25445-0252

다음 표는 A회사와 B회사의 태블릿 PC와 노트북 한 대당 가격을 나타낸 것이다. 할인 기간 동안 A회사와 B회사 모두 태블릿 PC는 10 %, 노트북은 20 % 할인하여 판매한다. 이 할인 기간 동안 A회사의 태블릿 PC 한 대와 노트북 한 대 가격의 합을 나타낸 것은?

(단위: 원)

	A회사	B회사
태블릿 PC	a	b
노트북	c	d

① 행렬 $\begin{pmatrix} a & b \\ c & d \end{pmatrix}\begin{pmatrix} 0.9 \\ 0.8 \end{pmatrix}$의 $(1, 1)$ 성분

② 행렬 $\begin{pmatrix} a & b \\ c & d \end{pmatrix}\begin{pmatrix} 0.9 \\ 0.8 \end{pmatrix}$의 $(2, 1)$ 성분

③ 행렬 $(0.9 \quad 0.8)\begin{pmatrix} a & b \\ c & d \end{pmatrix}$의 $(1, 1)$ 성분

④ 행렬 $(0.9 \quad 0.8)\begin{pmatrix} a & b \\ c & d \end{pmatrix}$의 $(1, 2)$ 성분

⑤ 행렬 $\begin{pmatrix} a \\ c \end{pmatrix}(0.9 \quad 0.8)$의 $(1, 1)$ 성분

08
▶ 25445-0253

두 행렬 $A=\begin{pmatrix} 1 & -1 \\ 2 & 3 \end{pmatrix}$, $B=\begin{pmatrix} 4 \\ 3 \end{pmatrix}$에 대하여 행렬 AB는 $m \times n$ 행렬이다. 행렬 AB의 모든 성분의 합이 k일 때, $m^n + k$의 값을 구하시오.

09
▶ 25445-0254

두 실수 a, b에 대하여 두 행렬 $A=\begin{pmatrix} 1 & 2 \\ a & 0 \end{pmatrix}$, $B=\begin{pmatrix} 2 & 2 \\ 3 & b \end{pmatrix}$가 $AB=BA$를 만족시킬 때, a^2+b^2의 값을 구하시오.

유형 4 행렬의 연산

10
▶ 25445-0255

두 행렬 $A=\begin{pmatrix} 3 & 2 \\ 1 & 1 \end{pmatrix}$, $B=\begin{pmatrix} 1 & 0 \\ -1 & 1 \end{pmatrix}$에 대하여 행렬 $AB-B$의 $(1, 2)$ 성분은?

① -1　　　② 0　　　③ 1
④ 2　　　⑤ 3

11
▶ 25445-0256

두 행렬 $A=\begin{pmatrix} 3 & -1 \\ 1 & 0 \end{pmatrix}$, $B=\begin{pmatrix} -1 & 1 \\ 3 & 1 \end{pmatrix}$에 대하여 행렬 $AB-BA$의 모든 성분의 합은?

① -10　　　② -9　　　③ -8
④ -7　　　⑤ -6

12
▶ 25445-0257

행렬 $A=\begin{pmatrix} 3 & -2 \\ 4 & -3 \end{pmatrix}$에 대하여 행렬 A^2+A^3의 모든 성분의 합은?

① 1　　　② 2　　　③ 3
④ 4　　　⑤ 5

행렬 $A=\begin{pmatrix} 3 & 4 \\ -1 & 2 \end{pmatrix}$의 (i, j) 성분을 a_{ij}라 할 때, 이차정사각행렬 B의 (i, j) 성분 b_{ij}는
$b_{ij}=a_{ij}-ij$ $(i=1, 2, j=1, 2)$이다. 다음 물음에 답하시오.

(1) 행렬 B를 구하시오.
(2) 행렬 $2A+B$의 모든 성분의 합을 구하시오.

풀이

(1) 행렬 $A=\begin{pmatrix} 3 & 4 \\ -1 & 2 \end{pmatrix}$에서 a_{ij}는 행렬 A의 제i행과 제j열이 만나는 위치에 있는 행렬의 성분이다.
$\underline{a_{11}=3,\ a_{12}=4,\ a_{21}=-1,\ a_{22}=2}$이다.   ◀ ❶

한편, 이차정사각행렬 B를 $B=\begin{pmatrix} b_{11} & b_{12} \\ b_{21} & b_{22} \end{pmatrix}$로 나타내면
$b_{11}=a_{11}-1=3-1=2,\ b_{12}=a_{12}-2=4-2=2$
$b_{21}=a_{21}-2=-1-2=-3,\ b_{22}=a_{22}-4=2-4=-2$
이므로
$B=\begin{pmatrix} 2 & 2 \\ -3 & -2 \end{pmatrix}$ 행렬 $\begin{pmatrix} 3 & 4 \\ -1 & 2 \end{pmatrix}$의 각 성분에 2를 곱한다.   ◀ ❷

(2) $2A+B=2\begin{pmatrix} 3 & 4 \\ -1 & 2 \end{pmatrix}+\begin{pmatrix} 2 & 2 \\ -3 & -2 \end{pmatrix}$
$=\begin{pmatrix} 6 & 8 \\ -2 & 4 \end{pmatrix}+\begin{pmatrix} 2 & 2 \\ -3 & -2 \end{pmatrix}=\begin{pmatrix} 8 & 10 \\ -5 & 2 \end{pmatrix}$ ◀ ❸

이므로 행렬 $2A+B$의 모든 성분의 합은
$8+10+(-5)+2=15$ ◀ ❹

답 (1) $\begin{pmatrix} 2 & 2 \\ -3 & -2 \end{pmatrix}$ (2) 15

단계	채점 기준	비율
❶	행렬 A의 성분을 구한 경우	20 %
❷	행렬 B를 구한 경우	30 %
❸	행렬 $2A+B$를 구한 경우	30 %
❹	행렬 $2A+B$의 모든 성분의 합을 구한 경우	20 %

01
▶ 25445-0258

이차정사각행렬 A의 (i, j) 성분 a_{ij} $(i=1, 2, j=1, 2)$가
$$a_{ij}=\begin{cases} i+j-2 & (i\leq j) \\ ij+1 & (i>j) \end{cases}$$
일 때, 행렬 A^2의 $(2, 1)$ 성분을 구하시오.

02
▶ 25445-0259

행렬 $A=\begin{pmatrix} 1 & 4 \\ 2 & -1 \end{pmatrix}$에 대하여 행렬 A^3의 모든 성분의 합을 구하시오.

03
▶ 25445-0260

두 이차정사각행렬 A, B에 대하여
$$A+B=\begin{pmatrix} 2 & 1 \\ 4 & 3 \end{pmatrix},\ A-B=\begin{pmatrix} 0 & -1 \\ 2 & 1 \end{pmatrix}$$
일 때, 행렬 A^2+B^2의 $(2, 1)$ 성분을 구하시오.

내신 + 수능 고난도 문항

01 ▶ 25445-0261

두 이차정사각행렬 A, B에 대하여 행렬 A의 (i, j) 성분 a_{ij}와 행렬 B의 (i, j) 성분 b_{ij}가

$$a_{ij}=b_{ji}\ (i=1,\ 2,\ j=1,\ 2)$$

를 만족시킨다. 행렬 $A+B=\begin{pmatrix} 4 & 5 \\ 5 & -2 \end{pmatrix}$일 때, 행렬 $2A-B$의 모든 성분의 합은?

① 6　　　　② 7　　　　③ 8　　　　④ 9　　　　⑤ 10

02 ▶ 25445-0262

$-5\le a\le 5$, $-5\le b\le 5$인 서로 다른 두 정수 a, b에 대하여 행렬 A를 $A=\begin{pmatrix} a & b \\ b & a \end{pmatrix}$라 하자. 행렬 A^2의 모든

성분이 양수인 서로 다른 행렬 A의 개수를 구하시오.

03 ▶ 25445-0263

이차정사각행렬 A가 다음 조건을 만족시킨다.

(가) $A\begin{pmatrix} 1 \\ -1 \end{pmatrix}=\begin{pmatrix} -1 \\ -1 \end{pmatrix}$	(나) $A^2\begin{pmatrix} 1 \\ -1 \end{pmatrix}=\begin{pmatrix} 1 \\ -5 \end{pmatrix}$

행렬 $A\begin{pmatrix} 3 \\ 4 \end{pmatrix}$의 모든 성분의 합은?

① 14　　　　② 15　　　　③ 16　　　　④ 17　　　　⑤ 18

04 ▶ 25445-0264

행렬 $A=\begin{pmatrix} 1 & -1 \\ k & 3 \end{pmatrix}$에 대하여

$$A(A+E)=5(A-2E)$$

가 성립할 때, 행렬 A^3의 모든 성분의 합이 m이다. $3k+m$의 값은? (단, k는 실수이고, E는 단위행렬이다.)

① 1　　　　② 2　　　　③ 3　　　　④ 4　　　　⑤ 5

대단원 종합문제

LEVEL 1

01
▶ 25445-0265

두 실수 x, y에 대하여 행렬
$$A=\begin{pmatrix} 1 & -x & y-x \\ x+y & 0 & -3 \\ 2y & x-2y & 3 \end{pmatrix}$$
의 (i, j) 성분을 a_{ij}라 할 때, $a_{21}=4$, $a_{13}=2$이다. $2x+y$의 값은?

① 3   ② 4   ③ 5
④ 6   ⑤ 7

02
▶ 25445-0266

두 실수 a, b에 대하여 두 행렬 $A=\begin{pmatrix} -1 \\ a+b \\ 2 \end{pmatrix}$, $B=\begin{pmatrix} -1 \\ 4 \\ ab \end{pmatrix}$
가 $A=B$를 만족시킬 때, a^2+b^2의 값은?

① 8   ② 9   ③ 10
④ 11   ⑤ 12

03
▶ 25445-0267

두 행렬 $A=\begin{pmatrix} 1 & 2 \\ 2x & 5 \end{pmatrix}$, $B=\begin{pmatrix} 2 & 0 \\ -1 & y \end{pmatrix}$에 대하여
$$A+B=\begin{pmatrix} 3 & 2 \\ 5 & 7 \end{pmatrix}$$
이 성립할 때, $x+y$의 값은? (단, x, y는 실수이다.)

① 4   ② 5   ③ 6
④ 7   ⑤ 8

04
▶ 25445-0268

두 행렬 $A=\begin{pmatrix} -1 & 1 \\ 2 & 5 \\ -3 & 4 \end{pmatrix}$, $B=\begin{pmatrix} 1 & 3 \\ 0 & -1 \\ 2 & -2 \end{pmatrix}$에 대하여 행렬 $2A-B$의 성분 중 가장 큰 값을 M, 가장 작은 값을 m이라 할 때, $M-m$의 값은?

① 16   ② 17   ③ 18
④ 19   ⑤ 20

05
▶ 25445-0269

세 행렬 $A=\begin{pmatrix} 1 & 2 \\ 3 & 4 \end{pmatrix}$, $B=\begin{pmatrix} 1 \\ 2 \end{pmatrix}$, $C=(2 \quad 3)$에 대하여 다음 중 행렬의 곱셈이 불가능한 것은?

① A^2 ② AB ③ AC
④ BC ⑤ CA

06
▶ 25445-0270

두 행렬 $A=\begin{pmatrix} 1 & a \\ -2 & 3 \end{pmatrix}$, $B=\begin{pmatrix} 3 & 1 \\ b & 0 \end{pmatrix}$에 대하여
$$AB=\begin{pmatrix} 5 & 1 \\ -3 & -2 \end{pmatrix}$$
일 때, $a+b$의 값은?

(단, a, b는 실수이다.)

① 1   ② 2   ③ 3
④ 4   ⑤ 5

LEVEL 2

07
▶ 25445-0271

3×2 행렬 A의 (i, j) 성분 a_{ij} $(i=1, 2, 3, j=1, 2)$가
$$a_{ij} = \begin{cases} i+2j & (i<j) \\ ij+k & (i \geq j) \end{cases}$$
일 때, 행렬 A의 모든 성분의 합은 41이다. 실수 k의 값은?

① 4 ② 5 ③ 6
④ 7 ⑤ 8

08
▶ 25445-0272

두 행렬 $A=\begin{pmatrix} 3 & 1 \\ 2 & 4 \end{pmatrix}$, $B=\begin{pmatrix} -1 & 2 \\ 5 & 3 \end{pmatrix}$에 대하여

$2A+X=B$를 만족시키는 행렬 X는 $X=\begin{pmatrix} a & 0 \\ 1 & b \end{pmatrix}$이다. 두 상수 a, b에 대하여 $a-b$의 값은?

① -2 ② -1 ③ 0
④ 1 ⑤ 2

09
▶ 25445-0273

두 행렬 $A=\begin{pmatrix} -1 & 2 \\ a & -2 \end{pmatrix}$, $B=\begin{pmatrix} 1 & b \\ -2 & -1 \end{pmatrix}$에 대하여

$A+2B=\begin{pmatrix} 1 & 0 \\ 2 & -4 \end{pmatrix}$일 때, $a+b$의 값은?

(단, a, b는 실수이다.)

① 1 ② 2 ③ 3
④ 4 ⑤ 5

10
▶ 25445-0274

이차정사각행렬 A가 다음 조건을 만족시킨다.

> (가) $A\begin{pmatrix} 1 \\ 0 \end{pmatrix}=\begin{pmatrix} 2 \\ 3 \end{pmatrix}$ (나) $A\begin{pmatrix} 0 \\ 2 \end{pmatrix}=\begin{pmatrix} -4 \\ 2 \end{pmatrix}$

행렬 $A\begin{pmatrix} 2 \\ 3 \end{pmatrix}$의 모든 성분의 합은?

① 5 ② 6 ③ 7
④ 8 ⑤ 9

11
▶ 25445-0275

두 행렬 $A=\begin{pmatrix} a & b \\ b & 9 \end{pmatrix}$, $B=\begin{pmatrix} -3 & 2b \\ 1 & a-b \end{pmatrix}$에 대하여
$AB=O$일 때, $a+b$의 값은?

(단, a, b는 실수이고, O는 영행렬이다.)

① -5 ② -2 ③ 1
④ 4 ⑤ 7

12
▶ 25445-0276

행렬 $A=\begin{pmatrix} 0 & -2 \\ -2 & 0 \end{pmatrix}$에 대하여 행렬 A^4의 모든 성분의 합은 2^k이다. 자연수 k의 값은?

① 3 ② 4 ③ 5
④ 6 ⑤ 7

LEVEL 3

13
▶ 25445-0277

두 행렬 A, B에 대하여
$$A+B=\begin{pmatrix} 5 & -1 \\ 4 & 5 \end{pmatrix}, \quad A-3B=\begin{pmatrix} -3 & 3 \\ -8 & -11 \end{pmatrix}$$
일 때, 행렬 $2B-3A$의 모든 성분의 합은?

① 1 　　　② 2 　　　③ 3
④ 4 　　　⑤ 5

14
▶ 25445-0278

두 행렬 $A=\begin{pmatrix} -1 & -1 \\ 5 & 5 \end{pmatrix}$, $B=\begin{pmatrix} 3 & 1 \\ -3 & -1 \end{pmatrix}$에 대하여
두 실수 p, q가 $A^3+B^3=pA+qB$를 만족시킬 때,
$p+q$의 값은?

① 8 　　　② 12 　　　③ 16
④ 20 　　　⑤ 24

15
▶ 25445-0279

두 행렬 $A=\begin{pmatrix} 2 & 0 \\ 0 & 3 \end{pmatrix}$, $B=\begin{pmatrix} 1 & 8 \\ 0 & 1 \end{pmatrix}$에 대하여
행렬 A^5-B^5의 모든 성분의 합을 구하시오.

서술형 문제

16
▶ 25445-0280

두 행렬 $A=\begin{pmatrix} a+1 & 4 \\ 3a & -b \end{pmatrix}$, $B=\begin{pmatrix} 2 & -2c \\ d & c \end{pmatrix}$에 대
하여 $A=B$일 때, 행렬 $C=\begin{pmatrix} a & b \\ c & d \end{pmatrix}$이다. 행렬 C^2
의 모든 성분의 합을 구하시오.
（단, a, b, c, d는 실수이다.）

17
▶ 25445-0281

행렬 $A=\begin{pmatrix} a & 4 \\ -3 & -2 \end{pmatrix}$에 대하여 행렬 A^2이 다음 조
건을 만족시킬 때, 행렬 A^2의 $(1, 1)$ 성분을 b라 하자.
$a+b$의 값을 구하시오. (단, a는 실수이다.)

> (가) 행렬 A^2의 $(1, 2)$ 성분은 양수이다.
> (나) 행렬 A^2의 모든 성분의 합은 8이다.

수행평가

활용법 및 목차

학교 수행평가에 대비할 수 있도록
단원별 서술형 쪽지 시험을
구성하였습니다.

[활용법]

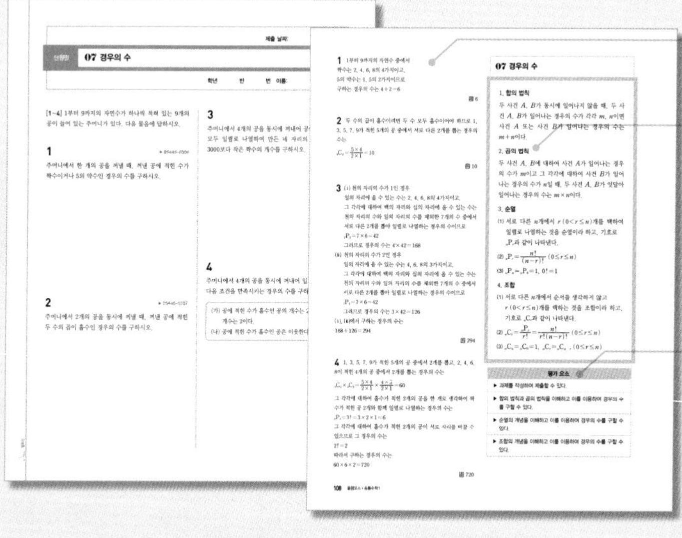

① 문제를 푼 뒤, 모범 답안 바로 확인하기

② 문제에 적용된 핵심 개념 복습하기

③ 평가 요소로 수행평가 채점 기준 확인하기

[목차]

<table>
<tr><td>단원명</td><td>**01 다항식의 연산**</td><td>수행평가</td></tr>
</table>

학년　　　　반　　　　번　이름:

1　▶ 25445-0282

$x+y=2$, $x^2+y^2=8$일 때, x^3+y^3의 값을 구하시오.

3　▶ 25445-0284

$x-y=3$, $xy=2$일 때, x^6+y^6의 값을 구하시오.

2　▶ 25445-0283

$x=3+2\sqrt{2}$, $y=3-2\sqrt{2}$일 때, x^3-y^3의 값을 구하시오.

4　▶ 25445-0285

$x+y=5$, $x^3+y^3=35$일 때, x^3-y^3+xy의 값을 구하시오. (단, $x>y$)

1 $x^2+y^2=(x+y)^2-2xy=4-2xy=8$에서

$xy=-2$

$x^3+y^3=(x+y)^3-3xy(x+y)$

$\qquad =2^3-3\times(-2)\times2$

$\qquad =20$

답 20

2 $x-y=(3+2\sqrt{2})-(3-2\sqrt{2})=4\sqrt{2}$

$xy=(3+2\sqrt{2})(3-2\sqrt{2})=3^2-(2\sqrt{2})^2=1$

이므로

$x^3-y^3=(x-y)^3+3xy(x-y)$

$\qquad =(4\sqrt{2})^3+3\times1\times4\sqrt{2}$

$\qquad =140\sqrt{2}$

답 $140\sqrt{2}$

3 $x^2+y^2=(x-y)^2+2xy=3^2+2\times2=13$

$x^6+y^6=(x^2+y^2)^3-3x^2y^2(x^2+y^2)$

$\qquad =13^3-3\times2^2\times13$

$\qquad =13\times(169-12)$

$\qquad =2041$

답 2041

4 $x^3+y^3=(x+y)^3-3xy(x+y)=125-15xy=35$

이므로 $xy=6$

또, $(x-y)^2=(x+y)^2-4xy=25-4\times6=1$에서

$x>y$이므로 $x-y=1$

$x^3-y^3+xy=(x-y)^3+3xy(x-y)+xy$

$\qquad\qquad =1^3+3\times6\times1+6$

$\qquad\qquad =25$

답 25

01 다항식의 연산

곱셈 공식과 곱셈 공식의 변형

1. 곱셈 공식

(1) $(a+b+c)^2=a^2+b^2+c^2+2ab+2bc+2ca$

(2) $(a+b)^3=a^3+3a^2b+3ab^2+b^3$

(3) $(a-b)^3=a^3-3a^2b+3ab^2-b^3$

(4) $(a+b)(a^2-ab+b^2)=a^3+b^3$

(5) $(a-b)(a^2+ab+b^2)=a^3-b^3$

2. 곱셈 공식의 변형

(1) $a^2+b^2=(a+b)^2-2ab=(a-b)^2+2ab$

(2) $(a+b)^2=(a-b)^2+4ab$

(3) $(a-b)^2=(a+b)^2-4ab$

(4) $a^2+b^2+c^2=(a+b+c)^2-2(ab+bc+ca)$

(5) $a^3+b^3=(a+b)^3-3ab(a+b)$

(6) $a^3-b^3=(a-b)^3+3ab(a-b)$

평가 요소

▶ 과제를 작성하여 제출할 수 있다.

▶ 곱셈 공식을 이용하여 식을 전개할 수 있다.

▶ 곱셈 공식의 변형을 이용하여 식의 값을 구할 수 있다.

02 나머지정리

1 ▶ 25445-0286

다항식 $f(x)=x^4-2x^3-x^2+2$를 $x-1$로 나눈 나머지를 a, 다항식 $f(x)$를 $x+2$로 나눈 나머지를 b라 할 때, $b-a$의 값을 구하시오.

2 ▶ 25445-0287

다항식 $f(x)=x^3+ax^2+bx-2$는 $x+a$로 나누어떨어지고, 다항식 $f(x)$를 $x-1$로 나눈 나머지가 3일 때, a^3+b^3의 값을 구하시오. (단, a, b는 상수이다.)

3 ▶ 25445-0288

다항식 $f(x)$를 $x-1$, $x+2$로 나눈 나머지가 각각 2, 1이다. 다항식 $f(x)$를 x^2+x-2로 나눈 나머지를 구하시오.

4 ▶ 25445-0289

다항식 $f(x)$를 x^2-3x+2로 나눈 나머지가 $2x-1$일 때, 다항식 $f(-2x)$를 $x+1$로 나눈 나머지를 구하시오.

1 $a=f(1)=1-2-1+2=0$,
$b=f(-2)=(-2)^4-2\times(-2)^3-(-2)^2+2=30$
이므로 $b-a=30$

$\quad\quad\quad\quad\quad\quad\quad\quad\quad\quad\quad\quad\quad\quad$ **답** 30

2 $f(-a)=(-a)^3+a\times(-a)^2+b\times(-a)-2$
$\quad\quad\quad\quad=-ab-2=0$
$ab=-2$
$f(1)=1+a+b-2=3$, $a+b=4$
$a^3+b^3=(a+b)^3-3ab(a+b)$
$\quad\quad\quad\quad=4^3-3\times(-2)\times4$
$\quad\quad\quad\quad=88$

$\quad\quad\quad\quad\quad\quad\quad\quad\quad\quad\quad\quad\quad\quad$ **답** 88

3 다항식 $f(x)$를 x^2+x-2로 나누었을 때의 몫을 $Q(x)$, 나머지를 $ax+b$ $(a,\ b$는 상수$)$라 하면
$f(x)=(x^2+x-2)Q(x)+ax+b$
$\quad\quad=(x+2)(x-1)Q(x)+ax+b$
이 식은 x에 대한 항등식이고 다항식 $f(x)$를 $x-1$, $x+2$로 나눈 나머지가 각각 2, 1이므로
$f(1)=a+b=2$, $f(-2)=-2a+b=1$
즉, $a=\dfrac{1}{3}$, $b=\dfrac{5}{3}$이므로 구하는 나머지는 $\dfrac{1}{3}x+\dfrac{5}{3}$이다.

$\quad\quad\quad\quad\quad\quad\quad\quad\quad\quad\quad\quad\quad\quad$ **답** $\dfrac{1}{3}x+\dfrac{5}{3}$

4 다항식 $f(x)$를 x^2-3x+2로 나눈 몫을 $Q(x)$라 하면
$f(x)=(x^2-3x+2)Q(x)+2x-1$
$\quad\quad=(x-1)(x-2)Q(x)+2x-1$
이 식은 x에 대한 항등식이고 다항식 $f(-2x)$를 $x+1$로 나눈 나머지는
$f(-2\times(-1))=f(2)=2\times2-1=3$

$\quad\quad\quad\quad\quad\quad\quad\quad\quad\quad\quad\quad\quad\quad$ **답** 3

02 나머지정리

1. 나머지정리

(1) x에 대한 다항식 $f(x)$를 일차식 $x-a$로 나누었을 때의 나머지를 R이라 하면 $R=f(a)$이다.

(2) x에 대한 다항식 $f(x)$를 일차식 $ax+b$로 나누었을 때의 나머지를 R이라 하면
$$R=f\left(-\dfrac{b}{a}\right)\text{이다.}$$

2. 인수정리

(1) x에 대한 다항식 $f(x)$에 대하여 $f(a)=0$이면 $f(x)$는 일차식 $x-a$로 나누어떨어진다. 즉, $x-a$는 $f(x)$의 인수이다.

(2) '다항식 $f(x)$는 일차식 $x-a$로 나누어떨어진다.'와 같은 표현
　① $f(x)$를 $x-a$로 나누었을 때의 나머지는 0이다.
　② $f(a)=0$
　③ $x-a$는 $f(x)$의 인수이다.
　④ $f(x)$는 모든 x에 대하여 등식 $f(x)=(x-a)Q(x)$를 만족시킨다.

$\quad\quad\quad\quad\quad\quad\quad\quad$ (단, $Q(x)$는 다항식)

평가 요소

▶ 과제를 작성하여 제출할 수 있다.

▶ 나머지정리를 이용하여 일차식으로 나누었을 때의 나머지를 구할 수 있다.

▶ 인수정리를 이용하여 조건을 만족시키는 다항식을 구할 수 있다.

단원명　　**03 인수분해**

1

▶ 25445-0290

$a+b=5$, $ab=2$일 때, $a^3+a^2b+ab^2+b^3$의 값을 구하시오.

2

▶ 25445-0291

$a+b=2$, $b+c=\sqrt{2}$, $c+a=3-\sqrt{2}$일 때, $a^2+b^2+c^2+2ab+2bc+2ca$의 값을 구하시오.

3

▶ 25445-0292

$12^3-3\times12^2+3\times12-2$의 값을 인수분해를 이용하여 구하시오.

4

▶ 25445-0293

1111^3-1을 $1111^2+1111+1$로 나눈 나머지를 인수분해를 이용하여 구하시오.

1 $a^2+b^2=(a+b)^2-2ab=5^2-2\times2=21$이므로
$$a^3+a^2b+ab^2+b^3=a^2(a+b)+b^2(a+b)$$
$$=(a^2+b^2)(a+b)$$
$$=21\times5$$
$$=105$$

目 105

2 $a^2+b^2+c^2+2ab+2bc+2ca=(a+b+c)^2$이고
$a+b=2$, $b+c=\sqrt{2}$, $c+a=3-\sqrt{2}$에서
$$(a+b)+(b+c)+(c+a)=2+\sqrt{2}+(3-\sqrt{2})=5$$
$2a+2b+2c=5$, $a+b+c=\dfrac{5}{2}$이므로
$$(a+b+c)^2=\dfrac{25}{4}$$

目 $\dfrac{25}{4}$

3 $12^3-3\times12^2+3\times12-2$에서 $x=12$라 하면
$$x^3-3x^2+3x-2=(x^3-3x^2+3x-1)-1$$
$$=(x-1)^3-1^3$$
$$=\{(x-1)-1\}\{(x-1)^2+(x-1)\times1+1^2\}$$
$$=(x-2)(x^2-x+1)$$
이므로
$$12^3-3\times12^2+3\times12-2=(12-2)(12^2-12+1)$$
$$=10\times133$$
$$=1330$$

目 1330

4 1111^3-1에서 $x=1111$이라 하면
$$1111^3-1=x^3-1=(x-1)(x^2+x+1)$$
이때 $x^2+x+1=1111^2+1111+1$이므로 1111^3-1을
$1111^2+1111+1$로 나눈 나머지는 0이다.

目 0

1. 인수분해 공식

(1) $a^3+3a^2b+3ab^2+b^3=(a+b)^3$

(2) $a^3-3a^2b+3ab^2-b^3=(a-b)^3$

(3) $a^3+b^3=(a+b)(a^2-ab+b^2)$

(4) $a^3-b^3=(a-b)(a^2+ab+b^2)$

(5) $a^2+b^2+c^2+2ab+2bc+2ca=(a+b+c)^2$

평가 요소

▶ 과제를 작성하여 제출할 수 있다.

▶ 인수분해를 이용하여 식의 값을 구할 수 있다.

▶ 수를 문자로 치환한 후 인수분해를 통하여 식의 값을 구할 수 있다.

<table><tr><td>단원명</td><td>

04 복소수와 이차방정식

</td><td>수행평가</td></tr></table>

학년　　　반　　　번　이름:

1

▶ 25445-0294

등식 $2x-1+4i=8+(xi+2y)i$를 만족시키는 두 실수 x, y에 대하여 $x+y$의 값을 구하시오. (단, $i=\sqrt{-1}$)

2

▶ 25445-0295

$\overline{2+3i}+(1+2i)(1-i)$의 값을 구하시오. (단, $i=\sqrt{-1}$)

3

▶ 25445-0296

이차방정식 $x^2+4x+k-1=0$이 서로 다른 두 실근을 갖도록 하는 실수 k의 값의 범위를 구하시오.

4

▶ 25445-0297

이차방정식 $3x^2-6x-1=0$의 두 근을 α, β라 할 때, $\alpha^3+\beta^3$의 값을 구하시오.

1 $2x-1+4i=8+(xi+2y)i$에서
$8+(xi+2y)i=8+(xi^2+2yi)=8-x+2yi$이므로
$2x-1+4i=8-x+2yi$
두 복소수가 서로 같을 조건에 의하여
$2x-1=8-x$ $\quad\cdots\cdots$ ㉠
$4=2y$ $\quad\cdots\cdots$ ㉡
㉠, ㉡에서 $x=3$, $y=2$
따라서 $x+y=3+2=5$

답 5

2 $\overline{2+3i}=2-3i$
$(1+2i)(1-i)=1-i+2i-2i^2$
$\qquad\qquad\qquad=1-i+2i+2$
$\qquad\qquad\qquad=3+i$
따라서
$\overline{2+3i}+(1+2i)(1-i)=(2-3i)+(3+i)$
$\qquad\qquad\qquad\qquad\qquad=5-2i$

답 $5-2i$

3 이차방정식 $x^2+4x+k-1=0$이 서로 다른 두 실근을 가져야 하므로 이차방정식 $x^2+4x+k-1=0$의 판별식을 D라 하면
$$\frac{D}{4}=2^2-(k-1)>0$$
따라서 $k<5$

답 $k<5$

4 이차방정식 $3x^2-6x-1=0$의 두 근이 α, β이므로 이차방정식의 근과 계수의 관계에 의하여
$$\alpha+\beta=-\frac{-6}{3}=2,\ \alpha\beta=\frac{-1}{3}=-\frac{1}{3}$$
따라서
$$\alpha^3+\beta^3=(\alpha+\beta)^3-3\alpha\beta(\alpha+\beta)$$
$$=2^3-3\times\left(-\frac{1}{3}\right)\times2$$
$$=10$$

답 10

04 복소수와 이차방정식

1. 두 복소수가 서로 같을 조건

네 실수 a, b, c, d에 대하여
(1) $a+bi=c+di$이면 $a=c$, $b=d$이다.
(2) $a+bi=0$이면 $a=0$, $b=0$이다.

2. 복소수의 연산

a, b, c, d가 실수일 때,
(1) $(a+bi)+(c+di)=(a+c)+(b+d)i$
(2) $(a+bi)-(c+di)=(a-c)+(b-d)i$
(3) $(a+bi)(c+di)=(ac-bd)+(ad+bc)i$
(4) $\dfrac{a+bi}{c+di}=\dfrac{ac+bd}{c^2+d^2}+\dfrac{bc-ad}{c^2+d^2}i$

(단, $c+di\neq0$)

3. 이차방정식의 근의 판별

계수가 실수인 이차방정식 $ax^2+bx+c=0$에서
$D=b^2-4ac$라 할 때,
(1) $D>0$이면 서로 다른 두 실근을 갖고, 서로 다른 두 실근을 가지면 $D>0$이다.
(2) $D=0$이면 중근(서로 같은 두 실근)을 갖고, 중근(서로 같은 두 실근)을 가지면 $D=0$이다.
(3) $D<0$이면 서로 다른 두 허근을 갖고, 서로 다른 두 허근을 가지면 $D<0$이다.

4. 이차방정식의 근과 계수의 관계

이차방정식 $ax^2+bx+c=0$의 두 근을 α, β라 하면
$$\alpha+\beta=-\frac{b}{a},\ \alpha\beta=\frac{c}{a}$$

평가 요소

▶ 과제를 작성하여 제출할 수 있다.

▶ 복소수의 연산을 이용하여 식을 간단히 할 수 있다.

▶ 이차방정식의 판별식 및 근과 계수의 관계를 이용하여 문제를 해결할 수 있다.

| 단원명 | **05 이차방정식과 이차함수** | 수행평가 |

학년　반　번 이름:

1
▶ 25445-0298

이차함수 $y=x^2-x-6$의 그래프와 x축이 만나는 두 점을 각각 A, B라 할 때, 선분 AB의 길이를 구하시오.

3
▶ 25445-0300

이차함수 $y=x^2+ax+3$의 그래프와 직선 $y=-2x+b$가 만나는 두 점의 x좌표가 각각 -1, 5일 때, 두 상수 a, b에 대하여 ab의 값을 구하시오.

2
▶ 25445-0299

이차함수 $y=-x^2-2x+6$의 그래프와 직선 $y=-3x+k$가 한 점에서 만나도록 하는 실수 k의 값을 구하시오.

4
▶ 25445-0301

$-2\leq x\leq 2$에서 이차함수 $y=x^2+2x+k$의 최솟값이 3이고 최댓값이 M일 때, $k+M$의 값을 구하시오.

(단, k는 상수이다.)

1 이차함수 $y=x^2-x-6$의 그래프와 x축이 만나는 두 점 A, B의 x좌표는 이차방정식 $x^2-x-6=0$의 실근이다.

이차방정식 $x^2-x-6=0$에서

$(x+2)(x-3)=0$

$x=-2$ 또는 $x=3$

따라서 A$(-2,\,0)$, B$(3,\,0)$ 또는 A$(3,\,0)$, B$(-2,\,0)$이므로

$\overline{\mathrm{AB}}=3-(-2)=5$

답 5

2 이차함수 $y=-x^2-2x+6$의 그래프와 직선 $y=-3x+k$가 한 점에서 만나야 하므로 이차방정식 $-x^2-2x+6=-3x+k$, 즉 $x^2-x+k-6=0$은 중근을 갖는다.

이차방정식 $x^2-x+k-6=0$의 판별식을 D라 하면

$D=(-1)^2-4(k-6)=0$

따라서 $k=\dfrac{25}{4}$

답 $\dfrac{25}{4}$

3 이차함수 $y=x^2+ax+3$의 그래프와 직선 $y=-2x+b$가 만나는 두 점의 x좌표가 -1, 5이므로

이차방정식 $x^2+ax+3=-2x+b$,

즉 $x^2+(a+2)x+3-b=0$의 두 근은 -1, 5이다.

이차방정식의 근과 계수의 관계에 의하여

$-(a+2)=-1+5$ $\quad\cdots\cdots$ ㉠

$3-b=-1\times 5$ $\quad\cdots\cdots$ ㉡

㉠, ㉡에서 $a=-6$, $b=8$

따라서 $ab=-6\times 8=-48$

답 -48

4 $y=x^2+2x+k=(x+1)^2+k-1$

$-2\leq x\leq 2$일 때, 이차함수 $y=x^2+2x+k$는 $x=-1$에서 최솟값을 갖고 $x=2$에서 최댓값을 갖는다.

이차함수 $y=x^2+2x+k$의 최솟값이 3이므로

$k-1=3$, 즉 $k=4$

이차함수 $y=x^2+2x+k$의 최댓값 $M=2^2+2\times 2+4=12$

따라서 $k+M=4+12=16$

답 16

05 이차방정식과 이차함수

1. 이차방정식과 이차함수의 관계

이차함수 $y=ax^2+bx+c$의 그래프와 x축의 교점의 x좌표는 이차방정식 $ax^2+bx+c=0$의 실근과 같다.

2. 이차함수의 그래프와 직선의 위치 관계

이차함수 $y=ax^2+bx+c$의 그래프와 직선 $y=mx+n$의 위치 관계는 이차방정식 $ax^2+bx+c=mx+n$,

즉 $ax^2+(b-m)x+c-n=0$의 판별식 $D=(b-m)^2-4a(c-n)$의 값의 부호에 따라 다음과 같다.

판별식의 부호	$D>0$	$D=0$	$D<0$
이차함수 $y=ax^2+bx+c$의 그래프와 직선 $y=mx+n$의 위치 관계 $(a>0,\,m>0)$	서로 다른 두 점에서 만난다.	한 점에서 만난다. (접한다.)	만나지 않는다.

3. 제한된 범위에서 이차함수의 최대·최소

$\alpha\leq x\leq\beta$일 때, 이차함수 $y=a(x-p)^2+q$의 최댓값과 최솟값은 다음과 같이 구한다.

(1) $\alpha\leq p\leq\beta$인 경우

$f(\alpha)$, $f(\beta)$, $f(p)$ 중에서 가장 큰 값이 최댓값이고, 가장 작은 값이 최솟값이다.

(2) $p<\alpha$ 또는 $p>\beta$인 경우

$f(\alpha)$, $f(\beta)$ 중에서 큰 값이 최댓값이고, 작은 값이 최솟값이다.

평가 요소

▶ 과제를 작성하여 제출할 수 있다.

▶ 이차방정식과 이차함수의 관계 및 이차함수의 그래프와 직선의 위치 관계를 이용하여 문제를 해결할 수 있다.

▶ 제한된 범위에서 이차함수의 최댓값 또는 최솟값을 구할 수 있다.

| 단원명 | **06 여러 가지 방정식과 부등식** |

학년　　　반　　　번　이름:

1
▶ 25445-0302

삼차방정식 $x^3-2x^2-5x+a=0$의 한 근이 1일 때, 실수 a의 값과 나머지 두 근을 구하시오.

2
▶ 25445-0303

연립방정식
$$\begin{cases} x-y=-2 \\ 2x^2-y^2=8 \end{cases}$$
의 해를 구하시오.

3
▶ 25445-0304

모든 실수 x에 대하여 이차부등식
$$x^2-2kx+k+12 \geq 0$$
이 성립하도록 하는 정수 k의 개수를 구하시오.

4
▶ 25445-0305

연립부등식
$$\begin{cases} |2x+1| > 5 \\ x^2-2x-35 \leq 0 \end{cases}$$
의 해를 구하시오.

1 삼차방정식 $x^3-2x^2-5x+a=0$의 한 근이 1이므로
$1-2-5+a=0$, $a=6$
이때 $x^3-2x^2-5x+6=0$에서 $(x-1)(x+2)(x-3)=0$
$x=1$ 또는 $x=-2$ 또는 $x=3$
따라서 $a=6$이고 나머지 두 근은 -2, 3이다.

$\boxed{\text{답}}$ $a=6$, 나머지 두 근: -2, 3

2 $\begin{cases} x-y=-2 & \cdots\cdots ㉠ \\ 2x^2-y^2=8 & \cdots\cdots ㉡ \end{cases}$

㉠에서 $y=x+2$ $\cdots\cdots ㉢$
㉢을 ㉡에 대입하면
$2x^2-(x+2)^2=8$
$x^2-4x-12=0$
$(x+2)(x-6)=0$
$x=-2$ 또는 $x=6$
$x=-2$일 때, ㉢에서 $y=0$
$x=6$일 때, ㉢에서 $y=8$

$\boxed{\text{답}}$ $\begin{cases} x=-2 \\ y=0 \end{cases}$ 또는 $\begin{cases} x=6 \\ y=8 \end{cases}$

3 모든 실수 x에 대하여 이차부등식 $x^2-2kx+k+12\geq0$이 성립해야 하므로 이차방정식 $x^2-2kx+k+12=0$의 판별식을 D라 하면
$\dfrac{D}{4}=(-k)^2-(k+12)\leq0$
$k^2-k-12\leq0$
$(k+3)(k-4)\leq0$
$-3\leq k\leq4$
따라서 정수 k는 -3, -2, -1, $\cdots$, 4이고, 그 개수는 8이다.

$\boxed{\text{답}}$ 8

4 $\begin{cases} |2x+1|>5 & \cdots\cdots ㉠ \\ x^2-2x-35\leq0 & \cdots\cdots ㉡ \end{cases}$

㉠에서 $2x+1<-5$ 또는 $2x+1>5$
$x<-3$ 또는 $x>2$
㉡에서 $(x+5)(x-7)\leq0$
$-5\leq x\leq7$
따라서 주어진 연립부등식의 해는
$-5\leq x<-3$ 또는 $2<x\leq7$

$\boxed{\text{답}}$ $-5\leq x<-3$ 또는 $2<x\leq7$

06 여러 가지 방정식과 부등식

1. 삼차방정식의 풀이

(1) 다항식 $f(x)$를 인수분해 공식을 이용하거나 공통인수로 묶어 인수분해하여 방정식의 근을 구한다.

(2) $f(a)=0$이면 인수정리에 의하여 $f(x)$는 $x-a$를 인수로 가지므로 조립제법을 이용하여 다항식 $f(x)$를 인수분해한 다음 방정식의 근을 구한다.

2. 연립방정식 $\begin{cases} (일차식)=0 \\ (이차식)=0 \end{cases}$의 풀이

일차방정식을 한 미지수에 대하여 정리한 다음 이차방정식에 대입하여 푼다.

3. 절댓값을 포함한 일차부등식

양의 실수 a에 대하여 절댓값의 정의에 따라 다음이 성립한다.

(1) $|x|<a$의 해는 $-a<x<a$

(2) $|x|>a$의 해는 $x<-a$ 또는 $x>a$

4. 이차부등식의 해와 이차함수의 그래프

	$D>0$	$D=0$	$D<0$
$y=ax^2+bx+c$ $(a>0)$의 그래프			
$ax^2+bx+c>0$ 의 해	$x<\alpha$ 또는 $x>\beta$	$x\neq\alpha$인 모든 실수	모든 실수
$ax^2+bx+c<0$ 의 해	$\alpha<x<\beta$	해가 없다.	해가 없다.
$ax^2+bx+c\geq0$ 의 해	$x\leq\alpha$ 또는 $x\geq\beta$	모든 실수	모든 실수
$ax^2+bx+c\leq0$ 의 해	$\alpha\leq x\leq\beta$	$x=\alpha$	해가 없다.

평가 요소

▶ 과제를 작성하여 제출할 수 있다.

▶ 연립방정식 또는 연립부등식의 해를 구할 수 있다.

▶ 이차방정식의 판별식을 이용하여 이차부등식이 항상 성립할 조건을 구할 수 있다.

| 단원명 | **07 경우의 수** |

[1~4] 1부터 9까지의 자연수가 하나씩 적혀 있는 9개의 공이 들어 있는 주머니가 있다. 다음 물음에 답하시오.

1

▶ 25445-0306

주머니에서 한 개의 공을 꺼낼 때, 꺼낸 공에 적힌 수가 짝수이거나 5의 약수인 경우의 수를 구하시오.

2

▶ 25445-0307

주머니에서 2개의 공을 동시에 꺼낼 때, 꺼낸 공에 적힌 두 수의 곱이 홀수인 경우의 수를 구하시오.

3

▶ 25445-0308

주머니에서 4개의 공을 동시에 꺼내어 공에 적힌 네 수를 모두 일렬로 나열하여 만든 네 자리의 자연수 중에서 3000보다 작은 짝수의 개수를 구하시오.

4

▶ 25445-0309

주머니에서 4개의 공을 동시에 꺼내어 일렬로 나열할 때, 다음 조건을 만족시키는 경우의 수를 구하시오.

(가) 공에 적힌 수가 홀수인 공의 개수는 2, 짝수인 공의 개수는 2이다.
(나) 공에 적힌 수가 홀수인 공은 이웃한다.

1 1부터 9까지의 자연수 중에서
짝수는 2, 4, 6, 8의 4가지이고,
5의 약수는 1, 5의 2가지이므로
구하는 경우의 수는 $4+2=6$

目 6

2 두 수의 곱이 홀수이려면 두 수 모두 홀수이어야 하므로 1, 3, 5, 7, 9가 적힌 5개의 공 중에서 서로 다른 2개를 뽑는 경우의 수는

$$_5\mathrm{C}_2=\frac{5\times4}{2\times1}=10$$

目 10

3 (i) 천의 자리의 수가 1인 경우
　일의 자리에 올 수 있는 수는 2, 4, 6, 8의 4가지이고,
　그 각각에 대하여 백의 자리와 십의 자리에 올 수 있는 수는
　천의 자리의 수와 일의 자리의 수를 제외한 7개의 수 중에서
　서로 다른 2개를 뽑아 일렬로 나열하는 경우의 수이므로
　$_7\mathrm{P}_2=7\times6=42$
　그러므로 경우의 수는 $4\times42=168$
(ii) 천의 자리의 수가 2인 경우
　일의 자리에 올 수 있는 수는 4, 6, 8의 3가지이고,
　그 각각에 대하여 백의 자리와 십의 자리에 올 수 있는 수는
　천의 자리의 수와 일의 자리의 수를 제외한 7개의 수 중에서
　서로 다른 2개를 뽑아 일렬로 나열하는 경우의 수이므로
　$_7\mathrm{P}_2=7\times6=42$
　그러므로 경우의 수는 $3\times42=126$
(i), (ii)에서 구하는 경우의 수는
$168+126=294$

目 294

4 1, 3, 5, 7, 9가 적힌 5개의 공 중에서 2개를 뽑고, 2, 4, 6, 8이 적힌 4개의 공 중에서 2개를 뽑는 경우의 수는

$$_5\mathrm{C}_2\times{_4\mathrm{C}_2}=\frac{5\times4}{2\times1}\times\frac{4\times3}{2\times1}=60$$

그 각각에 대하여 홀수가 적힌 2개의 공을 한 개로 생각하여 짝수가 적힌 공 2개와 함께 일렬로 나열하는 경우의 수는
$$_3\mathrm{P}_3=3!=3\times2\times1=6$$
그 각각에 대하여 홀수가 적힌 2개의 공이 서로 자리를 바꿀 수 있으므로 그 경우의 수는
$$2!=2$$
따라서 구하는 경우의 수는
$$60\times6\times2=720$$

目 720

07 경우의 수

1. 합의 법칙

두 사건 A, B가 동시에 일어나지 않을 때, 두 사건 A, B가 일어나는 경우의 수가 각각 m, n이면 사건 A 또는 사건 B가 일어나는 경우의 수는 $m+n$이다.

2. 곱의 법칙

두 사건 A, B에 대하여 사건 A가 일어나는 경우의 수가 m이고 그 각각에 대하여 사건 B가 일어나는 경우의 수가 n일 때, 두 사건 A, B가 잇달아 일어나는 경우의 수는 $m\times n$이다.

3. 순열

(1) 서로 다른 n개에서 $r\,(0<r\leq n)$개를 택하여 일렬로 나열하는 것을 n개에서 r개를 택하는 순열이라 하고, 이 순열의 수를 기호로 $_n\mathrm{P}_r$과 같이 나타낸다.

(2) $_n\mathrm{P}_r=\dfrac{n!}{(n-r)!}\ (0\leq r\leq n)$

(3) $_n\mathrm{P}_n=n!,\ _n\mathrm{P}_0=1,\ 0!=1$

4. 조합

(1) 서로 다른 n개에서 순서를 생각하지 않고 $r\,(0<r\leq n)$개를 택하는 것을 n개에서 r개를 택하는 조합이라 하고, 이 조합의 수를 기호로 $_n\mathrm{C}_r$과 같이 나타낸다.

(2) $_n\mathrm{C}_r=\dfrac{_n\mathrm{P}_r}{r!}=\dfrac{n!}{r!(n-r)!}\ (0\leq r\leq n)$

(3) $_n\mathrm{C}_n={_n\mathrm{C}_0}=1,\ _n\mathrm{C}_r={_n\mathrm{C}_{n-r}}\ (0\leq r\leq n)$

평가 요소

▶ 과제를 작성하여 제출할 수 있다.

▶ 합의 법칙과 곱의 법칙을 이해하고 이를 이용하여 경우의 수를 구할 수 있다.

▶ 순열의 개념을 이해하고 이를 이용하여 경우의 수를 구할 수 있다.

▶ 조합의 개념을 이해하고 이를 이용하여 경우의 수를 구할 수 있다.

08 행렬과 그 연산

학년　　　　반　　　　번 이름:

[**1~4**] 이차정사각행렬 A의 (i, j) 성분 a_{ij}가
$$a_{ij}=i+j-ij\,(i=1,\,2,\,j=1,\,2)$$
이고, 이차정사각행렬 B의 (i, j) 성분 b_{ij}가
$$b_{ij}=2a_{ij}+i\,(i=1,\,2,\,j=1,\,2)$$
이다. 다음 물음에 답하시오.

1

▶ 25445-0310

두 행렬 A, B를 구하시오.

2

▶ 25445-0311

행렬 $4A-B$를 구하시오.

3

▶ 25445-0312

행렬 AB를 구하시오.

4

▶ 25445-0313

행렬 $3AB-2(4A-B)$를 구하시오.

1 이차정사각행렬 A를 $A=\begin{pmatrix} a_{11} & a_{12} \\ a_{21} & a_{22} \end{pmatrix}$로 나타내면

$a_{11}=1+1-1\times1=1,\ a_{12}=1+2-1\times2=1$

$a_{21}=2+1-2\times1=1,\ a_{22}=2+2-2\times2=0$

이므로 $A=\begin{pmatrix} 1 & 1 \\ 1 & 0 \end{pmatrix}$

이차정사각행렬 B를 $B=\begin{pmatrix} b_{11} & b_{12} \\ b_{21} & b_{22} \end{pmatrix}$로 나타내면

$b_{11}=2a_{11}+1=2\times1+1=3,$

$b_{12}=2a_{12}+1=2\times1+1=3,$

$b_{21}=2a_{21}+2=2\times1+2=4,$

$b_{22}=2a_{22}+2=2\times0+2=2$

이므로 $B=\begin{pmatrix} 3 & 3 \\ 4 & 2 \end{pmatrix}$

$$\boxed{\text{답}}\ A=\begin{pmatrix} 1 & 1 \\ 1 & 0 \end{pmatrix},\ B=\begin{pmatrix} 3 & 3 \\ 4 & 2 \end{pmatrix}$$

2 $A=\begin{pmatrix} 1 & 1 \\ 1 & 0 \end{pmatrix},\ B=\begin{pmatrix} 3 & 3 \\ 4 & 2 \end{pmatrix}$에서

$4A-B=4\begin{pmatrix} 1 & 1 \\ 1 & 0 \end{pmatrix}-\begin{pmatrix} 3 & 3 \\ 4 & 2 \end{pmatrix}=\begin{pmatrix} 4 & 4 \\ 4 & 0 \end{pmatrix}-\begin{pmatrix} 3 & 3 \\ 4 & 2 \end{pmatrix}$

$\qquad\quad=\begin{pmatrix} 1 & 1 \\ 0 & -2 \end{pmatrix}$

$$\boxed{\text{답}}\ \begin{pmatrix} 1 & 1 \\ 0 & -2 \end{pmatrix}$$

3 $AB=\begin{pmatrix} 1 & 1 \\ 1 & 0 \end{pmatrix}\begin{pmatrix} 3 & 3 \\ 4 & 2 \end{pmatrix}=\begin{pmatrix} 7 & 5 \\ 3 & 3 \end{pmatrix}$

$$\boxed{\text{답}}\ \begin{pmatrix} 7 & 5 \\ 3 & 3 \end{pmatrix}$$

4 $3AB-2(4A-B)$

$=3\begin{pmatrix} 7 & 5 \\ 3 & 3 \end{pmatrix}-2\begin{pmatrix} 1 & 1 \\ 0 & -2 \end{pmatrix}$

$=\begin{pmatrix} 21 & 15 \\ 9 & 9 \end{pmatrix}-\begin{pmatrix} 2 & 2 \\ 0 & -4 \end{pmatrix}$

$=\begin{pmatrix} 19 & 13 \\ 9 & 13 \end{pmatrix}$

$$\boxed{\text{답}}\ \begin{pmatrix} 19 & 13 \\ 9 & 13 \end{pmatrix}$$

08 행렬과 그 연산

1. 행렬의 $(i,\ j)$ 성분

행렬 A의 제i행과 제j열이 만나는 위치에 있는 행렬의 성분을 행렬 A의 $(i,\ j)$ 성분이라고 하고, a_{ij}와 같이 나타낸다.

2. 행렬의 덧셈, 뺄셈, 실수배, 곱셈

(1) $A+B$: 두 행렬 A, B가 같은 꼴일 때, 두 행렬 A, B의 대응하는 성분의 합을 각 성분으로 하는 행렬

(2) $A-B$: 두 행렬 A, B가 같은 꼴일 때, 행렬 A의 각 성분에서 행렬 B의 대응하는 성분을 뺀 것을 각 성분으로 하는 행렬

(3) kA: 행렬 A의 각 성분에 실수 k를 곱한 것을 각 성분으로 하는 행렬

(4) AB: 두 행렬 A, B에 대하여 A의 열의 개수가 B의 행의 개수와 같을 때, A의 제i행의 각 성분과 B의 제j열의 각 성분을 차례로 곱하고 더한 것을 $(i,\ j)$ 성분으로 하는 행렬

평가 요소

▶ 과제를 작성하여 제출할 수 있다.

▶ 행렬의 뜻을 안다.

▶ 행렬의 덧셈, 뺄셈, 실수배, 곱셈을 할 수 있다.

MEMO

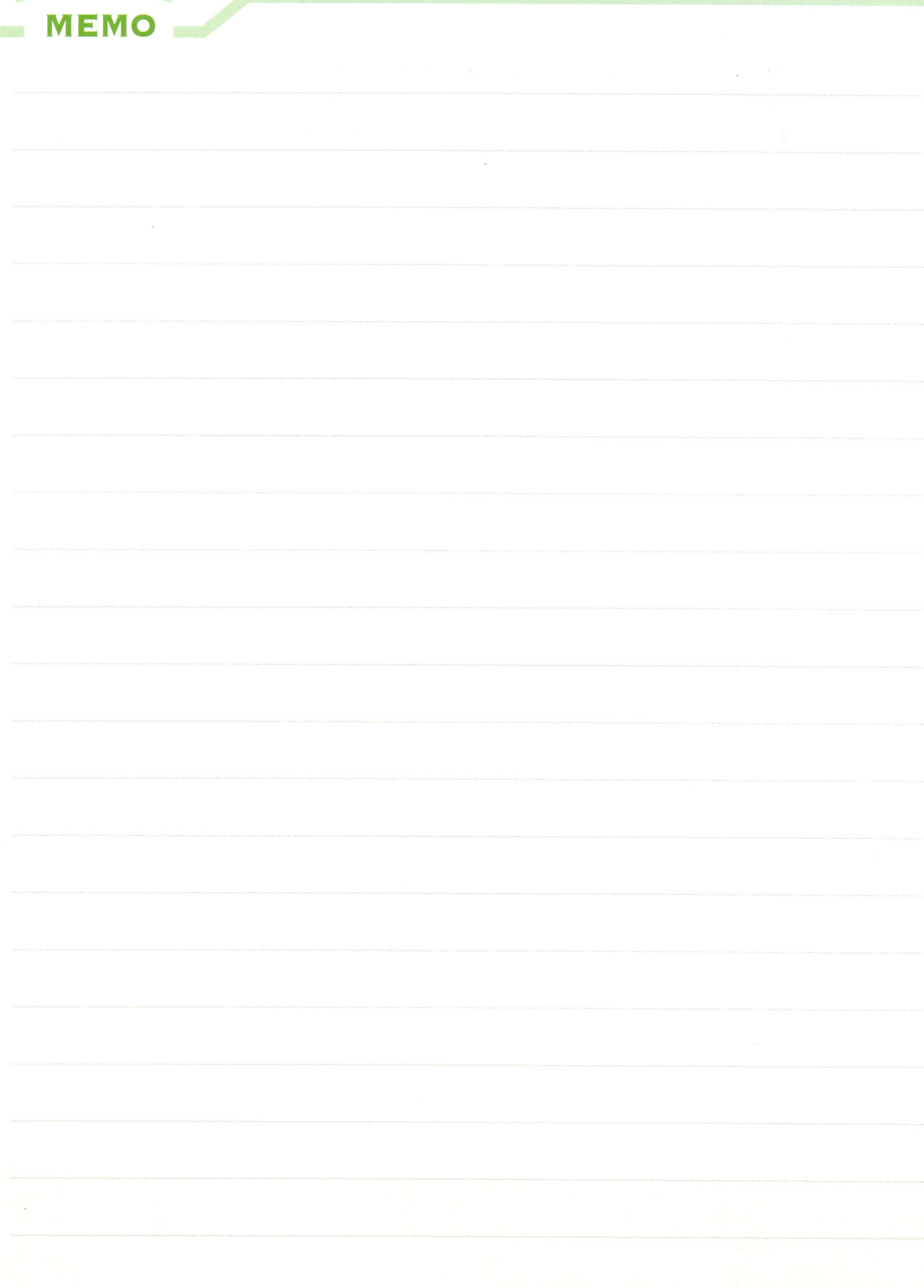
MEMO

내신도 수능도
기본서는 역시, EBS

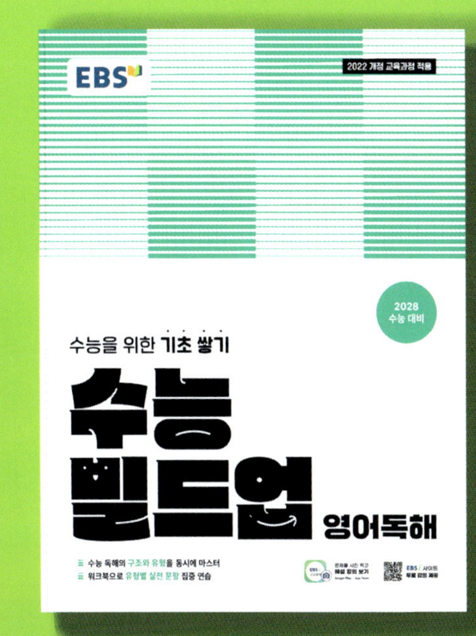

올림포스

**선생님 선택 1위!
수행평가까지 한 권으로**

내신 ——— 수능

공통국어1, 공통국어2, 문학1 현대문학,
문학2 고전문학, 영어독해 기본1, 영어독해 기본2,
영어독해 9대 변별 유형, 공통수학1,
공통수학2, 대수, 미적분Ⅰ, 확률과 통계

수능 빌드업

**메인북과 워크북으로
탄탄한 수능 기초 쌓기**

내신 ——— 수능

독서,
대수, 미적분Ⅰ, 확률과 통계,
영어독해

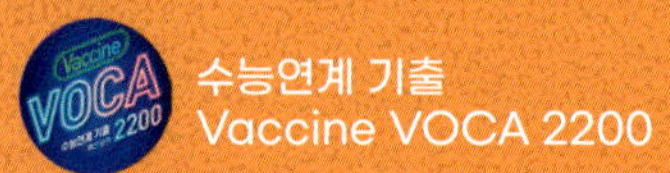

VOCA 2200

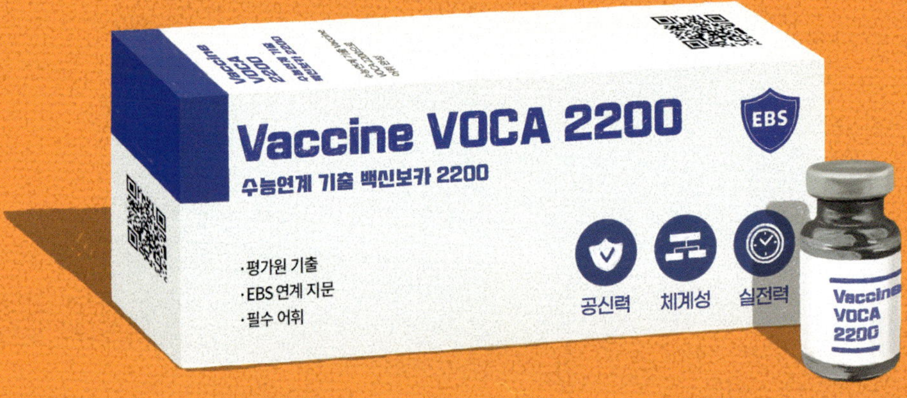

Vaccine VOCA 2200
수능연계 기출 백신보카 2200
EBS
·평가원 기출
·EBS 연계 지문
·필수 어휘
공신력   체계성   실전력
Vaccine
VOCA
2200

EBS
Vaccine VOCA 2200
Vaccine
VOCA
수능연계 기출
백신 보카
22
Vaccine
VOCA
2200
POCKET
수능연계 기출
백신 보카

올림포스

내신과 수능을 모두 잡는 EBS 대표 기본서

정답과 풀이

공통수학1

정답과 풀이

Ⅰ. 다항식

01 다항식의 연산

기본 유형 익히기 [유제]

1 $2x^2+3xy+y^2$ **2** $-3x$ **3** 12

4 $x^3+x^2+2x-1=(x^2-1)(x+1)+3x$

유형 확인

01 ①   **02** $2x^3-3x^2-13x-5$ **03** ⑤   **04** ①
05 ②   **06** ①   **07** ④   **08** ③   **09** ④
10 ③   **11** ⑤   **12** -2

서술형 연습장

01 5   **02** 2   **03** -2

내신＋수능 고난도 문항

01 ③   **02** ②   **03** 108

02 나머지정리

기본 유형 익히기 [유제]

1 6   **2** -4 **3** 2

4 몫: $x^2-x-\dfrac{1}{2}$, 나머지: $\dfrac{3}{2}$

유형 확인

01 ③   **02** ⑤   **03** ②   **04** 91   **05** ①
06 ③   **07** ⑤   **08** ①   **09** ③
10 $-\dfrac{1}{4}$ **11** ③   **12** ①

서술형 연습장

01 10   **02** -3 **03** 9

내신＋수능 고난도 문항

01 ①   **02** ③   **03** ④

03 인수분해

기본 유형 익히기 [유제]

1 (1) $(x-y-z)^2$ (2) $(2x+3)(4x^2-6x+9)$

2 (1) $(x-1)(x+1)(x-2)(x+2)$
   (2) $(x^2-x-4)(x^2+x-4)$

3 $(x-y^2)(x-z)$

4 $(x-1)(x+1)(x+3)(x-2)$

유형 확인

01 $(x+y)(x^2-3xy+y^2)$ **02** 880   **03** ⑤
04 ③   **05** $(x^2+3x-1)^2$ **06** ③

07 $(1+x)(y-xy+x^2)$ **08** ②
09 $(a+1)^2(a+b+1)$ **10** $(3x-1)(x-2)(x+1)$
11 ①   **12** ⑤

서술형 연습장

01 $(x^2-x-1)(x^2+x-1)$ **02** 395

03 $a=b$인 이등변삼각형 또는 $c=a$인 이등변삼각형

내신＋수능 고난도 문항

01 ①   **02** ④   **03** ⑤

대단원 종합문제

01 ③   **02** ①   **03** ①   **04** ③   **05** ②
06 ②   **07** 1   **08** ⑤   **09** ②   **10** ④
11 ②   **12** ③   **13** 331   **14** ②   **15** ④
16 ⑤   **17** ②   **18** $\dfrac{13}{8}$ **19** ①   **20** ③
21 ④   **22** $495\sqrt{17}$ **23** 15

Ⅱ. 방정식과 부등식

04 복소수와 이차방정식

기본 유형 익히기 [유제]

1 20   **2** ②   **3** ④   **4** ③

5 (1) 10   (2) $\dfrac{21}{2}$ **6** $4x^2+x-2=0$

유형 확인

01 ③   **02** 8   **03** ④   **04** ②   **05** ④
06 ②   **07** 10   **08** $k>\dfrac{9}{4}$ **09** ①   **10** ⑤
11 $2x^2-8x-1=0$ **12** $(x-1-2i)(x-1+2i)$

서술형 연습장

01 $-1+i$ **02** 13   **03** $\dfrac{7}{8}$

내신＋수능 고난도 문항

01 ①   **02** ①   **03** 11

05 이차방정식과 이차함수

기본 유형 익히기 [유제]

1 14   **2** 3   **3** ④   **4** -11

유형 확인

01 ⑤   **02** 16   **03** ③   **04** ④   **05** ④
06 $a\le9$ **07** ③   **08** ②   **09** 2   **10** ①
11 ⑤   **12** 162 cm^2

서술형 연습장

01 7　　**02** 2　　**03** 8

내신 + 수능 고난도 문항

01 ②　　**02** ④　　**03** 12

06 여러 가지 방정식과 부등식

기본 유형 익히기 [유제]

1 (1) $x=-2$ 또는 $x=-1$ 또는 $x=2$
　(2) $x=1\pm\sqrt{2}i$ 또는 $x=-1\pm\sqrt{2}i$

2 $\dfrac{3}{2}$

3 (1) $\begin{cases} x=-4 \\ y=-2 \end{cases}$ 또는 $\begin{cases} x=4 \\ y=2 \end{cases}$ 또는 $\begin{cases} x=\sqrt{2}i \\ y=-\sqrt{2}i \end{cases}$ 또는 $\begin{cases} x=-\sqrt{2}i \\ y=\sqrt{2}i \end{cases}$
　(2) $\begin{cases} x=1 \\ y=3 \end{cases}$ 또는 $\begin{cases} x=3 \\ y=1 \end{cases}$

4 20　　**5** ②　　**6** 10

유형 확인

01 ③　　**02** ①　　**03** ⑤　　**04** ②　　**05** ③

06 48　　**07** ⑤　　**08** 39

09 (1) $x<-1$ 또는 $x>6$　(2) $x\geq1$　**10** ②

11 (1) $x<-3$ 또는 $x>4$　(2) $x=-2$
　(3) 모든 실수　(4) 해가 없다.

12 ④

서술형 연습장

01 7　　**02** 6　　**03** 8

내신 + 수능 고난도 문항

01 ②　　**02** ②　　**03** 26

대단원 종합문제

01 ②　　**02** 10　　**03** ④　　**04** ③　　**05** ⑤
06 7　　**07** ⑤　　**08** ②　　**09** ③　　**10** ②
11 ③　　**12** ④　　**13** ①　　**14** ②　　**15** ⑤
16 ②　　**17** -12　　**18** 10　　**19** 3
20 $\dfrac{19}{9}$　　**21** 11

Ⅲ. 경우의 수

07 경우의 수

기본 유형 익히기 [유제]

1 5　　**2** 12　　**3** 40　　**4** 240　　**5** 200

6 455

유형 확인

01 ②　　**02** ③　　**03** 11　　**04** ⑤　　**05** 20
06 140　　**07** 144　　**08** ⑤　　**09** ⑤　　**10** ②
11 ③　　**12** 144　　**13** 14　　**14** ⑤　　**15** 660
16 ③　　**17** 13　　**18** ④　　**19** ⑤　　**20** ④
21 45　　**22** ②　　**23** 10　　**24** 45

서술형 연습장

01 9　　**02** 480　　**03** 231

내신 + 수능 고난도 문항

01 ④　　**02** 72　　**03** ②　　**04** 16

대단원 종합문제

01 5　　**02** 15　　**03** 8　　**04** ④　　**05** ②
06 ④　　**07** ③　　**08** 14　　**09** ②　　**10** ⑤
11 360　　**12** 5　　**13** 32　　**14** ①　　**15** 74
16 ③　　**17** ③　　**18** ②　　**19** 82　　**20** ①
21 315　　**22** 8　　**23** 280　　**24** 132

Ⅳ. 행렬

08 행렬과 그 연산

기본 유형 익히기 [유제]

1 2　　**2** ②　　**3** ①　　**4** 2

유형 확인

01 ③　　**02** ①　　**03** ⑤　　**04** ②　　**05** ④
06 12　　**07** ③　　**08** 20　　**09** 10　　**10** ④
11 ①　　**12** ④

서술형 연습장

01 6　　**02** 54　　**03** 11

내신 + 수능 고난도 문항

01 ①　　**02** 40　　**03** ②　　**04** ①

대단원 종합문제

01 ③　　**02** ⑤　　**03** ②　　**04** ④　　**05** ③
06 ③　　**07** ①　　**08** ①　　**09** ⑤　　**10** ③
11 ④　　**12** ③　　**13** ①　　**14** ④　　**15** 233
16 2　　**17** 18

I. 다항식

01 다항식의 연산

기본 유형 익히기 | 유제

1 $2x^2+3xy+y^2$　　**2** $-3x$　　**3** 12
4 $x^3+x^2+2x-1=(x^2-1)(x+1)+3x$

1　$B=5xy+x^2+2y^2$
　　　$=x^2+5xy+2y^2$
이므로
$A+B=(x^2-2xy-y^2)+(x^2+5xy+2y^2)$
　　　$=(1+1)x^2+(-2+5)xy+(-1+2)y^2$
　　　$=2x^2+3xy+y^2$

　　　　　　　　　　　　　답 $2x^2+3xy+y^2$

2　$(x-2)(x^2+x+1)-(x-1)(x^2+2)$
$=x(x^2+x+1)-2(x^2+x+1)-\{x(x^2+2)-(x^2+2)\}$
$=(x^3+x^2+x)+(-2x^2-2x-2)-\{(x^3+2x)+(-x^2-2)\}$
$=(x^3+x^2+x)+(-2x^2-2x-2)-(x^3-x^2+2x-2)$
$=(x^3+x^2+x)+(-2x^2-2x-2)+(-x^3+x^2-2x+2)$
$=(1-1)x^3+(1-2+1)x^2+(1-2-2)x+(-2+2)$
$=-3x$

　　　　　　　　　　　　　　　　답 $-3x$

3　$a^2+b^2+c^2$
$=(a+b+c)^2-2(ab+bc+ca)$
$=4^2-2\times2$
$=16-4$
$=12$

　　　　　　　　　　　　　　　　　답 12

4
$$\begin{array}{r}x+1\\x^2-1\overline{)x^3+x^2+2x-1}\\\underline{x^3-x}\\x^2+3x-1\\\underline{x^2-1}\\3x\end{array}$$

따라서 $Q=x+1$, $R=3x$이므로
$x^3+x^2+2x-1=(x^2-1)(x+1)+3x$

　답 $x^3+x^2+2x-1=(x^2-1)(x+1)+3x$

유형 확인

01 ①　　**02** $2x^3-3x^2-13x-5$　　**03** ⑤　　**04** ①
05 ②　　**06** ①　　**07** ④　　**08** ③　　**09** ④
10 ③　　**11** ⑤　　**12** -2

01　$2(A-2B)+2(2A+B)$
$=(2A-4B)+(4A+2B)$
$=6A-2B$
$=6(x^2-x+2)-2(2x^2+3)$
$=(6x^2-6x+12)+(-4x^2-6)$
$=(6-4)x^2-6x+(12-6)$
$=2x^2-6x+6$

　　　　　　　　　　　　　　　　　답 ①

02　$(A-2B+C)-(2A+B-C)$
$=(A-2B+C)+(-2A-B+C)$
$=(1-2)A+(-2-1)B+(1+1)C$
$=-A-3B+2C$
$=-(x-2)-3(x^2+2x+3)+2(x^3-3x+1)$
$=(-x+2)+(-3x^2-6x-9)+(2x^3-6x+2)$
$=2x^3-3x^2+(-1-6-6)x+(2-9+2)$
$=2x^3-3x^2-13x-5$

　　　　　　　　　답 $2x^3-3x^2-13x-5$

03　$3(A+B+2X)-5(X-B)=A$에서
$(3A+3B+6X)+(-5X+5B)=A$
$(6-5)X+3A+(3+5)B=A$
$X+3A+8B=A$
따라서
$X=-2A-8B$
　$=-2(x^2+xy-2y^2)-8(-2xy+y^2)$
　$=(-2x^2-2xy+4y^2)+(16xy-8y^2)$
　$=-2x^2+(-2+16)xy+(4-8)y^2$
　$=-2x^2+14xy-4y^2$

　　　　　　　　　　　　　　　　　답 ⑤

04　$(2x^2-x+1)(x-2)$
$=2x^2(x-2)-x(x-2)+(x-2)$
$=(2x^3-4x^2)+(-x^2+2x)+(x-2)$
$=2x^3+(-4-1)x^2+(2+1)x-2$
$=2x^3-5x^2+3x-2$

이므로
$a=-5$, $b=3$, $c=-2$
따라서
$$a+2b+3c=-5+2\times3+3\times(-2)$$
$$=-5+6-6$$
$$=-5$$

답 ①

05 $x(ax+1)(x^2+x+b)+(x-2)(x+1)$
$=(ax^2+x)(x^2+x+b)+(x^2-x-2)$
$=ax^2(x^2+x+b)+x(x^2+x+b)+(x^2-x-2)$
$=(ax^4+ax^3+abx^2)+(x^3+x^2+bx)+(x^2-x-2)$
$=ax^4+(a+1)x^3+(ab+1+1)x^2+(b-1)x-2$
$=ax^4+(a+1)x^3+(ab+2)x^2+(b-1)x-2$
이므로
$a=2$, $a+1=3$, $ab+2=4$, $b-1=0$
따라서 $a=2$, $b=1$이므로
$$a^2+b^2=2^2+1^2$$
$$=5$$

답 ②

06 전개식에서 x^3항은
$x^3\times($상수항$)$, $x^2\times x$, $x\times x^2$, $($상수항$)\times x^3$일 때 나오므로
x^3항은
$x^3\times1+2x^2\times(-2x)+3x\times3x^2+4\times(-4x^3)$
$=x^3-4x^3+9x^3-16x^3$
$=-10x^3$
따라서 x^3의 계수는 -10이다.

답 ①

07 $(a+2b)(a^2-2ab+4b^2)$
$=a^3+(2b)^3$
$=a^3+8b^3$
따라서 모든 계수의 합은
$1+8=9$

답 ④

08 $(a^2+2a-1)^2$
$=(a^2)^2+(2a)^2+(-1)^2+2\times a^2\times2a$
$\qquad\qquad\qquad+2\times2a\times(-1)+2\times(-1)\times a^2$
$=a^4+4a^2+1+4a^3-4a-2a^2$
$=a^4+4a^3+2a^2-4a+1$

따라서 차수가 홀수인 항은 $4a^3$, $-4a$이므로 모든 계수의 합은
$4+(-4)=0$

답 ③

09 $a^2+b^2=(a+b)^2-2ab$이므로
$$ab=\frac{(a+b)^2-(a^2+b^2)}{2}$$
$$=\frac{1^2-13}{2}$$
$$=-6$$
따라서
$$a^3+b^3=(a+b)^3-3ab(a+b)$$
$$=1^3-3\times(-6)\times1$$
$$=19$$

답 ④

10 $a^2+b^2=(a-b)^2+2ab$이므로
$$ab=\frac{(a^2+b^2)-(a-b)^2}{2}$$
$$=\frac{17-3^2}{2}$$
$$=4$$
따라서
$$a^3-b^3=(a-b)^3+3ab(a-b)$$
$$=3^3+3\times4\times3$$
$$=63$$

답 ③

11 다항식 A를 $x-2$로 나누었을 때의 몫이 x^2+2x+4, 나머지가 3이므로
$$A=(x-2)(x^2+2x+4)+3$$
$$=x^3-2^3+3$$
$$=x^3-5$$

답 ⑤

12
$$\begin{array}{r}
x-1 \\
x^2-x+2\ \overline{)\ x^3-2x^2+3x+a} \\
\underline{x^3-\ x^2+2x}\qquad \\
-x^2+\ x+a \\
\underline{-\ x^2+\ x-2} \\
a+2
\end{array}$$

이때 나머지가 0이어야 하므로
$a+2=0$

즉, $a=-2$

답 -2

01 $(x+1)(2x+a)+(x-2)(x^2+x+b)$
$=2x^2+(a+2)x+a+x(x^2+x+b)-2(x^2+x+b)$
$=x^3+x^2+(a+b)x+a-2b$ ❶
x의 계수가 $a+b$, 상수항이 $a-2b$이므로
$a+b=-1$, $a-2b=5$
따라서 $a=1$, $b=-2$이므로   ❷
$a^2+b^2=1+4$
$\qquad\quad =5$ ❸

답 5

단계	채점 기준	비율
❶	주어진 식을 전개한 경우	40 %
❷	a, b의 값을 구한 경우	30 %
❸	a^2+b^2의 값을 구한 경우	30 %

02 $(a^3-b^3)(a^3+b^3)$
$=a^6-b^6$
$=(a^2)^3-(b^2)^3$
$=(a^2-b^2)^3+3a^2b^2(a^2-b^2)$ ❶
이때 $a^2-b^2=3$이므로
$3^3+3a^2b^2\times3=27+9a^2b^2$
$\qquad\qquad\qquad =63$
$9a^2b^2=36$
$a^2b^2=4$
$a>0$, $b>0$이므로   ❷
$ab=2$ ❸

답 2

단계	채점 기준	비율
❶	$(a^3-b^3)(a^3+b^3)$의 전개식을 a^2-b^2을 이용하여 나타낸 경우	50 %
❷	a^2b^2의 값을 구한 경우	30 %
❸	ab의 값을 구한 경우	20 %

03 다항식 x^3+ax^2+bx+2를 x^2-x+1로 나누면

$$\begin{array}{r}x+a+1\\x^2-x+1\,\overline{)\,x^3+\ ax^2+\quad\ bx+\quad 2}\\\underline{x^3-\ \ x^2+\qquad x}\\(a+1)x^2+(b-1)x+\quad 2\\\underline{(a+1)x^2-(a+1)x+a+1}\\(a+b)x-a+1\end{array}$$

      ❶

이때 나머지가 $2x+1$이므로
$a+b=2$, $-a+1=1$
따라서 $a=0$, $b=2$이므로   ❷
$a-b=0-2$
$\qquad =-2$ ❸

답 -2

단계	채점 기준	비율
❶	나눗셈을 하여 나머지를 구한 경우	60 %
❷	a, b의 값을 구한 경우	20 %
❸	$a-b$의 값을 구한 경우	20 %

01 $[<A,\ B>,\ <B,\ C>]$
$=[3A-2B,\ 3B-2C]$
$=2(3A-2B)+3(3B-2C)$
$=6A+5B-6C$
$=6(x^2+ax+a)+5(x^2-x+1)-6(x^2+3x-2)$
$=5x^2+(6a-23)x+6a+17$
이때 x의 계수가 1이므로
$6a-23=1$
$a=4$
따라서 상수항은 $6\times4+17=41$

답 ③

02 세 개의 정육면체가 면과 면이 완전히 맞닿도록 새로운 입체도형을 만들 때, 이 입체도형의 겉넓이가 최대가 되는 경우는 한 모서리의 길이가 가장 작은 정육면체가 다른 두 정육면체 사이에 놓이는 경우이다.

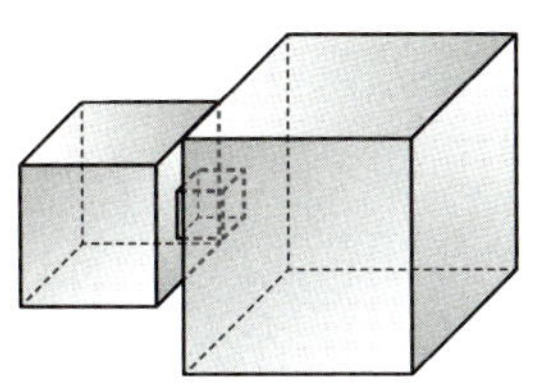

이 새로운 입체도형의 겉넓이의 최댓값 $S(x)$는
$$S(x)=6(x-1)^2+6(x+1)^2+6(x+3)^2-4(x-1)^2$$
$$=6(x^2-2x+1)+6(x^2+2x+1)$$
$$+6(x^2+6x+9)-4(x^2-2x+1)$$
$$=14x^2+44x+62$$
$$(x+1)S(x)=(x+1)(14x^2+44x+62)$$
$$=x(14x^2+44x+62)+14x^2+44x+62$$
$$=14x^3+58x^2+106x+62$$
따라서 다항식 $(x+1)S(x)$의 상수항을 포함하는 모든 항의 계수의 합은
$$14+58+106+62=240$$

目 ②

03 $x=\sqrt{3}-1$에서 $x+1=\sqrt{3}$이므로 양변을 제곱하여 정리하면
$$x^2+2x-2=0$$
다항식 $x^5+2x^4+3x^3-4x^2+5x+6$을 x^2+2x-2로 나누면

$$\begin{array}{r}
x^3+5x-14 \\
x^2+2x-2\overline{)x^5+2x^4+3x^3-\ 4x^2+\ 5x+\ 6} \\
\underline{x^5+2x^4-2x^3} \\
5x^3-\ 4x^2+\ 5x \\
\underline{5x^3+10x^2-10x} \\
-14x^2+15x+\ 6 \\
\underline{-14x^2-28x+28} \\
43x-22
\end{array}$$

즉,
$$x^5+2x^4+3x^3-4x^2+5x+6$$
$$=(x^2+2x-2)(x^3+5x-14)+43x-22$$
이고
$$x^2+2x-2=0$$
이므로
$$x^5+2x^4+3x^3-4x^2+5x+6$$
$$=43x-22$$
$$=43(\sqrt{3}-1)-22$$
$$=43\sqrt{3}-65$$
따라서 $a=43$, $b=-65$이므로
$$a-b=43-(-65)$$
$$=108$$

目 108

02 나머지정리

기본 유형 익히기 유제

본문 16~17쪽

1 6 **2** -4 **3** 2

4 몫: $x^2-x-\dfrac{1}{2}$, 나머지: $\dfrac{3}{2}$

1 등식 $ax^2-(a+b)x-a-b-c=2x^2-5x-5$가 x에 대한 항등식이므로 양변의 동류항의 계수를 비교하면
$$a=2,\ -(a+b)=-5,\ -a-b-c=-5$$
따라서 $a=2$, $b=3$, $c=0$이므로
$$ab+bc=2\times3+3\times0$$
$$=6$$

目 6

2 다항식 $f(x)=8x^3-4x^2+2x-1$을 $2x+1$로 나눈 나머지는
$$f\left(-\frac{1}{2}\right)=8\times\left(-\frac{1}{2}\right)^3-4\times\left(-\frac{1}{2}\right)^2+2\times\left(-\frac{1}{2}\right)-1$$
$$=8\times\left(-\frac{1}{8}\right)-4\times\frac{1}{4}+2\times\left(-\frac{1}{2}\right)-1$$
$$=-1-1-1-1$$
$$=-4$$

目 -4

3 다항식 $f(x)=x^3+ax^2-bx+1$이 $(x-1)(x+1)$로 나누어떨어지므로 다항식 $f(x)$는 $x-1$과 $x+1$로도 나누어떨어져야 한다.
즉, 다항식 $f(x)$는 $x+1$과 $x-1$을 인수로 가지므로
$$f(-1)=0,\ f(1)=0$$이다.
$$f(-1)=-1+a+b+1=0에서\ a+b=0 \qquad \cdots\cdots\ ㉠$$
$$f(1)=1+a-b+1=0에서\ a-b=-2 \qquad \cdots\cdots\ ㉡$$
㉠, ㉡에서 $a=-1$, $b=1$이므로
$$a^2+b^2=(-1)^2+1^2=2$$

目 2

4 다항식 $2x^3-3x^2+2$를 $2x-1$로 나누었을 때의 몫과 나머지를 조립제법을 이용하여 구하면

$$\begin{array}{r|rrrr}
\frac{1}{2} & 2 & -3 & 0 & 2 \\
& & 1 & -1 & -\frac{1}{2} \\
\hline
& 2 & -2 & -1 & \frac{3}{2}
\end{array}$$

에서

$$2x^3-3x^2+2=\left(x-\frac{1}{2}\right)(2x^2-2x-1)+\frac{3}{2}$$
$$=(2x-1)\left(x^2-x-\frac{1}{2}\right)+\frac{3}{2}$$

이므로 몫은 $x^2-x-\frac{1}{2}$, 나머지는 $\frac{3}{2}$이다.

$$\text{閏 } \text{몫: } x^2-x-\frac{1}{2}, \text{ 나머지: } \frac{3}{2}$$

유형 확인

본문 18~19쪽

01 ③	**02** ⑤	**03** ②	**04** 91	**05** ①
06 ③	**07** ⑤	**08** ①	**09** ③	
10 $-\frac{1}{4}$	**11** ③	**12** ①		

01 주어진 등식의 양변에 $x=-1$을 대입하면
$$c=(-1)^3+2\times(-1)^2+3\times(-1)+2=0$$
주어진 등식의 양변에 $x=0$을 대입하면
$$1+a+b=2$$
$$a+b=1 \qquad\qquad \cdots\cdots \text{㉠}$$
주어진 등식의 양변에 $x=-2$를 대입하면
$$(-1)^3+a\times(-1)^2+b\times(-1)$$
$$=(-2)^3+2\times(-2)^2+3\times(-2)+2$$
$$-1+a-b=-4$$
$$a-b=-3 \qquad\qquad \cdots\cdots \text{㉡}$$
㉠, ㉡에서 $a=-1$, $b=2$이므로
$$a+2b+3c=-1+2\times2+3\times0$$
$$=3$$

$$\text{閏 } ③$$

02 $a(x+2y)+b(2x+y)=(a+2b)x+(2a+b)y$
이므로
$$(a+2b)x+(2a+b)y=3x+2y$$
이고 모든 실수 x, y에 대하여 성립하므로

$$a+2b=3 \qquad\qquad \cdots\cdots \text{㉠}$$
$$2a+b=2 \qquad\qquad \cdots\cdots \text{㉡}$$
㉠, ㉡에서 $a=\frac{1}{3}$, $b=\frac{4}{3}$이므로
$$3(a+b)=3\left(\frac{1}{3}+\frac{4}{3}\right)$$
$$=5$$

$$\text{閏 } ⑤$$

$(a+2b)x+(2a+b)y=3x+2y$에
$x=1$, $y=1$을 대입하면
$$3a+3b=3+2=5$$
따라서 $3(a+b)=5$

03 주어진 등식이 모든 실수 x에 대하여 성립하고 우변이 x에 대한 삼차식이고 최고차항의 계수가 1이므로 $f(x)$는 최고차항의 계수가 1인 이차식이다.
즉, $f(x)=x^2+px+q$ (p, q는 상수)라 하면
$$(x+1)(x^2+px+q)=x^3+3x^2+ax-1$$
$$x^3+(p+1)x^2+(p+q)x+q=x^3+3x^2+ax-1$$
이 식에 x에 대한 항등식이므로
$$p+1=3, \quad p+q=a, \quad q=-1$$
이므로
$$p=2, \quad q=-1, \quad a=1$$
따라서 $f(x)=x^2+2x-1$이므로
$$f(a)=f(1)$$
$$=1+2-1=2$$

$$\text{閏 } ②$$

주어진 등식은 x에 대한 항등식이므로
$x=-1$을 대입하면
$$0=(-1)^3+3\times(-1)^2+a\times(-1)-1$$
따라서 $a=1$
$x=1$을 대입하면
$$2f(1)=1+3+1-1=4$$
$$f(1)=2$$
즉, $f(a)=f(1)=2$

04 다항식 $f(x)=x^3+ax^2+3x-b$를 $x+1$로 나눈 나머지가 2이므로
$$f(-1)=-1+a-3-b=2$$
$$a-b=6 \qquad\qquad \cdots\cdots \text{㉠}$$
다항식 $f(x)=x^3+ax^2+3x-b$를 $x-2$로 나눈 나머지가 -1

이므로

$f(2)=8+4a+6-b=-1$

$4a-b=-15$ $\qquad\cdots\cdots$ ㉡

㉠, ㉡에서 $a=-7$, $b=-13$이므로

$ab=-7\times(-13)$

$\quad=91$

$\qquad\qquad\qquad\qquad\qquad\qquad\qquad$ 답 **91**

05 다항식 $f(x)$를 x^2-4로 나누었을 때의 몫을 $Q(x)$, 나머지를 $ax+b$ $(a,\ b$는 상수$)$라 하면

$f(x)=(x^2-4)Q(x)+ax+b$

이때 이 식은 x에 대한 항등식이고 $f(x)$를 $x-2$로 나눈 나머지가 1이므로

$f(2)=2a+b=1$ $\qquad\cdots\cdots$ ㉠

$f(x)$를 $x+2$로 나눈 나머지가 2이므로

$f(-2)=-2a+b=2$ $\qquad\cdots\cdots$ ㉡

㉠, ㉡에서 $a=-\dfrac{1}{4}$, $b=\dfrac{3}{2}$이므로

$g(x)=-\dfrac{1}{4}x+\dfrac{3}{2}$

따라서 $g(x)$를 $x-4$로 나눈 나머지는

$g(4)=-\dfrac{1}{4}\times4+\dfrac{3}{2}=\dfrac{1}{2}$

$\qquad\qquad\qquad\qquad\qquad\qquad\qquad$ 답 ①

06 다항식 x^8+ax^3+b를 x^2-1로 나눈 몫을 $Q(x)$라 하면

$x^8+ax^3+b=(x^2-1)Q(x)+3x-1$

이 식은 x에 대한 항등식이므로 $x=-1$과 $x=1$을 각각 대입하면

$1-a+b=-4$

$a-b=5$ $\qquad\cdots\cdots$ ㉠

$1+a+b=2$

$a+b=1$ $\qquad\cdots\cdots$ ㉡

㉠, ㉡에서 $a=3$, $b=-2$이므로 다항식 x^8+3x^3-2를 $x+2$로 나눈 나머지는 $f(x)=x^8+3x^3-2$라 하면

$f(-2)=256-24-2$

$\qquad=230$

$\qquad\qquad\qquad\qquad\qquad\qquad\qquad$ 답 ③

07 다항식 $f(x)=x^3+ax-2$를 $x-1$로 나눈 나머지가 2이므로

$f(1)=1+a-2=2$

즉, $a=3$

따라서 $f(x)=x^3+3x-2$이므로 다항식 $f(2x+1)$을 $x+1$로 나눈 나머지는

$f(2\times(-1)+1)=f(-1)$

$\qquad\qquad\qquad\quad=-1-3-2$

$\qquad\qquad\qquad\quad=-6$

$\qquad\qquad\qquad\qquad\qquad\qquad\qquad$ 답 ⑤

$f(x)=x^3+3x-2$에서

$f(2x+1)=(2x+1)^3+3(2x+1)-2$

이므로

$g(x)=f(2x+1)$

$\qquad=(2x+1)^3+3(2x+1)-2$

라 하면 다항식 $f(2x+1)$을 $x+1$로 나눈 나머지는 다항식 $g(x)$를 $x+1$로 나눈 나머지와 같으므로

$g(-1)=f(-1)$

$\qquad=-1-3-2$

$\qquad=-6$

08 다항식 $f(x)=x^3+x^2+ax+4$가 $x-2$를 인수로 가지므로

$f(2)=8+4+2a+4$

$\qquad=2a+16=0$

즉, $a=-8$

따라서 $f(x)=x^3+x^2-8x+4$를 $x+2$로 나눈 나머지는

$f(-2)=-8+4+16+4$

$\qquad=16$

$\qquad\qquad\qquad\qquad\qquad\qquad\qquad$ 답 ①

09 $x^2-2x=x(x-2)$이고 다항식 $f(x)=x^3-3x^2+ax+b$가 다항식 $x(x-2)$로 나누어떨어지므로 다항식 $f(x)$는 x와 $x-2$를 인수로 갖는다.

따라서

$f(0)=b=0$ $\qquad\cdots\cdots$ ㉠

$f(2)=8-12+2a+b=0$

$2a+b=4$ $\qquad\cdots\cdots$ ㉡

㉠, ㉡에서 $a=2$, $b=0$이므로

$f(x)=x^3-3x^2+2x$

따라서 다항식 $xf(x)$를 $x+2$로 나눈 나머지는

$(-2)\times f(-2)=-2\times(-8-12-4)$

$\qquad\qquad\qquad=48$

$\qquad\qquad\qquad\qquad\qquad\qquad\qquad$ 답 ③

10 $h(x)=2f(x)+g(x)$

$\qquad=2(x^2+ax+a)+(x^3-2x^2+x-1)$

$\qquad=x^3+(2a+1)x+2a-1$

이때 다항식 $h(x)$가 $x-1$을 인수로 가지므로
$h(1)=1+(2a+1)+2a-1$
$\qquad =4a+1=0$
따라서 $a=-\dfrac{1}{4}$

$$\text{답}\ -\dfrac{1}{4}$$

11 다항식 $4x^4-2x^2+3x-2$를 $x+1$로 나누었을 때의 몫 $Q(x)$와 나머지 r을 조립제법을 이용하여 구하면

$$
\begin{array}{r|rrrrr}
-1 & 4 & 0 & -2 & 3 & -2 \\
   &   & -4 & 4 & -2 & -1 \\
\hline
   & 4 & -4 & 2 & 1 & \multicolumn{1}{|r}{-3} \\
\end{array}
$$

즉, $Q(x)=4x^3-4x^2+2x+1$, $r=-3$이므로
$Q(x)+r=4x^3-4x^2+2x-2$
따라서 다항식 $Q(x)+r$의 일차항의 계수는 2, 상수항은 -2이므로 구하는 합은 $2+(-2)=0$

$$\text{답}\ ③$$

12 다항식 ax^3+bx^2+cx+2를 $x-1$로 나누었을 때의 몫과 나머지를 조립제법을 이용하여 다음과 같이 나타내자.

$$
\begin{array}{r|rrrr}
1 & a & b & c & 2 \\
  &   & 2 & 1 & \boxed{라} \\
\hline
  & \boxed{가} & \boxed{나} & \boxed{다} & \multicolumn{1}{|r}{6} \\
\end{array}
$$

$a=\boxed{가}$이고 $\boxed{가}\times 1=2$이므로
$a=2$
$\boxed{나}=b+2$이고 $\boxed{나}\times 1=1$이므로
$b+2=1$
즉, $b=-1$
$\boxed{다}=c+1$이고 $\boxed{다}\times 1=\boxed{라}$
또, $2+\boxed{라}=6$이므로 $\boxed{라}=4$
이때 $\boxed{다}=4$이므로 $c+1=4$
즉, $c=3$
따라서 $abc=2\times(-1)\times 3=-6$

$$\text{답}\ ①$$

📝 서술형 **연습장**

본문 20쪽

01 10　　**02** -3　　**03** 9

01 다항식 $f(x)$를 $x-2$로 나눈 나머지가 3이므로
$f(2)=3$ ⋯⋯ ❶
이때 $g(x)=(x+2)f(2x)+1$이라 하면 $g(x)$를 $x-1$로 나눈 나머지는 $g(1)$이므로
$g(1)=3f(2)+1$
$\qquad =3\times 3+1$
$\qquad =10$ ⋯⋯ ❷

$$\text{답}\ 10$$

단계	채점 기준	비율
❶	$f(2)$의 값을 구한 경우	40 %
❷	$g(1)$의 값을 구한 경우	60 %

02 삼차식 $f(x)$가 x^2+4x+4로 나누어떨어지므로 몫을 $Q(x)$라 하면
$f(x)=(x^2+4x+4)Q(x)$
이때 $f(x)$는 최고차항의 계수가 1인 삼차식이므로
$Q(x)=x+a$ (a는 상수)로 놓을 수 있다.
즉, $f(x)=(x^2+4x+4)(x+a)$ ⋯⋯ ❶
또, $f(x)+9$가 $x-1$로 나누어떨어지므로
$f(1)+9=0$에서 $f(1)=-9$
$f(1)=9(1+a)=-9$에서
$1+a=-1$
$a=-2$
즉, $f(x)=(x^2+4x+4)(x-2)$ ⋯⋯ ❷
따라서 $f(x)$를 $x+1$로 나눈 나머지는
$f(-1)=(1-4+4)\times(-1-2)=-3$ ⋯⋯ ❸

$$\text{답}\ -3$$

단계	채점 기준	비율
❶	$f(x)$를 나눗셈의 식으로 나타낸 경우	40 %
❷	$f(x)$를 구한 경우	40 %
❸	$f(x)$를 $x+1$로 나눈 나머지를 구한 경우	20 %

03 다항식 x^4+ax^3-8x+1을 $x-2$로 나누었을 때의 몫 $Q(x)$, 나머지 R을 조립제법을 이용하여 구하면

$$
\begin{array}{r|rrrrr}
2 & 1 & a & 0 & -8 & 1 \\
  &   & 2 & 2a+4 & 4a+8 & 8a \\
\hline
  & 1 & a+2 & 2a+4 & 4a & \multicolumn{1}{|r}{8a+1} \\
\end{array}
$$

즉, $Q(x)=x^3+(a+2)x^2+(2a+4)x+4a$, $R=8a+1$이다. ⋯⋯ ❶

이때 $Q(x)$를 $x-2$로 나눈 나머지가 36이므로

$$Q(2)=8+4(a+2)+2(2a+4)+4a$$
$$=12a+24=36$$
$$a=1 \qquad \cdots\cdots ❷$$
따라서 $R=8\times1+1=9 \qquad \cdots\cdots ❸$

답 9

단계	채점 기준	비율
❶	조립제법을 이용하여 $Q(x)$와 R을 구한 경우	40 %
❷	a의 값을 구한 경우	40 %
❸	R의 값을 구한 경우	20 %

내신 + 수능 고난도 문항

본문 21쪽

01 ①　　**02** ③　　**03** ④

01 $(a-2)x^2+(x+1)^2(a+2)-2(1+x)(b+1)+2$
$=(a-2)x^2+(x^2+2x+1)(a+2)-2(1+x)(b+1)+2$
$=\{(a-2)+(a+2)\}x^2+\{2(a+2)-2(b+1)\}x$
$$+(a+2)-2(b+1)+2$$
$=2ax^2+(2a-2b+2)x+a-2b+2=0$
이 식이 모든 실수 x에 대하여 성립해야 하므로
$2a=0,\ 2a-2b+2=0,\ a-2b+2=0$
즉, $a=0,\ b=1$이므로
$a+b=0+1$
$$=1$$

답 ①

다른 풀이

주어진 등식의 양변에 $x=-1,\ x=0$을 대입해도 같은 결과를
얻을 수 있다.

02 조건 (가)에서 $3g(x)=-2x^2f(x)$이므로
$3xg(x)=-2x^3f(x)$
따라서 조건 (나)에서
$2(x^3+2)f(x)+3xg(x)$
$=2(x^3+2)f(x)-2x^3f(x)$
$=4f(x)=4x+8$
즉, $f(x)=x+2$이므로
$3g(x)=-2x^2(x+2)$
$g(x)=-\dfrac{2}{3}x^2(x+2)$

이때 $g(2x+1)$을 $x+2$로 나눈 나머지는
$g(-3)=-\dfrac{2}{3}\times(-3)^2\times(-1)$
$$=6$$

답 ③

03 조건 (가)에서 삼차식 $f(x)$는
$x-1,\ x-2,\ x-3$
을 인수로 갖는다.
따라서 삼차식 $f(x)$의 최고차항의 계수를 k라 하면
$f(x)=k(x-1)(x-2)(x-3)$
조건 (나)에서
$f((-1)^2-1)=f(0)=3$
이므로
$f(0)=-6k=3$
$k=-\dfrac{1}{2}$
즉, $f(x)=-\dfrac{1}{2}(x-1)(x-2)(x-3)$이므로
$f(12)=-\dfrac{1}{2}\times11\times10\times9$
$$=-495$$

답 ④

Ⅰ. 다항식

03 인수분해

기본 유형 익히기 유제

본문 24~25쪽

1 (1) $(x-y-z)^2$ (2) $(2x+3)(4x^2-6x+9)$

2 (1) $(x-1)(x+1)(x-2)(x+2)$

 (2) $(x^2-x-4)(x^2+x-4)$

3 $(x-y^2)(x-z)$

4 $(x-1)(x+1)(x+3)(x-2)$

---

1 (1) $x^2+y^2+z^2-2xy+2yz-2zx$

$=x^2+(-y)^2+(-z)^2+2\times x\times(-y)+2\times(-y)\times(-z)$
$\qquad\qquad\qquad\qquad\qquad +2\times(-z)\times x$

$=(x-y-z)^2$

(2) $8x^3+27$

$=(2x)^3+3^3$

$=(2x+3)\{(2x)^2-2x\times3+3^2\}$

$=(2x+3)(4x^2-6x+9)$

달 (1) $(x-y-z)^2$ (2) $(2x+3)(4x^2-6x+9)$

2 (1) $x^2=X$라 하면

x^4-5x^2+4

$=X^2-5X+4$

$=(X-1)(X-4)$

$=(x^2-1)(x^2-4)$

$=(x-1)(x+1)(x-2)(x+2)$

(2) x^4-9x^2+16

$=(x^4-8x^2+16)-x^2$

$=(x^2-4)^2-x^2$

$=(x^2-x-4)(x^2+x-4)$

달 (1) $(x-1)(x+1)(x-2)(x+2)$
(2) $(x^2-x-4)(x^2+x-4)$

3 $x^2+y^2z-xy^2-zx$

$=(y^2-x)z+x^2-xy^2$

$=(y^2-x)z-(y^2-x)x$

$=(y^2-x)(z-x)$

$=(x-y^2)(x-z)$

달 $(x-y^2)(x-z)$

4 $f(x)=x^4+x^3-7x^2-x+6$이라 하면

$f(1)=1+1-7-1+6=0$

$f(-1)=1-1-7+1+6=0$

이므로 인수정리에 의하여 $f(x)$는 $x-1$, $x+1$을 인수로 갖는다.

1	1	1	-7	-1	6
		1	2	-5	-6
-1	1	2	-5	-6	0
		-1	-1	6	
	1	1	-6	0	

따라서 조립제법에 의하여

$f(x)=x^4+x^3-7x^2-x+6$

$\qquad=(x-1)(x+1)(x^2+x-6)$

$\qquad=(x-1)(x+1)(x+3)(x-2)$

달 $(x-1)(x+1)(x+3)(x-2)$

유형 확인

본문 26~27쪽

01 $(x+y)(x^2-3xy+y^2)$ **02** 880 **03** ⑤

04 ③ **05** $(x^2+3x-1)^2$ **06** ③

07 $(1+x)(y-xy+x^2)$ **08** ②

09 $(a+1)^2(a+b+1)$ **10** $(3x-1)(x-2)(x+1)$

11 ① **12** ⑤

---

01 $x^3+y^3-2x^2y-2xy^2$

$=x^3+y^3-2xy(x+y)$

$=(x+y)(x^2-xy+y^2)-2xy(x+y)$

$=(x+y)(x^2-3xy+y^2)$

달 $(x+y)(x^2-3xy+y^2)$

02 $8x^4+12x^3y+6x^2y^2+xy^3$

$=x(8x^3+12x^2y+6xy^2+y^3)$

$=x\{(2x)^3+3\times(2x)^2\times y+3\times(2x)\times y^2+y^3\}$

$=x(2x+y)^3$

이므로

$N=11\times(2\times11-2)^3$

$\qquad=11\times20^3$

$\qquad=11\times8000$

$$\frac{N}{100}=\frac{11\times8000}{100}=880$$

🖪 880

03 $x^2+4y^2+4xy-12y-6x+9$
$=x^2+4y^2+(-3)^2+4xy-12y-6x$
$=x^2+(2y)^2+(-3)^2+2\times x\times(2y)+2\times(2y)\times(-3)$
$$+2\times(-3)\times x$$
$=(x+2y-3)^2$
따라서 $a=1$, $b=2$이므로
$a^2+b^2=1+4=5$

🖪 ⑤

04 $x^2-3x=X$라 하면
$(x^2-3x)(x^2-3x-2)-8$
$=X(X-2)-8$
$=X^2-2X-8$
$=(X-4)(X+2)$
$=(x^2-3x-4)(x^2-3x+2)$
$=(x-4)(x+1)(x-1)(x-2)$
따라서 네 개의 모든 일차식의 합은
$(x-4)+(x+1)+(x-1)+(x-2)=4x-6$

🖪 ③

05 $(x-1)(x+1)(x+2)(x+4)+9$
$=\{(x-1)(x+4)\}\{(x+1)(x+2)\}+9$
$=(x^2+3x-4)(x^2+3x+2)+9$
이때 $x^2+3x=X$라 하면
$(x^2+3x-4)(x^2+3x+2)+9$
$=(X-4)(X+2)+9$
$=X^2-2X+1$
$=(X-1)^2$
$=(x^2+3x-1)^2$

🖪 $(x^2+3x-1)^2$

06 x^4+5x^2+9
$=(x^4+6x^2+9)-x^2$
$=(x^2+3)^2-x^2$
$=(x^2+x+3)(x^2-x+3)$
이때 a, b는 자연수이므로 $a=1$, $b=3$
$ab=1\times3=3$

🖪 ③

07 $x^3+x^2+y-x^2y$
$=(1-x^2)y+x^3+x^2$
$=(1-x)(1+x)y+(1+x)x^2$
$=(1+x)\{(1-x)y+x^2\}$
$=(1+x)(y-xy+x^2)$

🖪 $(1+x)(y-xy+x^2)$

08 $x^2+2y^2-3xy+y-1$
$=x^2-3yx+2y^2+y-1$
$=x^2-3yx+(y+1)(2y-1)$
$=\{x-(y+1)\}\{x-(2y-1)\}$
$=(x-y-1)(x-2y+1)$
따라서 $a=1$, $b=2$이므로
$\dfrac{b}{a}=2$

🖪 ②

09 $a^3+3a^2+a^2b+2ab+3a+b+1$
$=(a^2+2a+1)b+(a^3+3a^2+3a+1)$
$=(a+1)^2b+(a+1)^3$
$=(a+1)^2(a+b+1)$

🖪 $(a+1)^2(a+b+1)$

10 $f(x)=3x^3-4x^2-5x+a$라 하면 $f(x)$가 $x-\dfrac{1}{3}$을 인수
로 가지므로
$f\left(\dfrac{1}{3}\right)=3\times\left(\dfrac{1}{3}\right)^3-4\times\left(\dfrac{1}{3}\right)^2-5\times\dfrac{1}{3}+a$
$\qquad=\dfrac{1}{9}-\dfrac{4}{9}-\dfrac{5}{3}+a$
$\qquad=-2+a$
$\qquad=0$
$a=2$
따라서 조립제법에 의하여

$\frac{1}{3}$	3	-4	-5	2
		1	-1	-2
	3	-3	-6	0

이므로
$3x^3-4x^2-5x+2$
$=\left(x-\dfrac{1}{3}\right)(3x^2-3x-6)$
$=(3x-1)(x^2-x-2)$
$=(3x-1)(x-2)(x+1)$

🖪 $(3x-1)(x-2)(x+1)$

11 $f(x)=x^4+2x^3-2x-1$이라 하면
$f(1)=1+2-2-1=0$
$f(-1)=1-2+2-1=0$
이므로 인수정리에 의하여 $f(x)$는 $x-1$, $x+1$을 인수로 갖는다.

$$
\begin{array}{r|rrrrr}
1 & 1 & 2 & 0 & -2 & -1 \\
  &   & 1 & 3 & 3 & 1 \\
\hline
-1 & 1 & 3 & 3 & 1 & 0 \\
   &   & -1 & -2 & -1 & \\
\hline
   & 1 & 2 & 1 & 0 &
\end{array}
$$

따라서 조립제법에 의하여
$$f(x)=x^4+2x^3-2x-1$$
$$=(x-1)(x+1)(x^2+2x+1)$$
$$=(x-1)(x+1)^3$$
이므로 $a=-1$, $b=1$
즉, $a+2b=-1+2\times1=1$

답 ①

12 $f(x)=x^3-7x^2+11x-5$라 하면
$f(1)=1-7+11-5=0$
이므로 인수정리에 의하여 $f(x)$는 $x-1$을 인수로 갖는다.

$$
\begin{array}{r|rrrr}
1 & 1 & -7 & 11 & -5 \\
  &   & 1 & -6 & 5 \\
\hline
  & 1 & -6 & 5 & 0
\end{array}
$$

따라서 조립제법에 의하여
$$f(x)=(x-1)(x^2-6x+5)$$
$$=(x-1)(x-1)(x-5)$$
$$=(x-1)^2(x-5)$$
이므로 $x-1$, $(x-1)^2$, $(x-1)(x-5)$는 모두 $f(x)$의 인수이다.

답 ⑤

서술형 연습장

본문 28쪽

01 $(x^2-x-1)(x^2+x-1)$ **02** 395
03 $a=b$인 이등변삼각형 또는 $c=a$인 이등변삼각형

01 $f(x)=x^3-2x^2+ax+b$라 하면 $f(x)$가 $x-1$과 $x+1$을 인수로 가지므로
$f(1)=1-2+a+b$
$\quad\quad=a+b-1=0$
$a+b=1$ …… ㉠
$f(-1)=-1-2-a+b$
$\quad\quad\quad=-a+b-3=0$
$a-b=-3$ …… ㉡
㉠, ㉡에서 $a=-1$, $b=2$ …… ❶
따라서
$$x^4+3ax^2+b-1$$
$$=x^4-3x^2+1$$
$$=(x^4-2x^2+1)-x^2$$
$$=(x^2-1)^2-x^2$$
$$=(x^2-x-1)(x^2+x-1)$$ …… ❷

답 $(x^2-x-1)(x^2+x-1)$

단계	채점 기준	비율
❶	a, b의 값을 구한 경우	50 %
❷	x^4+3ax^2+b-1을 인수분해한 경우	50 %

02 $x=19$라 하면
$$17\times19\times21\times23+16$$
$$=(x-2)x(x+2)(x+4)+16$$
$$=\{(x-2)(x+4)\}\{x(x+2)\}+16$$
$$=(x^2+2x-8)(x^2+2x)+16$$
$$=(x^2+2x)^2-8(x^2+2x)+16$$
$$=(x^2+2x-4)^2$$ …… ❶
이때
$$x^2+2x-4=19^2+2\times19-4$$
$$=361+38-4$$
$$=395$$
이므로
$n=395$ …… ❷

답 395

단계	채점 기준	비율
❶	인수분해한 경우	70 %
❷	n의 값을 구한 경우	30 %

03 $a^3-a^2c-b^2a+b^2c$
$$=(b^2-a^2)c+a^3-b^2a$$
$$=(b^2-a^2)c-a(b^2-a^2)$$

$$=(b^2-a^2)(c-a)$$
$$=(b-a)(b+a)(c-a)=0 \qquad \cdots\cdots\ \text{❶}$$

이때 a, b, c는 삼각형의 세 변의 길이이므로
$$b+a>0$$
따라서 $b-a=0$ 또는 $c-a=0$이므로
$$a=b \text{ 또는 } c=a \qquad \cdots\cdots\ \text{❷}$$
즉, 이 삼각형은 $a=b$인 이등변삼각형 또는 $c=a$인 이등변삼각
형이다. $\qquad \cdots\cdots\ \text{❸}$

目 $a=b$인 이등변삼각형 또는 $c=a$인 이등변삼각형

단계	채점 기준	비율
❶	인수분해한 경우	50 %
❷	등식을 만족시킬 조건을 구한 경우	25 %
❸	어떤 삼각형인지 구한 경우	25 %

내신＋수능 고난도 문항

본문 29쪽

01 ①　　**02** ④　　**03** ⑤

01 $2x^2-(k+4)xy-kx+2y^2-y-1$
$$=2x^2-\{(k+4)y+k\}x+2y^2-y-1$$
$$=2x^2-\{(k+4)y+k\}x+(2y+1)(y-1)$$
이때
$$2(2y+1)+(y-1)=5y+1$$
$$(2y+1)+2(y-1)=4y-1$$
$$-2(2y+1)-(y-1)=-5y-1$$
$$-(2y+1)-2(y-1)=-4y+1$$
이고 x의 계수가 $-(k+4)y-k$이므로
$$-5y-1=-(k+4)y-k$$
즉, $k=1$

目 ①

02 한 모서리의 길이가 $x+3$인 정육면체의 부피는 $(x+3)^3$
이고 한 모서리의 길이가 $x-1$인 정육면체의 부피는 $(x-1)^3$이
므로 주어진 입체도형의 부피는
$$(x+3)^3-(x-1)^3$$
$$=\{(x+3)-(x-1)\}\{(x+3)^2+(x+3)(x-1)+(x-1)^2\}$$
$$=4\{(x^2+6x+9)+(x^2+2x-3)+(x^2-2x+1)\}$$
$$=4(3x^2+6x+7)$$
$$=12x^2+24x+28$$

따라서 $a=12$, $b=24$이므로
$$ab=12\times24$$
$$\quad=288$$

目 ④

03 $x=11$이라 하면
$$11^3-2\times11^2+2\times11-1$$
$$=x^3-2x^2+2x-1$$
이때 $f(x)=x^3-2x^2+2x-1$이라 하면
$$f(1)=1-2+2-1=0$$
이므로 인수정리에 의하여 $f(x)$는 $x-1$을 인수로 갖는다.

$$\begin{array}{c|rrr|r}
1 & 1 & -2 & 2 & -1 \\
 & & 1 & -1 & 1 \\
\hline
 & 1 & -1 & 1 & 0
\end{array}$$

따라서 조립제법에 의하여
$$f(x)=x^3-2x^2+2x-1$$
$$\qquad=(x-1)(x^2-x+1)$$
이므로
$$11^3-2\times11^2+2\times11-1$$
$$=(11-1)(11^2-11+1)$$
$$=10\times111$$
따라서
$$10=2\times5,\ 111=3\times37$$
이므로
$$10\times111=2\times555=5\times222$$
$$\qquad\qquad=3\times370=30\times37$$
$$\qquad\qquad=6\times185=15\times74$$
즉, 1이 아닌 두 자연수 a, b에 대하여 $a<b$인 모든 순서쌍 (a, b)
의 개수는 7이다.

目 ⑤

대단원 종합문제

본문 30~33쪽

01 ③	**02** ①	**03** ①	**04** ③	**05** ②
06 ②	**07** 1	**08** ⑤	**09** ②	**10** ④
11 ②	**12** ③	**13** 331	**14** ②	**15** ④
16 ⑤	**17** ②	**18** $\frac{13}{8}$	**19** ①	**20** ③
21 ④	**22** $495\sqrt{17}$	**23** 15		

01 $2X-A+2B=0$에서
$2X=A-2B$이므로
$$X=\frac{1}{2}A-B$$
$$=\frac{1}{2}(x^2+2x-3)-(-x^2+3x-1)$$
$$=\left(\frac{1}{2}x^2+x-\frac{3}{2}\right)+(x^2-3x+1)$$
$$=\frac{3}{2}x^2-2x-\frac{1}{2}$$

답 ③

02 x^2의 계수는
$$x^2\times(-1)+ax\times(-x)+b\times x^2=(-1-a+b)x^2$$
에서 $-1-a+b$
x^3의 계수는
$$x^2\times(-x)+ax\times x^2=(-1+a)x^3$$
에서 $-1+a$
따라서 $-1-a+b=-1+a$이므로
$$b=2a$$
즉, $\dfrac{a}{b}=\dfrac{1}{2}$

답 ①

03 다항식 x^3+ax^2+bx+1을 x^2-1로 나누었으므로 몫은 x의 계수가 1인 일차식이다.
몫을 $x+k$라 하면
$$x^3+ax^2+bx+1=(x^2-1)(x+k)+x$$
이고 이 식은 x에 대한 항등식이다.
따라서 양변에 $x=0$을 대입하면 $k=-1$이므로
$$x^3+ax^2+bx+1=(x^2-1)(x-1)+x$$
$$=x^3-x^2+1$$
즉, $a=-1$, $b=0$이므로
$$a^2+b^2=1$$

답 ①

04 다항식 $f(x)$를 x^2-x-2로 나누었을 때의 몫을 $Q(x)$라 하면 나머지가 $2x-1$이므로
$$f(x)=(x^2-x-2)Q(x)+2x-1$$
$$=(x-2)(x+1)Q(x)+2x-1$$
이 식은 x에 대한 항등식이므로
양변에 $x=-1$을 대입하면 $f(-1)=-3$
따라서 다항식 $xf(x-3)$을 $x-2$로 나눈 나머지는 나머지정리에 의하여
$$2f(-1)=2\times(-3)$$
$$=-6$$

답 ③

05 $x^2=X$, $y^2=Y$라 하면
$$5x^4-18x^2y^2-8y^4$$
$$=5X^2-18XY-8Y^2$$
$$=(5X+2Y)(X-4Y)$$
$$=(5x^2+2y^2)(x^2-4y^2)$$
$$=(5x^2+2y^2)(x-2y)(x+2y)$$
따라서 $ax+by$ (a, b는 자연수)꼴의 인수는 $x+2y$의 1개이다.

답 ②

06 $f(x)=4x^4-4x^3-9x^2+x+2$라 하면
$$f(-1)=4+4-9-1+2=0$$
$$f(2)=64-32-36+2+2=0$$
이므로 $f(x)$는 $x+1$, $x-2$를 인수로 갖는다.

-1	4	-4	-9	1	2	
		-4	8	1	-2	
2	4	-8	-1	2	0	
		8	0	-2		
	4	0	-1	0		

따라서 조립제법에 의하여
$$f(x)=4x^4-4x^3-9x^2+x+2$$
$$=(x+1)(x-2)(4x^2-1)$$
$$=(x+1)(x-2)(2x-1)(2x+1)$$
이므로
$$a+b+c+d=-1$$

답 ②

07 $x=1000=10^3$이라 하면
$$1001\times(10^6-10^3+1)$$
$$=(1000+1)(10^6-10^3+1)$$

$$=(10^3+1)\{(10^3)^2-10^3+1\}$$
$$=(x+1)(x^2-x+1)$$
$$=x^3+1$$
$$=(10^3)^3+1$$
$$=10^9+1$$

이므로

$$k=1$$

달 1

08 조건 (가)에서
$$x^2-4=(x-2)(x+2)$$
이므로 $f(x)$는 $x-2$, $x+2$를 인수로 갖는다.

또, 조건 (나)에서
$$x^2+3x+2=(x+1)(x+2)$$
이므로 $f(x)$는 $x+1$, $x+2$를 인수로 갖는다.

따라서 $f(x)=x^3+ax^2+bx+c$는 $x+1$, $x+2$, $x-2$를 인수로 가지므로

$$f(x)=x^3+ax^2+bx+c$$
$$=(x+1)(x+2)(x-2)$$
$$=(x+1)(x^2-4)$$
$$=x^3+x^2-4x-4$$

즉, $a=1$, $b=-4$, $c=-4$이므로

$$abc=1\times(-4)\times(-4)=16$$

달 ⑤

09 $\overline{AB}=a$, $\overline{BC}=b$, $\overline{BF}=c$라 하면 직육면체
ABCD-EFGH의 모든 모서리의 길이의 합이 60이므로

$$4a+4b+4c=60$$
$$a+b+c=15$$

또, $\overline{AF}^2+\overline{FC}^2+\overline{CA}^2=154$이고 세 삼각형
ABF, BFC, ABC는 직각삼각형이므로

$$(a^2+c^2)+(c^2+b^2)+(a^2+b^2)$$
$$=2a^2+2b^2+2c^2$$
$$=154$$
$$a^2+b^2+c^2=77$$

따라서 구하는 직육면체의 겉넓이는

$$2(ab+bc+ca)=(a+b+c)^2-(a^2+b^2+c^2)$$
$$=15^2-77$$
$$=225-77$$
$$=148$$

달 ②

10 다항식 $2x^3+4x^2+ax-2$를 x^2+x+1로 나누면

$$
\begin{array}{r}
2x+2 \\
x^2+x+1\ \overline{)\ 2x^3+4x^2+\quad\ ax-2} \\
\underline{2x^3+2x^2+\quad\ 2x\quad} \\
2x^2+(a-2)x-2 \\
\underline{2x^2+\quad\quad 2x+2} \\
(a-4)x-4
\end{array}
$$

이때 $(a-4)x-4=-7x+d$이고
$2x+2=bx+c$이다.

즉, $a=-3$, $b=2$, $c=2$, $d=-4$이므로

$$abcd=(-3)\times2\times2\times(-4)$$
$$=48$$

달 ④

11 $f(x)=a(x-1)^3+b(x-1)^2+c(x-1)+d$라 하면
$$f(x)=(x-1)\{a(x-1)^2+b(x-1)+c\}+d$$
이므로 $f(x)$를 $x-1$로 나누었을 때의 몫은
$a(x-1)^2+b(x-1)+c$이고 나머지는 d이다.

또, $g(x)=a(x-1)^2+b(x-1)+c$라 하면
$$g(x)=(x-1)\{a(x-1)+b\}+c$$
이므로 $g(x)$를 $x-1$로 나누었을 때의 몫은 $a(x-1)+b$이고
나머지는 c이다.

따라서 조립제법에 의하여

$$
\begin{array}{r|rrrr}
1 & 1 & -2 & -2 & 1 \\
  &   & 1 & -1 & -3 \\
\hline
1 & 1 & -1 & -3 & -2 \\
  &   & 1 & 0 & \\
\hline
  & 1 & 0 & -3 & \\
\end{array}
$$

이므로 $d=-2$, $c=-3$이고
$$a(x-1)+b=x$$
에서 $a=1$, $-a+b=0$

즉, $a=1$, $b=1$, $c=-3$, $d=-2$이므로

$$ab+cd=1\times1+(-3)\times(-2)$$
$$=7$$

달 ②

12 $f(x+1)$을 $x+1$로 나눈 나머지가 b이므로
$$b=f(0)=3$$
또, $f(x-1)$을 $x+1$로 나눈 나머지가 3이므로
$$3=f(-2)=(-2)^3+a\times(-2)^2-2\times(-2)+3$$
$$-8+4a+4+3=3$$
$$a=1$$
따라서 $f(x)=x^3+x^2-2x+3$이고

$f(x+a+b)=f(x+4)$이므로 $f(x+4)$를 $x-2$로 나눈 나머지는

$$f(6)=6^3+6^2-2\times6+3$$
$$=243$$

답 ③

13 $f(x)=x^{10}-x^5+x-2$라 하면 $f(x)$를 $x+1$로 나눈 나머지는

$$f(-1)=(-1)^{10}-(-1)^5+(-1)-2$$
$$=1+1-1-2$$
$$=-1$$

따라서 $f(x)=(x+1)Q(x)-1$ $\quad\cdots\cdots$ ㉠이고
㉠은 x에 대한 항등식이다.
또, $Q(2x)$를 $x-1$로 나눈 나머지가 $Q(2)$이므로
㉠에 $x=2$를 대입하면

$$f(2)=3Q(2)-1$$
$$2^{10}-2^5+2-2=3Q(2)-1$$
$$992=3Q(2)-1$$
$$Q(2)=331$$

답 331

14 조건 (가)에서

$$a^2+b^2+1+2ab-2a-2b=64$$
$$a^2+b^2+(-1)^2+2ab-2a-2b=64$$
$$(a+b-1)^2=64$$

이때 a, b는 자연수이므로

$$a+b-1=8$$
$$a+b=9 \quad\cdots\cdots ㉠$$

조건 (나)에서

$$4a^2+b^2+1+4ab-4a-2b=225$$
$$4a^2+b^2+(-1)^2+4ab-4a-2b=225$$
$$(2a+b-1)^2=225$$

이때 a, b는 자연수이므로

$$2a+b-1=15$$
$$2a+b=16 \quad\cdots\cdots ㉡$$

㉠, ㉡에서 $a=7$, $b=2$이므로

$$ab=7\times2=14$$

답 ②

15 $h(x)=x^4+x^3-3x^2-x+2$라 하면
$h(1)=0$, $h(-1)=0$
이므로 $h(x)$는 $x-1$, $x+1$을 인수로 갖는다.
따라서 조립제법에 의하여

$$
\begin{array}{r|rrrrr}
1 & 1 & 1 & -3 & -1 & 2 \\
  &   & 1 & 2 & -1 & -2 \\
\hline
-1 & 1 & 2 & -1 & -2 & \;\;0 \\
   &   & -1 & -1 & 2 & \\
\hline
   & 1 & 1 & -2 & \;\;0 &
\end{array}
$$

이므로

$$h(x)=x^4+x^3-3x^2-x+2$$
$$=(x-1)(x+1)(x^2+x-2)$$
$$=(x-1)^2(x+1)(x+2)$$

그런데 $f(x)$를 $x-1$로 나눈 나머지가 2이므로 $f(1)=2$이다.
따라서 $f(x)=x+1$, $g(x)=(x-1)^2(x+2)$이므로

$$f(3)+g(4)=4+3^2\times6$$
$$=58$$

답 ④

16 m^3-n^3

$$=(m-n)(m^2+mn+n^2)$$
$$=\{(ac+bd)-(bc+ad)\}$$
$$\qquad\{(ac+bd)^2+(ac+bd)(bc+ad)+(bc+ad)^2\}$$
$$=(a-b)(c-d)$$
$$\qquad\{(a^2+ab+b^2)c^2+(a^2+4ab+b^2)cd+(a^2+ab+b^2)d^2\}$$
$$=(a-b)(c-d)(3c^2-3cd+3d^2)$$
$$=(a-b)(c-d)\{3(c^2+d^2)-3cd\}$$
$$=57(a-b)(c-d)$$

이때

$$a^2+b^2=(a-b)^2+2ab$$
$$=(a-b)^2-4=5$$
$$(a-b)^2=9$$

이고 $a>b$이므로 $a-b=3$

$$c^2+d^2=(c-d)^2+2cd$$
$$=(c-d)^2-12=13$$
$$(c-d)^2=25$$

이고 $c>d$이므로 $c-d=5$
따라서

$$m^3-n^3=57(a-b)(c-d)$$
$$=57\times3\times5=855$$

답 ⑤

17 삼차식 $f(x)$를 $(x+1)(x-2)$로 나눈 몫을 $Q_1(x)$라 하면

$$f(x)=(x+1)(x-2)Q_1(x)+x-1$$

$f(x)$를 $(x-2)^2$으로 나눈 몫을 $Q_2(x)$라 하면

$$f(x)=(x-2)^2Q_2(x)+2x-3$$

따라서 $f(x)$는 최고차항의 계수가 1인 삼차식이므로 $Q_1(x)$와 $Q_2(x)$는 최고차항의 계수가 1인 일차식이다.

즉, $Q_1(x)=x+a$, $Q_2(x)=x+b$ (a, b는 상수)라 하면
$$(x+1)(x-2)(x+a)+x-1=(x-2)^2(x+b)+2x-3$$

이 식은 x에 대한 항등식이므로

양변에 $x=0$을 대입하면
$$-2a-1=4b-3,\ 2a+4b=2$$
$$a+2b=1 \qquad\qquad \cdots\cdots\ \bigcirc$$

양변에 $x=1$을 대입하면
$$-2(1+a)=1+b-1,\ -2-2a=b$$
$$2a+b=-2 \qquad\qquad \cdots\cdots\ \bigcirc$$

$\bigcirc$, $\bigcirc$에서 $a=-\dfrac{5}{3}$, $b=\dfrac{4}{3}$이므로
$$f(x)=(x+1)(x-2)\left(x-\dfrac{5}{3}\right)+x-1$$

따라서 $f(x)$를 $x-3$으로 나눈 나머지는
$$f(3)=4\times1\times\dfrac{4}{3}+2$$
$$=\dfrac{22}{3}$$

답 ②

18 $h(x)=f(x)g(x)$라 하면 $h(x)$는 다항식이고 조건 (나)에서 나머지정리에 의하여
$$h\left(-\dfrac{1}{2}\right)=f\left(-\dfrac{1}{2}\right)g\left(-\dfrac{1}{2}\right)=-\dfrac{1}{2} \qquad \cdots\cdots\ \bigcirc$$

또, 조건 (가)에서 $f(x)=xg(x)$에 $x=-\dfrac{1}{2}$를 대입하면
$$f\left(-\dfrac{1}{2}\right)=-\dfrac{1}{2}g\left(-\dfrac{1}{2}\right) \qquad \cdots\cdots\ \bigcirc$$

$\bigcirc$을 $\bigcirc$에 대입하면
$$-\dfrac{1}{2}\left\{g\left(-\dfrac{1}{2}\right)\right\}^2=-\dfrac{1}{2},\ \left\{g\left(-\dfrac{1}{2}\right)\right\}^2=1$$
$$g\left(-\dfrac{1}{2}\right)=-1 \text{ 또는 } g\left(-\dfrac{1}{2}\right)=1$$

$\bigcirc$에 대입하면
$$f\left(-\dfrac{1}{2}\right)=\dfrac{1}{2} \text{ 또는 } f\left(-\dfrac{1}{2}\right)=-\dfrac{1}{2}$$

따라서 $i(x)=(4x^2+1)f(2x+1)$이라 하면 $i(x)$를 $4x+3$으로 나눈 나머지는
$$i\left(-\dfrac{3}{4}\right)=\left\{4\times\left(-\dfrac{3}{4}\right)^2+1\right\}f\left(2\times\left(-\dfrac{3}{4}\right)+1\right)$$
$$=\left(\dfrac{9}{4}+1\right)f\left(-\dfrac{1}{2}\right)$$
$$=\dfrac{13}{4}f\left(-\dfrac{1}{2}\right)$$

즉, $f\left(-\dfrac{1}{2}\right)=\dfrac{1}{2}$일 때, 나머지의 최댓값은

$$\dfrac{13}{4}\times\dfrac{1}{2}=\dfrac{13}{8}$$

답 $\dfrac{13}{8}$

19 다항식 $f(x)$를 x^2-x+1로 나눈 몫이 $Q(x)$, 나머지가 $2x-1$이므로
$$f(x)=(x^2-x+1)Q(x)+2x-1$$

이때 $Q(x)$를 x^2+x+1로 나눈 몫을 $Q'(x)$라 하면 나머지가 $2x+1$이므로
$$Q(x)=(x^2+x+1)Q'(x)+2x+1$$

따라서
$$\begin{aligned}f(x)&=(x^2-x+1)Q(x)+2x-1\\&=(x^2-x+1)\{(x^2+x+1)Q'(x)+2x+1\}+2x-1\\&=(x^2-x+1)(x^2+x+1)Q'(x)\\&\qquad\qquad +(x^2-x+1)(2x+1)+2x-1\\&=(x^4+x^2+1)Q'(x)+2x^3-x^2+3x\end{aligned}$$

즉, $f(x)$를 x^4+x^2+1로 나눈 나머지는 $2x^3-x^2+3x$이다.

답 ①

20 $f(x)$를 x^2-2x-3으로 나눈 몫을 $Q_1(x)$라 하면
$$\begin{aligned}f(x)&=(x^2-2x-3)Q_1(x)+2x-1\\&=(x-3)(x+1)Q_1(x)+2x-1\end{aligned}$$

이 식은 x에 대한 항등식이므로
$$f(3)=5,\ f(-1)=-3$$

또, $\{f(x)\}^3-f(x)$를 x^2-2x-3으로 나누었을 때의 몫을 $Q_2(x)$, 나머지를 $R(x)=ax+b$ (a, b는 상수)라 하면
$$\begin{aligned}\{f(x)\}^3-f(x)&=(x^2-2x-3)Q_2(x)+ax+b\\&=(x-3)(x+1)Q_2(x)+ax+b\end{aligned}$$

이 식은 x에 대한 항등식이므로

양변에 $x=3$을 대입하면
$$\{f(3)\}^3-f(3)=3a+b$$
$$120=3a+b$$
$$3a+b=120 \qquad\qquad \cdots\cdots\ \bigcirc$$

양변에 $x=-1$을 대입하면
$$\{f(-1)\}^3-f(-1)=-a+b$$
$$-24=-a+b$$
$$a-b=24 \qquad\qquad \cdots\cdots\ \bigcirc$$

$\bigcirc$, $\bigcirc$에서 $a=36$, $b=12$이므로
$$R(x)=36x+12$$

따라서 $R(x)$를 $x-4$로 나눈 나머지는
$$R(4)=36\times4+12=156$$

답 ③

21 $x^2(x-2)^2+6x^2-12x+k$

$=\{x(x-2)\}^2+6x(x-2)+k$

이때 $x(x-2)=X$라 하면

$\{x(x-2)\}^2+6x(x-2)+k$

$=X^2+6X+k$

이고 이 식이 x에 대한 이차식의 완전제곱식이 되기 위해서는

$X^2+6X+9=(X+3)^2$

$\qquad\qquad\quad=\{x(x-2)+3\}^2$

$\qquad\qquad\quad=(x^2-2x+3)^2$

이므로

$k=9$

답 ④

22 x^6-y^6

$=(x^3-y^3)(x^3+y^3)$

$=(x-y)(x^2+xy+y^2)(x+y)(x^2-xy+y^2)$ ······ ❶

이때

$x^2+y^2=(x+y)^2-2xy$

$\qquad\quad=3^2-2\times(-2)$

$\qquad\quad=13$ ······ ❷

이고

$(x-y)^2=x^2-2xy+y^2$

$\qquad\quad=(x+y)^2-4xy$

$\qquad\quad=3^2-4\times(-2)$

$\qquad\quad=17$

$x>y$이므로

$x-y=\sqrt{17}$ ······ ❸

따라서

x^6-y^6

$=(x-y)(x^2+xy+y^2)(x+y)(x^2-xy+y^2)$

$=\sqrt{17}\times(13-2)\times3\times(13+2)$

$=11\sqrt{17}\times45$

$=495\sqrt{17}$ ······ ❹

답 $495\sqrt{17}$

단계	채점 기준	비율
❶	x^6-y^6을 인수분해한 경우	30 %
❷	x^2+y^2의 값을 구한 경우	20 %
❸	$x-y$의 값을 구한 경우	30 %
❹	x^6-y^6의 값을 구한 경우	20 %

23 $f(x)=x^3+ax^2-ax+1$을 $x-1$로 나눈 나머지가 R_1이므로

$R_1=f(1)$

$\quad=1+a-a+1=2$

$f(x)$를 $x+1$로 나눈 나머지가 R_2이므로

$R_2=f(-1)$

$\quad=-1+a+a+1=2a$ ······ ❶

이때 $R_1\times R_2=12$이므로

$2\times2a=12$

$a=3$ ······ ❷

따라서 $f(x)=x^3+3x^2-3x+1$이므로 $f(x)$를 $x-2$로 나눈 나머지는

$f(2)=8+12-6+1$

$\qquad=15$ ······ ❸

답 15

단계	채점 기준	비율
❶	R_1, R_2를 구한 경우	40 %
❷	a의 값을 구한 경우	20 %
❸	$f(x)$를 $x-2$로 나눈 나머지를 구한 경우	40 %

04 복소수와 이차방정식

기본 유형 익히기 유제

본문 37~39쪽

1 20   **2** ②   **3** ④   **4** ③

5 (1) 10   (2) $\dfrac{21}{2}$ **6** $4x^2+x-2=0$

---

1 $(x+2y)+xyi=(4+y)-2i$에서

두 복소수가 서로 같을 조건에 의하여

$x+2y=4+y$ ...... ㉠

$xy=-2$

㉠에서

$x+y=4$

따라서

$x^2+y^2=(x+y)^2-2xy$
$\qquad\qquad =4^2-2\times(-2)=20$

답 20

2 $(1-i)^2=1-2i+i^2$
$\qquad\qquad =1-2i-1$
$\qquad\qquad =-2i$

$\dfrac{1+i}{1-i}=\dfrac{(1+i)^2}{(1-i)(1+i)}$

$\qquad =\dfrac{1+2i+i^2}{1-i^2}$

$\qquad =\dfrac{1+2i-1}{1-(-1)}$

$\qquad =i$

따라서

$(1-i)^2+\dfrac{1+i}{1-i}=-2i+i$
$\qquad\qquad\qquad\quad =-i$

답 ②

3 조건 (가)에서

$\sqrt{-a}\sqrt{b}=-\sqrt{-ab}$

이고, $-a\neq0$, $b\neq0$이므로

$-a<0$, $b<0$, 즉 $a>0$, $b<0$이다.

조건 (나)에서

$\dfrac{\sqrt{c}}{\sqrt{ab}}=\sqrt{\dfrac{c}{ab}}$

이고 $ab<0$이므로 $c<0$이다.

따라서

$a-b>0$, $b+c<0$, $a-c>0$

이므로

$|a-b|+|b+c|-|a-c|$

$=(a-b)-(b+c)-(a-c)$

$=-2b$

답 ④

4 x에 대한 이차방정식 $x^2-kx+k+3=0$이 중근을 가지므로 이차방정식 $x^2-kx+k+3=0$의 판별식을 D라 하면

$D=(-k)^2-4(k+3)=0$

$k^2-4k-12=0$

$(k+2)(k-6)=0$

$k>0$이므로 $k=6$

이때 이차방정식 $x^2-6x+9=0$에서

$(x-3)^2=0$, $x=3$

즉, $\alpha=3$

따라서 $k+\alpha=6+3=9$

답 ③

5 이차방정식 $x^2-5x+2=0$의 두 근이 α, β이므로 이차방정식의 근과 계수의 관계에 의하여

$\alpha+\beta=-\dfrac{-5}{1}=5$, $\alpha\beta=\dfrac{2}{1}=2$

(1) $\alpha^2\beta+\alpha\beta^2=\alpha\beta(\alpha+\beta)$
$\qquad\qquad\qquad =2\times5=10$

(2) $\dfrac{\beta}{\alpha}+\dfrac{\alpha}{\beta}=\dfrac{\alpha^2+\beta^2}{\alpha\beta}=\dfrac{(\alpha+\beta)^2-2\alpha\beta}{\alpha\beta}$

$\qquad\quad =\dfrac{5^2-2\times2}{2}=\dfrac{21}{2}$

답 (1) 10   (2) $\dfrac{21}{2}$

6 이차방정식 $2x^2-x-4=0$의 두 근이 α, β이므로 이차방정식의 근과 계수의 관계에 의하여

$\alpha+\beta=-\dfrac{-1}{2}=\dfrac{1}{2}$, $\alpha\beta=\dfrac{-4}{2}=-2$

이때 $\dfrac{1}{\alpha}+\dfrac{1}{\beta}=\dfrac{\alpha+\beta}{\alpha\beta}=\dfrac{\frac{1}{2}}{-2}=-\dfrac{1}{4}$,

$\dfrac{1}{\alpha}\times\dfrac{1}{\beta}=\dfrac{1}{\alpha\beta}=-\dfrac{1}{2}$

따라서 x^2의 계수가 4이고 두 수 $\dfrac{1}{\alpha}$, $\dfrac{1}{\beta}$을 두 근으로 하는 이차방정식은

$$4\left\{x^2-\left(-\frac{1}{4}\right)x+\left(-\frac{1}{2}\right)\right\}=0,\ \ \text{즉}\ 4x^2+x-2=0$$

$$\text{답}\ 4x^2+x-2=0$$

유형 확인

본문 40~41쪽

01 ③	**02** 8	**03** ④	**04** ②	**05** ④
06 ②	**07** 10	**08** $k>\dfrac{9}{4}$	**09** ①	**10** ⑤
11 $2x^2-8x-1=0$		**12** $(x-1-2i)(x-1+2i)$		

01 $2a+(a-1)i=8+bi$에서
두 복소수가 서로 같을 조건에 의하여
$$2a=8 \qquad\qquad \cdots\cdots\ \text{㉠}$$
$$a-1=b \qquad\qquad \cdots\cdots\ \text{㉡}$$
㉠에서
$$a=4$$
$a=4$를 ㉡에 대입하면
$$4-1=b$$
$$b=3$$
따라서 $a+b=4+3=7$

$$\text{답}\ ③$$

02 $z=(3a+b)+(2b-8)i$
복소수 z의 실수부분이 10이므로
$$3a+b=10 \qquad\qquad \cdots\cdots\ \text{㉠}$$
$\overline{z}=(3a+b)-(2b-8)i$이므로
$z=\overline{z}$에서
$$(3a+b)+(2b-8)i=(3a+b)-(2b-8)i$$
두 복소수가 서로 같을 조건에 의하여
$$2b-8=-(2b-8)$$
$$2(2b-8)=0$$
$$b=4$$
$b=4$를 ㉠에 대입하면
$$3a+4=10$$
$$a=2$$
따라서 $ab=2\times4=8$

$$\text{답}\ 8$$

03 $\dfrac{5i}{2-i}+ai=b+4i$에서

$$\frac{5i}{2-i}=\frac{5i(2+i)}{(2-i)(2+i)}$$
$$=\frac{10i+5i^2}{2^2-i^2}$$
$$=\frac{10i+5\times(-1)}{2^2-(-1)}$$
$$=\frac{-5+10i}{5}$$
$$=-1+2i$$
이므로
$$(-1+2i)+ai=b+4i$$
$$-1+(a+2)i=b+4i$$
두 복소수가 서로 같을 조건에 의하여
$$-1=b,\ a+2=4$$
따라서 $a=2,\ b=-1$이므로
$$a+b=2+(-1)=1$$

$$\text{답}\ ④$$

04 $\dfrac{i}{1+i}=\dfrac{i(1-i)}{(1+i)(1-i)}=\dfrac{i-i^2}{1-i^2}$
$$=\frac{i-(-1)}{1-(-1)}=\frac{1+i}{2}$$
$$\left(\frac{i}{1+i}\right)^2=\left(\frac{1+i}{2}\right)^2=\frac{1+2i+i^2}{4}$$
$$=\frac{1+2i-1}{4}=\frac{i}{2}$$
$$\left(\frac{i}{1+i}\right)^4=\left\{\left(\frac{1+i}{2}\right)^2\right\}^2=\left(\frac{i}{2}\right)^2=\frac{i^2}{4}$$
$$=-\frac{1}{4}$$
$$\frac{i}{1-i}=\frac{i(1+i)}{(1-i)(1+i)}=\frac{i+i^2}{1-i^2}$$
$$=\frac{i+(-1)}{1-(-1)}=\frac{-1+i}{2}$$
$$\left(\frac{i}{1-i}\right)^2=\left(\frac{-1+i}{2}\right)^2=\frac{1-2i+i^2}{4}$$
$$=\frac{1-2i-1}{4}=-\frac{i}{2}$$
$$\left(\frac{i}{1-i}\right)^4=\left\{\left(\frac{-1+i}{2}\right)^2\right\}^2=\left(-\frac{i}{2}\right)^2=\frac{i^2}{4}$$
$$=-\frac{1}{4}$$
따라서
$$\left(\frac{i}{1+i}\right)^4+\left(\frac{i}{1-i}\right)^4=-\frac{1}{4}+\left(-\frac{1}{4}\right)$$
$$=-\frac{1}{2}$$

$$\text{답}\ ②$$

05 $\sqrt{-5}\sqrt{5}=\sqrt{5}i\times\sqrt{5}$
$\qquad\qquad=\sqrt{5\times5}\,i=5i$

$\dfrac{\sqrt{24}}{\sqrt{-6}}=\dfrac{\sqrt{24}}{\sqrt{6}i}=\dfrac{\sqrt{24}i}{\sqrt{6}i^2}$

$\qquad\quad=-\sqrt{\dfrac{24}{6}}\,i=-\sqrt{4}i=-2i$

따라서

$\sqrt{-5}\sqrt{5}+\dfrac{\sqrt{24}}{\sqrt{-6}}=5i+(-2i)$
$\qquad\qquad\qquad\quad=3i$

답 ④

$\sqrt{-5}\sqrt{5}=\sqrt{-5\times5}=\sqrt{25}i=5i$

$\dfrac{\sqrt{24}}{\sqrt{-6}}=-\sqrt{\dfrac{24}{-6}}=-\sqrt{-4}=-\sqrt{4}i=-2i$

06 -9의 제곱근은 $\sqrt{9}i$, $-\sqrt{9}i$, 즉 $3i$, $-3i$이므로
$\alpha=3i$, $\beta=-3i$ 또는 $\alpha=-3i$, $\beta=3i$이다.
$\sqrt{\alpha^2}\sqrt{\beta^2}=\sqrt{(3i)^2}\sqrt{(-3i)^2}$
$\qquad\quad=\sqrt{9i^2}\sqrt{9i^2}$
$\qquad\quad=\sqrt{-9}\sqrt{-9}$
$\qquad\quad=3i\times3i$
$\qquad\quad=9i^2$
$\qquad\quad=9\times(-1)$
$\qquad\quad=-9$
$\dfrac{\sqrt{-\alpha\beta}}{\sqrt{-1}}=\dfrac{\sqrt{-3i\times(-3i)}}{i}$
$\qquad\quad=\dfrac{\sqrt{9i^2}}{i}$
$\qquad\quad=\dfrac{\sqrt{9\times(-1)}}{i}$
$\qquad\quad=\dfrac{3i}{i}$
$\qquad\quad=3$

따라서

$\sqrt{\alpha^2}\sqrt{\beta^2}+\dfrac{\sqrt{-\alpha\beta}}{\sqrt{-1}}=-9+3$
$\qquad\qquad\qquad\quad=-6$

답 ②

$\sqrt{-9}\sqrt{-9}=-\sqrt{-9\times(-9)}=-\sqrt{81}=-9$

$\dfrac{\sqrt{-\alpha\beta}}{\sqrt{-1}}=\dfrac{\sqrt{-3i\times(-3i)}}{\sqrt{-1}}=\dfrac{\sqrt{9i^2}}{\sqrt{-1}}=\dfrac{\sqrt{-9}}{\sqrt{-1}}=\sqrt{\dfrac{9}{1}}=3$

07 x에 대한 이차방정식 $x^2-2kx+k^2+3k-15=0$이 서로
다른 두 실근을 가져야 하므로 이차방정식
$x^2-2kx+k^2+3k-15=0$의 판별식을 D라 하면
$\dfrac{D}{4}=(-k)^2-(k^2+3k-15)>0$

$-3k+15>0$
$k<5$
따라서 자연수 k의 값은 1, 2, 3, 4이고, 그 합은
$1+2+3+4=10$

답 10

08 x에 대한 이차방정식 $x^2+3x+k=0$이 서로 다른 두 허근
을 가져야 하므로 이차방정식 $x^2+3x+k=0$의 판별식을 D라
하면
$D=3^2-4k<0$
$9-4k<0$
따라서 $k>\dfrac{9}{4}$

답 $k>\dfrac{9}{4}$

09 x에 대한 이차방정식
$x^2+2(m+a)x+m^2-6m+b=0$이 중근을 가지므로
이차방정식 $x^2+2(m+a)x+m^2-6m+b=0$의 판별식을 D
라 하면
$\dfrac{D}{4}=(m+a)^2-(m^2-6m+b)=0$

$m^2+2ma+a^2-m^2+6m-b=0$
$(2a+6)m+a^2-b=0 \qquad\cdots\cdots ㉠$
이차방정식 $x^2+2(m+a)x+m^2-6m+b=0$이 실수 m의 값
에 관계없이 항상 중근을 가지므로 ㉠이 m에 대한 항등식이어야
한다.
즉, $2a+6=0$, $a^2-b=0$이다.
$2a+6=0$에서
$a=-3$
이때 $b=a^2=(-3)^2=9$
따라서
$a+b=-3+9=6$

답 ①

10 이차방정식의 근과 계수의 관계에 의하여

$-2+b=-\dfrac{-6}{2} \qquad\cdots\cdots ㉠$

$-2\times b=\dfrac{-a}{2} \qquad\cdots\cdots ㉡$

㉠에서
$-2+b=3$
$b=5$
$b=5$를 ㉡에 대입하면
$-2 \times 5 = \dfrac{-a}{2}$
$a=20$
따라서
$a-b=20-5=15$

답 ⑤

11 이차방정식 $x^2+4x+2=0$의 두 근이 α, β이므로 이차방정식의 근과 계수의 관계에 의하여

$\alpha+\beta=-\dfrac{4}{1}=-4$

$\alpha\beta=\dfrac{2}{1}=2$

이때

$$\begin{aligned}
\dfrac{\beta+1}{\alpha}+\dfrac{\alpha+1}{\beta} &= \dfrac{\beta(\beta+1)+\alpha(\alpha+1)}{\alpha\beta} \\
&= \dfrac{\alpha^2+\beta^2+\alpha+\beta}{\alpha\beta} \\
&= \dfrac{(\alpha+\beta)^2-2\alpha\beta+\alpha+\beta}{\alpha\beta} \\
&= \dfrac{(-4)^2-2\times2+(-4)}{2} \\
&= 4
\end{aligned}$$

$$\begin{aligned}
\dfrac{\beta+1}{\alpha}\times\dfrac{\alpha+1}{\beta} &= \dfrac{(\beta+1)(\alpha+1)}{\alpha\beta} \\
&= \dfrac{\alpha\beta+\alpha+\beta+1}{\alpha\beta} \\
&= \dfrac{2+(-4)+1}{2} \\
&= -\dfrac{1}{2}
\end{aligned}$$

따라서 x^2의 계수가 2이고 두 수 $\dfrac{\beta+1}{\alpha}$, $\dfrac{\alpha+1}{\beta}$을 두 근으로 하는 이차방정식은 $2\left(x^2-4x-\dfrac{1}{2}\right)=0$, 즉 $2x^2-8x-1=0$이다.

답 $2x^2-8x-1=0$

12 이차방정식 $x^2-2x+5=0$의 근은
$x=1\pm\sqrt{-4}$
즉, $x=1\pm2i$
따라서
$x^2-2x+5=\{x-(1+2i)\}\{x-(1-2i)\}$

$=(x-1-2i)(x-1+2i)$

답 $(x-1-2i)(x-1+2i)$

본문 42쪽

01 $-1+i$　　**02** 13　　**03** $\dfrac{7}{8}$

01 $z=1+i$이므로
$\overline{z}=1-i$
$z\overline{z}=(1+i)(1-i)=1^2-i^2=1-(-1)=2$,
$z-\overline{z}=(1+i)-(1-i)=2i$
이므로 ……❶

$\dfrac{z\overline{z}}{z-\overline{z}}=\dfrac{2}{2i}=\dfrac{1}{i}=-i$ ……❷

따라서

$$\begin{aligned}
\left(\dfrac{z\overline{z}}{z-\overline{z}}\right)^3+\left(\dfrac{z\overline{z}}{z-\overline{z}}\right)^6 &= (-i)^3+(-i)^6 \\
&= -i^3+i^4i^2 \\
&= -(-i)+1\times(-1) \\
&= -1+i
\end{aligned}$$
……❸

답 $-1+i$

단계	채점 기준	비율
❶	$z\overline{z}$, $z-\overline{z}$를 간단히 한 경우	40 %
❷	$\dfrac{z\overline{z}}{z-\overline{z}}$를 간단히 한 경우	20 %
❸	$\left(\dfrac{z\overline{z}}{z-\overline{z}}\right)^3+\left(\dfrac{z\overline{z}}{z-\overline{z}}\right)^6$의 값을 구한 경우	40 %

02 x에 대한 이차방정식 $x^2-2ax+a^2+a-8=0$이 실근을 가져야 하므로 x에 대한 이차방정식 $x^2-2ax+a^2+a-8=0$의 판별식을 D_1이라 하면

$\dfrac{D_1}{4}=(-a)^2-(a^2+a-8)\geq0$

$-a+8\geq0$

$a\leq8$

즉, $M=8$ ……❶

또, 이차방정식 $2x^2+5x+b-1=0$은 서로 다른 두 허근을 가져야 하므로 이차방정식 $2x^2+5x+b-1=0$의 판별식을 D_2라 하면

$$D_2 = 5^2 - 4 \times 2 \times (b-1) < 0$$
$$-8b + 33 < 0$$
$$b > \frac{33}{8}$$

즉, $m=5$ ...... ❷

따라서 $M+m = 8+5 = 13$ ...... ❸

답 13

단계	채점 기준	비율
❶	이차방정식 $x^2-2ax+a^2+a-8=0$이 실근을 갖도록 하는 정수 a의 최댓값 M을 구한 경우	40 %
❷	이차방정식 $2x^2+5x+b-1=0$이 서로 다른 두 허근을 갖도록 하는 정수 b의 최솟값 m을 구한 경우	40 %
❸	$M+m$의 값을 구한 경우	20 %

03 x에 대한 이차방정식 $f(x)=0$의 최고차항의 계수를 a $(a \neq 0)$이라 하면
$$f(x) = a(x-\alpha)(x-\beta)$$
로 놓을 수 있다. ...... ❶
$$f(4x-1) = a(4x-1-\alpha)(4x-1-\beta)$$
이므로
$f(4x-1)=0$에서
$$a(4x-1-\alpha)(4x-1-\beta)=0$$
$$x = \frac{\alpha+1}{4} \ \text{또는} \ x = \frac{\beta+1}{4}$$ ...... ❷

x에 대한 이차방정식 $f(4x-1)=0$의 두 근의 곱은
$$\frac{\alpha+1}{4} \times \frac{\beta+1}{4} = \frac{(\alpha+1)(\beta+1)}{16}$$
$$= \frac{\alpha\beta + (\alpha+\beta) + 1}{16}$$
$$= \frac{8+5+1}{16}$$
$$= \frac{7}{8}$$ ...... ❸

답 $\dfrac{7}{8}$

단계	채점 기준	비율
❶	$f(x)$를 α, β를 이용하여 나타낸 경우	20 %
❷	이차방정식 $f(4x-1)=0$의 두 근을 구한 경우	40 %
❸	이차방정식 $f(4x-1)=0$의 두 근의 곱을 구한 경우	40 %

01 ①   **02** ①   **03** 11

01
$$\frac{(1+i)^2}{i} = \frac{1+2i+i^2}{i}$$
$$= \frac{1+2i-1}{i}$$
$$= 2$$
$$(1-i)^2 = 1-2i+i^2$$
$$= 1-2i-1$$
$$= -2i$$
이므로
$$z = \frac{(1+i)^2}{i} + (1-i)^2$$
$$= 2-2i = 2(1-i)$$
$$z^2 = 2^2(1-i)^2$$
$$= 4 \times (-2i) = -8i$$
$$z^3 = z^2 z = -8i\{2(1-i)\} = -16i + 16i^2$$
$$= -16i + 16 \times (-1) = -16-16i$$
$$z^4 = (z^2)^2 = (-8i)^2$$
$$= (-8)^2 \times i^2 = 64 \times (-1) = -64$$
그러므로 z^n이 음의 실수가 되도록 하는 자연수 n의 최솟값은 4이다.

따라서 $k=4$이므로
$$k + z^k = 4 + z^4$$
$$= 4 + (-64) = -60$$

답 ①

02
$$z = \frac{1+i}{1-i} = \frac{(1+i)^2}{(1-i)(1+i)}$$
$$= \frac{1+2i+i^2}{1-i^2} = \frac{1+2i-1}{1-(-1)}$$
$$= i$$
음이 아닌 정수 k에 대하여
$$z^{4k+1} = i^{4k+1} = i$$
$$z^{4k+2} = i^{4k+2} = -1$$
$$z^{4k+3} = i^{4k+3} = -i$$
$$z^{4k+4} = i^{4k+4} = 1$$
이때
$$z + 2z^2 + 3z^3 + 4z^4 + \cdots + 60z^{60}$$
$$= (z + 2z^2 + 3z^3 + 4z^4) + z^4(5z + 6z^2 + 7z^3 + 8z^4)$$
$$+ \cdots + z^{56}(57z + 58z^2 + 59z^3 + 60z^4)$$

$$=(i-2-3i+4)+(5i-6-7i+8)+\cdots$$
$$+(57i-58-59i+60)$$
$$=(2-2i)+(2-2i)+\cdots+(2-2i)$$
$$=15(2-2i)$$
$$=30-30i$$

이므로

$$30-30i=a+bi$$

두 복소수가 서로 같을 조건에 의하여

$$a=30,\ b=-30$$

따라서

$$a-b=30-(-30)=60$$

🖺 ①

03

x에 대한 이차방정식 $x^2-2(k+a)x+k^2+6k+b=0$이 서로 다른 두 실근을 가져야 하므로 이 이차방정식의 판별식을 D라 하면

$$\frac{D}{4}=\{-(k+a)\}^2-(k^2+6k+b)>0$$

이어야 한다.

즉, $(2a-6)k+a^2-b>0$

위 부등식이 실수 k의 값에 관계없이 항상 성립해야 하므로

$2a-6=0$이고 $a^2-b>0$이어야 한다.

$2a-6=0$에서

$$a=3$$

$a^2-b>0$에서

$$9-b>0$$

$$b<9$$

b가 정수이므로

$b=8$일 때 $a+b$는 최대이다.

따라서 $a+b$의 최댓값은

$$3+8=11$$

🖺 11

05 이차방정식과 이차함수

기본 유형 익히기 유제

본문 46~47쪽

1 14 **2** 3 **3** ④ **4** -11

1 선분 AB의 길이가 5이므로 두 점 A, B의 x좌표를 각각 b, $b+5$ 또는 $b+5$, b로 놓을 수 있다.

이차함수 $y=x^2-9x+a$의 그래프와 x축이 만나는 두 점의 x좌표가 b, $b+5$이므로 이차방정식 $x^2-9x+a=0$의 두 근은 b, $b+5$이다.

이차방정식 $x^2-9x+a=0$에서

이차방정식의 근과 계수의 관계에 의하여

$$b+(b+5)=9 \qquad \cdots\cdots ㉠$$
$$b\times(b+5)=a \qquad \cdots\cdots ㉡$$

㉠에서 $b=2$

$b=2$를 ㉡에 대입하면

$$a=2\times 7=14$$

🖺 14

2 이차함수 $y=-3x^2+2kx+k-6$의 그래프가 x축과 접하므로 이차방정식 $-3x^2+2kx+k-6=0$의 판별식을 D라 하면

$$\frac{D}{4}=k^2-(-3)\times(k-6)=0$$

$$k^2+3k-18=0$$

$$(k+6)(k-3)=0$$

$k>0$이므로

$$k=3$$

🖺 3

3 이차함수 $y=-2x^2-7x+k$의 그래프와 직선 $y=x-k+5$가 만나지 않아야 하므로

이차방정식 $-2x^2-7x+k=x-k+5$,

즉 $2x^2+8x-2k+5=0$의 판별식을 D라 하면

$$\frac{D}{4}=4^2-2\times(-2k+5)<0$$

$$4k+6<0$$

$$k<-\frac{3}{2}$$

따라서 구하는 정수 k의 최댓값은 -2이다.

🖺 ④

4 $f(x)=-x^2-4x+a=-(x+2)^2+a+4$

이차함수 $f(x)$는 $x=0$에서 최댓값을 갖고, $x=3$에서 최솟값을 갖는다.

$f(0)=a$이고 이차함수 $f(x)$의 최댓값이 5이므로

$a=5$

$f(3)=-3^2-4\times3+5=-16$이므로

$m=-16$

따라서 $a+m=5+(-16)=-11$

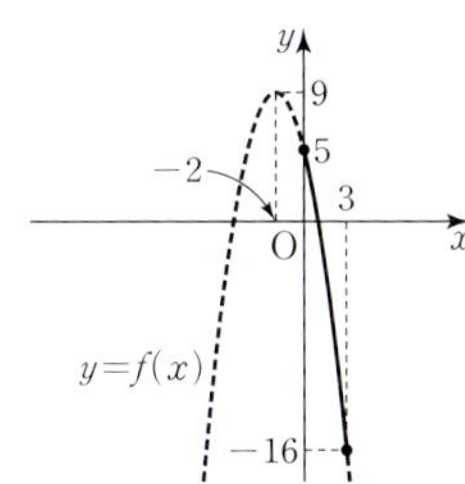

답 -11

본문 48~49쪽

01 ⑤	**02** 16	**03** ③	**04** ④	**05** ④
06 $a\leq9$	**07** ③	**08** ②	**09** 2	**10** ①
11 ⑤	**12** $162\,\mathrm{cm}^2$			

01 이차함수 $y=-2x^2+6x+a$의 그래프와 x축이 만나는 두 점의 x좌표가 7, b이므로 이차방정식 $-2x^2+6x+a=0$의 두 실근은 7, b이다.

이차방정식의 근과 계수의 관계에 의하여

$$7+b=-\frac{6}{-2} \qquad \cdots\cdots\ \bigcirc$$

$$7\times b=\frac{a}{-2} \qquad \cdots\cdots\ \bigcirc$$

$\bigcirc$에서 $b=-4$

$b=-4$를 $\bigcirc$에 대입하면

$$7\times(-4)=\frac{a}{-2}$$

$a=56$

따라서

$a+b=56+(-4)=52$

답 ⑤

02 조건 (가)에서 이차함수 $f(x)$가 $x=5$에서 최솟값을 가지

므로 이차함수 $f(x)$의 최고차항의 계수는 양수이고, 이차함수 $y=f(x)$의 그래프의 축은 직선 $x=5$이다.

조건 (나)에서 $f(2)=0$이므로 이차함수 $y=f(x)$의 그래프는 x축과 서로 다른 두 점에서 만난다.

이차함수 $y=f(x)$의 그래프가 x축과 만나는 점 중 점 $(2,\,0)$이 아닌 점을 $(a,\,0)$이라 하면 이차함수 $y=f(x)$의 그래프의 축이 직선 $x=5$이므로

$$\frac{2+a}{2}=5$$

$a=8$

따라서 이차방정식 $f(x)=0$의 서로 다른 모든 실근은 $x=2$ 또는 $x=8$이므로 이차방정식 $f(x)=0$의 서로 다른 모든 실근의 곱은

$2\times8=16$

답 16

03 이차함수 $y=x^2-ax+12$에서 $x=0$일 때, $y=12$이므로 점 C의 좌표는 $(0,\,12)$이다.

삼각형 ABC의 넓이가 24이므로

$$\frac{1}{2}\times\overline{\mathrm{AB}}\times12=24$$에서

$\overline{\mathrm{AB}}=4$

두 점 A, B의 x좌표를 각각 b, $b+4$ 또는 $b+4$, b(b는 상수)로 놓으면 두 수 b, $b+4$는 이차방정식 $x^2-ax+12=0$의 두 실근이다.

이차방정식의 근과 계수의 관계에 의하여

$$b+(b+4)=a \qquad \cdots\cdots\ \bigcirc$$

$$b(b+4)=12 \qquad \cdots\cdots\ \bigcirc$$

$\bigcirc$에서

$b^2+4b-12=0$, $(b+6)(b-2)=0$

$b=-6$ 또는 $b=2$

(ⅰ) $b=-6$일 때

　$\bigcirc$에서

　$-6+(-6+4)=a$

　$a=-8$

　이때 $-8<0$이므로 주어진 조건을 만족시키지 못한다.

(ⅱ) $b=2$일 때

　$\bigcirc$에서

　$2+(2+4)=a$

　$a=8$

　이때 $8>0$이므로 주어진 조건을 만족시킨다.

(ⅰ), (ⅱ)에서

$a=8$

답 ③

04 이차함수 $y=x^2+2ax+a+12$의 그래프가 x축과 접하므로 이차방정식 $x^2+2ax+a+12=0$의 판별식을 D라 하면

$$\frac{D}{4}=a^2-(a+12)=0$$

$$a^2-a-12=0$$

$$(a+3)(a-4)=0$$

$a>0$이므로

$$a=4$$

目 ④

05 이차함수 $y=-\frac{1}{4}x^2+nx-n^2+2n-14$의 그래프가 x축

과 만나지 않아야 하므로 이차방정식

$-\frac{1}{4}x^2+nx-n^2+2n-14=0$의 판별식을 D라 하면

$$D=n^2-4\times\left(-\frac{1}{4}\right)\times(-n^2+2n-14)<0$$

$$2n-14<0$$

$$n<7$$

따라서 구하는 정수 n의 최댓값은 6이다.

目 ④

06 이차함수 $f(x)=x^2-6x+a$의 그래프가 x축과 만나야 하므로 이차방정식 $x^2-6x+a=0$의 판별식을 D라 하면

$$\frac{D}{4}=(-3)^2-a\geq0$$이어야 한다.

따라서

$$a\leq9$$

目 $a\leq9$

07 점 $(0,\ a)$를 지나고 기울기가 2인 직선의 방정식은

$$y=2x+a$$

직선 $y=2x+a$와 이차함수 $y=x^2-6x+7$의 그래프가 서로 다른 두 점에서 만나야 하므로 이차방정식 $2x+a=x^2-6x+7$, 즉 $x^2-8x-a+7=0$이 서로 다른 두 실근을 가져야 한다.

이차방정식 $x^2-8x-a+7=0$의 판별식을 D라 하면

$$\frac{D}{4}=(-4)^2-(-a+7)>0$$

$$a+9>0$$

$$a>-9$$

따라서 정수 a의 최솟값은 -8이다.

目 ③

08 이차함수 $f(x)=x^2+ax$의 그래프와 직선 $y=5x-9$가 접하므로 이차방정식 $x^2+ax=5x-9$, 즉

$x^2+(a-5)x+9=0$의 판별식을 D라 하면

$$D=(a-5)^2-4\times1\times9=0$$

$$a^2-10a-11=0$$

$$(a+1)(a-11)=0$$

$$a=-1 \text{ 또는 } a=11$$

(ⅰ) $a=-1$일 때,

　　$f(x)=x^2-x$

　　$f(-1)=(-1)^2-(-1)=2>0$

　　이므로 주어진 조건을 만족시키지 못한다.

(ⅱ) $a=11$일 때,

　　$f(x)=x^2+11x$

　　$f(-1)=(-1)^2+11\times(-1)=-10<0$

　　이므로 주어진 조건을 만족시킨다.

(ⅰ), (ⅱ)에서

$a=11$이고

$$f(x)=x^2+11x$$

따라서

$$f(1)=1^2+11\times1=12$$

目 ②

09 이차함수 $y=-2x^2+8x+a$의 그래프와 직선 $y=3x+6$이 만나지 않아야 하므로 이차방정식 $-2x^2+8x+a=3x+6$, 즉 $2x^2-5x+6-a=0$의 판별식을 D라 하면

$$D=(-5)^2-4\times2\times(6-a)<0$$

$$8a-23<0$$

$$a<\frac{23}{8}$$

따라서 자연수 a의 값은 1, 2이고, 그 개수는 2이다.

目 2

10 $f(x)=-x^2-2x+a$

　　　　$=-(x+1)^2+a+1$

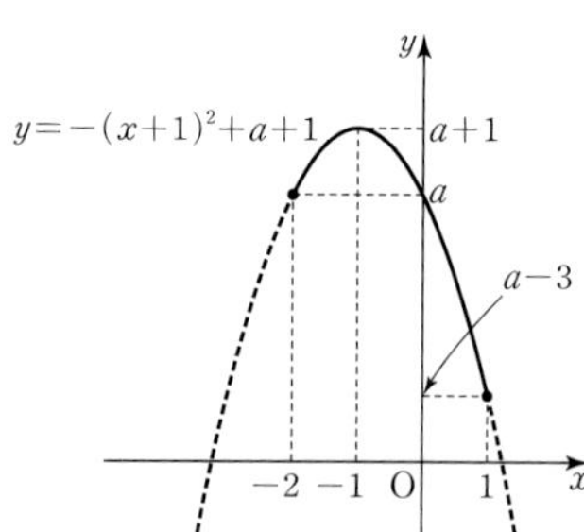

이차함수 $f(x)$는

$x=-1$일 때 최댓값 $f(-1)=a+1$을 갖고,

$x=1$일 때 최솟값 $f(1)=a-3$을 갖는다.

이차함수 $f(x)$의 최댓값과 최솟값의 합이 6이므로

$(a+1)+(a-3)=6$

$2a=8$

따라서

$a=4$

답 ①

11

$y=(2x-1)^2-4(2x-1)+6$에서

$2x-1=t$로 놓으면

$0\le x\le 2$에서 $-1\le t\le 3$

$y=(2x-1)^2-4(2x-1)+6$

$\quad =t^2-4t+6$

$\quad =(t-2)^2+2$

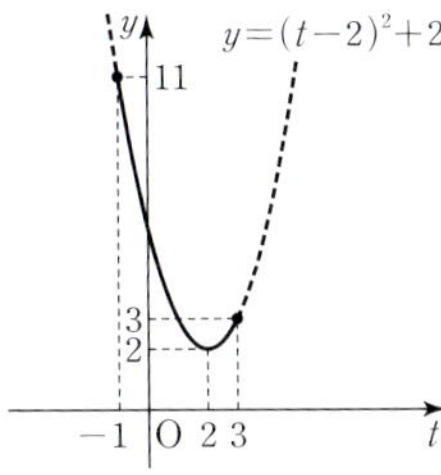

$t=-1$일 때, 최댓값 $M=11$

$t=2$일 때, 최솟값 $m=2$

따라서 $M+m=11+2=13$

답 ⑤

12

새로 만든 직사각형의 가로의 길이는 $(24-2x)\,\mathrm{cm}$, 세로의 길이는 $(6+x)\,\mathrm{cm}$이므로 이 직사각형의 넓이를 $y\,\mathrm{cm}^2$라고 하면

$y=(24-2x)(6+x)$

$\quad =-2x^2+12x+144$

$\quad =-2(x-3)^2+162$

이때 $0<x<12$이므로 $x=3$일 때, y는 최댓값 162를 갖는다.

따라서 새로 만든 직사각형의 넓이의 최댓값은 $162\,\mathrm{cm}^2$이다.

답 $162\,\mathrm{cm}^2$

📝 서술형 연습장

본문 50쪽

01 7　　**02** 2　　**03** 8

01 이차함수 $y=x^2-4x+k$의 그래프와 직선 $y=k$가 만나는 두 점의 x좌표를 구해 보자.

이차방정식 $x^2-4x+k=k$, 즉 $x^2-4x=0$에서

$x^2-4x=0$

$x(x-4)=0$

$x=0$ 또는 $x=4$　　❶

두 점 A, B의 좌표는

A$(0,\ k)$, B$(4,\ k)$ 또는 A$(4,\ k)$, B$(0,\ k)$이므로

$\overline{\mathrm{AB}}=4$　　❷

삼각형 OAB의 넓이가 14이고, $k>0$이므로

$\dfrac{1}{2}\times\overline{\mathrm{AB}}\times k=14$

$\dfrac{1}{2}\times 4\times k=14$

따라서

$k=7$　　❸

답 7

단계	채점 기준	비율
❶	이차함수 $y=x^2-4x+k$의 그래프와 직선 $y=k$가 만나는 두 점의 x좌표를 구한 경우	30 %
❷	선분 AB의 길이를 구한 경우	30 %
❸	삼각형 OAB의 넓이를 이용하여 k의 값을 구한 경우	40 %

02 이차함수 $y=-x^2+2x+k$의 그래프와 x축이 서로 다른 두 점에서 만나야 하므로 이차방정식 $-x^2+2x+k=0$의 판별식을 D_1이라 하면

$\dfrac{D_1}{4}=1^2-(-1)\times k>0$

이어야 한다.

즉, $k>-1$　　……㉠　　❶

이차함수 $y=-x^2+2x+k$의 그래프와 직선 $y=6x+k^2+k$는 접해야 하므로 이차방정식 $-x^2+2x+k=6x+k^2+k$,

즉 $x^2+4x+k^2=0$의 판별식을 D_2라 하면

$\dfrac{D_2}{4}=2^2-k^2=0$

이어야 한다.

$k^2=4$에서 $k=-2$ 또는 $k=2$　　❷

㉠에서 $k>-1$이므로

$k=2$ ...... ❸

답 2

단계	채점 기준	비율
❶	이차함수 $y=-x^2+2x+k$의 그래프와 x축이 서로 다른 두 점에서 만나도록 하는 k의 값의 범위를 구한 경우	40 %
❷	이차함수 $y=-x^2+2x+k$의 그래프와 직선 $y=6x+k^2+k$가 접하도록 하는 k의 값을 구한 경우	40 %
❸	주어진 조건을 만족시키는 k의 값을 구한 경우	20 %

03

$$f(x)=x^2-2ax-a+5$$
$$=(x-a)^2-a^2-a+5$$

(i) $0<a<3$일 때,

이차함수 $y=f(x)$는 $x=a$에서 최솟값을 가지므로

$f(a)=-a^2-a+5=-1$

$a^2+a-6=0$

$(a+3)(a-2)=0$

$0<a<3$이므로

$a=2$ ...... ❶

(ii) $a\geq3$일 때,

이차함수 $y=f(x)$는 $x=3$에서 최솟값을 가지므로

$f(3)=-7a+14=-1$

$a=\dfrac{15}{7}$

이때 $\dfrac{15}{7}<3$이므로 주어진 조건을 만족시키지 못한다.

...... ❷

(i), (ii)에서

$a=2$

이므로 $f(x)=x^2-4x+3=(x-2)^2-1$

$-1\leq x\leq3$에서 함수 $f(x)$는 $x=-1$일 때 최댓값을 갖는다.

따라서 구하는 최댓값은

$f(-1)=(-1)^2-4\times(-1)+3=8$ ...... ❸

답 8

단계	채점 기준	비율
❶	$0<a<3$일 때, 주어진 조건을 만족시키는 a의 값을 구한 경우	40 %
❷	$a\geq3$일 때, 주어진 조건을 만족시키는 a의 값이 존재하지 않음을 설명한 경우	40 %
❸	함수 $f(x)$의 최댓값을 구한 경우	20 %

내신＋수능 고난도 문항

본문 51쪽

01 ② 　　**02** ④ 　　**03** 12

01 선분 CD의 길이가 3이므로 두 점 C, D의 좌표를 각각 $C(k,\ 0)$, $D(k+3,\ 0)$으로 놓을 수 있다.

이때 두 점 A, B의 x좌표는 각각 k, $k+3$이다.

한편, 이차함수 $y=f(x)$의 그래프와 직선 $y=x+1$의 교점의 x좌표는

이차방정식 $\dfrac{1}{2}x^2-ax+6=x+1$, 즉

$x^2-2(a+1)x+10=0$의 실근이다.

이 이차방정식의 두 근이 k, $k+3$이므로 이차방정식의 근과 계수의 관계에 의하여

$k+(k+3)=2(a+1)$, 즉 $a=k+\dfrac{1}{2}$ ...... ㉠

$k(k+3)=10$ ...... ㉡

㉡에서

$k^2+3k-10=0$

$(k-2)(k+5)=0$

$k=2$ 또는 $k=-5$

$k=2$일 때, ㉠에서 $a=\dfrac{5}{2}$

$k=-5$일 때, ㉠에서 $a=-\dfrac{9}{2}$

이때 $a>0$이므로 $a=\dfrac{5}{2}$

답 ②

02 조건 (가)에서 방정식 $f(x)=8$의 두 실근이 -2, 3이므로

$f(x)-8=a(x+2)(x-3)$ (a는 양수)

즉, $f(x)=a(x+2)(x-3)+8$

로 놓을 수 있다.

$f(x)=a\left(x-\dfrac{1}{2}\right)^2+8-\dfrac{25}{4}a$에서

함수 $y=f(x)$의 그래프의 꼭짓점의 x좌표는 $\dfrac{1}{2}$이다.

조건 (나)에서 $0\leq x\leq4$일 때 함수 $f(x)$는 $x=4$에서 최댓값을 가지므로

$f(4)=6a+8=20$에서

$a=2$

따라서 $f(x)=2(x+2)(x-3)+8$이므로

$f(5)=2\times7\times2+8=36$

답 ④

03 이차함수 $y=f(x)$의 그래프와 x축이 만나는 점의 x좌표는 이차방정식 $f(x)=0$의 실근이다.

이차방정식 $f(x)=0$, 즉 $x^2-2(a+1)x+a^2+2a=0$에서

$(x-a)(x-a-2)=0$

$x=a$ 또는 $x=a+2$

즉, 두 점 A, B의 좌표는

A$(a,\ 0)$, B$(a+2,\ 0)$

이므로

$\overline{AB}=2$

한편, $f(0)=a^2+2a$이므로 점 C의 좌표는 C$(0,\ a^2+2a)$이다.

원점 O에 대하여 삼각형 ABC의 넓이를 $g(a)$라 하면

$$g(a)=\frac{1}{2}\times\overline{AB}\times\overline{OC}$$

$$=\frac{1}{2}\times 2\times(a^2+2a)$$

$$=a^2+2a$$

$$=(a+1)^2-1$$

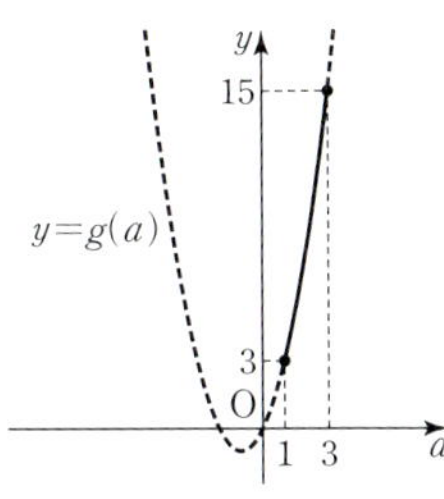

$1\leq a\leq 3$일 때

$g(a)$는 $a=3$에서 최대이고, $a=1$에서 최소이다.

따라서

$M=g(3)=15$, $m=g(1)=3$이므로

$M-m=15-3=12$

冒 12

06 여러 가지 방정식과 부등식

기본 유형 익히기 **유제**

본문 55~57쪽

1 (1) $x=-2$ 또는 $x=-1$ 또는 $x=2$

(2) $x=1\pm\sqrt{2}i$ 또는 $x=-1\pm\sqrt{2}i$

2 $\dfrac{3}{2}$

3 (1) $\begin{cases}x=-4\\y=-2\end{cases}$ 또는 $\begin{cases}x=4\\y=2\end{cases}$ 또는 $\begin{cases}x=\sqrt{2}i\\y=-\sqrt{2}i\end{cases}$ 또는 $\begin{cases}x=-\sqrt{2}i\\y=\sqrt{2}i\end{cases}$

(2) $\begin{cases}x=1\\y=3\end{cases}$ 또는 $\begin{cases}x=3\\y=1\end{cases}$

4 20 **5** ② **6** 10

1 (1) $x^3+x^2-4x-4=0$에서

$x^2(x+1)-4(x+1)=0$

$(x+1)(x^2-4)=0$

$(x+1)(x+2)(x-2)=0$

따라서

$x=-2$ 또는 $x=-1$ 또는 $x=2$

(2) $x^4+2x^2+9=0$에서

$(x^4+6x^2+9)-4x^2=0$

$(x^2+3)^2-(2x)^2=0$

$(x^2-2x+3)(x^2+2x+3)=0$

$x^2-2x+3=0$ 또는 $x^2+2x+3=0$

$x=1\pm\sqrt{2}i$ 또는 $x=-1\pm\sqrt{2}i$

冒 (1) $x=-2$ 또는 $x=-1$ 또는 $x=2$

(2) $x=1\pm\sqrt{2}i$ 또는 $x=-1\pm\sqrt{2}i$

2 삼차방정식 $x^3=1$의 한 허근이 ω이므로

$\omega^3=1$

또 $x^3=1$에서 $x^3-1=0$, $(x-1)(x^2+x+1)=0$이므로

$x=1$ 또는 $x^2+x+1=0$

ω는 이차방정식 $x^2+x+1=0$의 근이므로

$\omega^2+\omega+1=0$

$\omega+1=-\omega^2$이므로

$$\frac{1}{\omega+1}=\frac{1}{-\omega^2}=-\frac{\omega}{\omega^3}=-\omega$$

$\omega^2+1=-\omega$이므로

$$\frac{1}{\omega^5+1}=\frac{1}{\omega^3\omega^2+1}=\frac{1}{\omega^2+1}=\frac{1}{-\omega}=-\frac{\omega^2}{\omega^3}=-\omega^2$$

$$\frac{1}{\omega^9+1}=\frac{1}{(\omega^3)^3+1}=\frac{1}{1^3+1}=\frac{1}{2}$$

따라서

$$\frac{1}{\omega+1}+\frac{1}{\omega^5+1}+\frac{1}{\omega^9+1}$$

$$=-\omega+(-\omega^2)+\frac{1}{2}$$

$$=-(\omega+\omega^2)+\frac{1}{2}$$

$$=-(-1)+\frac{1}{2}$$

$$=\frac{3}{2}$$

답 $\dfrac{3}{2}$

3 (1) $\begin{cases} x^2-xy-2y^2=0 & \cdots\cdots\ \text{㉠} \\ x^2-2xy-y^2=-4 & \cdots\cdots\ \text{㉡} \end{cases}$

㉠에서

$$(x-2y)(x+y)=0$$

$x=2y$ 또는 $x=-y$

(i) $x=2y$일 때,

　㉡에서

　$(2y)^2-2\times2y\times y-y^2=-4$

　$y^2=4$

　$y=-2$ 또는 $y=2$

　$y=-2$일 때, $x=-4$

　$y=2$일 때, $x=4$

(ii) $x=-y$일 때,

　㉡에서

　$(-y)^2-2\times(-y)\times y-y^2=-4$

　$y^2=-2$

　$y=-\sqrt{2}i$ 또는 $y=\sqrt{2}i$

　$y=-\sqrt{2}i$일 때, $x=\sqrt{2}i$

　$y=\sqrt{2}i$일 때, $x=-\sqrt{2}i$

(i), (ii)에서 연립방정식의 해는

$$\begin{cases}x=-4\\y=-2\end{cases} 또는 \begin{cases}x=4\\y=2\end{cases} 또는 \begin{cases}x=\sqrt{2}i\\y=-\sqrt{2}i\end{cases} 또는 \begin{cases}x=-\sqrt{2}i\\y=\sqrt{2}i\end{cases}$$

(2) $\begin{cases} x+y=4 & \cdots\cdots\ \text{㉠} \\ xy=3 & \cdots\cdots\ \text{㉡} \end{cases}$

㉠에서

$$y=4-x \qquad \cdots\cdots\ \text{㉢}$$

㉢을 ㉡에 대입하면

$$x(4-x)=3$$

$$x^2-4x+3=0$$

$$(x-1)(x-3)=0$$

$x=1$ 또는 $x=3$

(i) $x=1$일 때,

　㉢에서 $y=3$

(ii) $x=3$일 때,

　㉢에서 $y=1$

(i), (ii)에서 연립방정식의 해는

$$\begin{cases}x=1\\y=3\end{cases} 또는 \begin{cases}x=3\\y=1\end{cases}$$

답 (1) $\begin{cases}x=-4\\y=-2\end{cases} 또는 \begin{cases}x=4\\y=2\end{cases} 또는 \begin{cases}x=\sqrt{2}i\\y=-\sqrt{2}i\end{cases} 또는 \begin{cases}x=-\sqrt{2}i\\y=\sqrt{2}i\end{cases}$

(2) $\begin{cases}x=1\\y=3\end{cases} 또는 \begin{cases}x=3\\y=1\end{cases}$

다른 풀이

(2) $x+y=4$, $xy=3$이므로 x, y는 t에 대한 이차방정식 $t^2-4t+3=0$의 두 근이다.

$t^2-4t+3=0$에서

$$(t-1)(t-3)=0$$

$t=1$ 또는 $t=3$

따라서 $\begin{cases}x=1\\y=3\end{cases} 또는 \begin{cases}x=3\\y=1\end{cases}$

4 부등식 $-2x+6\leq3x-4\leq x+8$에서

$$\begin{cases} -2x+6\leq3x-4 & \cdots\cdots\ \text{㉠} \\ 3x-4\leq x+8 & \cdots\cdots\ \text{㉡} \end{cases}$$

㉠에서

$$3x+2x\geq6+4$$

$$x\geq2$$

㉡에서

$$3x-x\leq8+4$$

$$x\leq6$$

㉠, ㉡의 공통부분은

$$2\leq x\leq6$$

따라서 주어진 부등식을 만족시키는 정수 x는 2, 3, 4, 5, 6이고, 그 합은 $2+3+4+5+6=20$

답 20

5 (i) $x<-1$일 때,

　$-(x+1)-(x-2)\leq7$

　$-2x\leq6$

　$x\geq-3$

　그런데 $x<-1$이므로

$-3 \leq x < -1$

(ii) $-1 \leq x < 2$일 때,

$(x+1)-(x-2) \leq 7$

$3 \leq 7$

즉, 주어진 부등식은 항상 성립한다.

따라서

$-1 \leq x < 2$

(iii) $x \geq 2$일 때,

$(x+1)+(x-2) \leq 7$

$2x \leq 8$

$x \leq 4$

그런데 $x \geq 2$이므로

$2 \leq x \leq 4$

(i)~(iii)에서 부등식의 해는

$-3 \leq x \leq 4$

따라서 정수 x의 값은 -3, -2, -1, 0, 1, $\cdots$, 4이고, 그 개수는 8이다.

답 ②

6 $\begin{cases} x^2-5x-14 < 0 & \cdots\cdots\ \text{㉠} \\ x^2-4x-5 \geq 0 & \cdots\cdots\ \text{㉡} \end{cases}$

㉠에서

$(x+2)(x-7) < 0$

$-2 < x < 7$

㉡에서

$(x+1)(x-5) \geq 0$

$x \leq -1$ 또는 $x \geq 5$

㉠, ㉡의 공통부분은

$-2 < x \leq -1$ 또는 $5 \leq x < 7$

따라서 주어진 연립부등식을 만족시키는 정수 x는 -1, 5, 6이고, 그 합은 $-1+5+6=10$

답 10

유형 확인

본문 58~59쪽

01 ③　　**02** ①　　**03** ⑤　　**04** ②　　**05** ③

06 48　　**07** ⑤　　**08** 39

09 (1) $x < -1$ 또는 $x > 6$　(2) $x \geq 1$　　**10** ②

11 (1) $x < -3$ 또는 $x > 4$　(2) $x = -2$

　　　(3) 모든 실수　(4) 해가 없다.

12 ④

01 삼차방정식 $x^3+x^2+2x-4=0$에서

$f(x)=x^3+x^2+2x-4$라 하자.

$f(1)=0$이므로 $f(x)$는 $x-1$을 인수로 갖는다.

조립제법을 이용하여 $f(x)$를 인수분해하면

$$\begin{array}{r|rrrr} 1 & 1 & 1 & 2 & -4 \\ & & 1 & 2 & 4 \\ \hline & 1 & 2 & 4 & 0 \end{array}$$

$f(x)=(x-1)(x^2+2x+4)$

$f(x)=0$에서

$(x-1)(x^2+2x+4)=0$

$x=1$ 또는 $x^2+2x+4=0$

이차방정식 $x^2+2x+4=0$의 판별식을 D라 하면

$\dfrac{D}{4}=1^2-4=-3 < 0$

이므로 이차방정식 $x^2+2x+4=0$은 서로 다른 두 허근을 갖는다.

이때 이차방정식 $x^2+2x+4=0$의 서로 다른 두 허근이 α, β이므로 이차방정식의 근과 계수의 관계에 의하여

$\alpha+\beta=-2$, $\alpha\beta=4$

따라서

$(\alpha+1)(\beta+1)=\alpha\beta+(\alpha+\beta)+1$

$\qquad\qquad\qquad =4+(-2)+1=3$

답 ③

02 사차방정식 $(x^2+4x)^2-2(x^2+4x)-35=0$에서

$x^2+4x=t$라 하면

$t^2-2t-35=0$

$(t+5)(t-7)=0$

$t=-5$ 또는 $t=7$

즉, $x^2+4x=-5$ 또는 $x^2+4x=7$

(i) $x^2+4x=-5$일 때,

$\quad x^2+4x+5=0$

　이차방정식 $x^2+4x+5=0$의 판별식을 D_1이라 하면

$\quad \dfrac{D_1}{4}=2^2-5=-1 < 0$

　이므로 이 이차방정식은 서로 다른 두 허근을 갖는다.

　이차방정식 $x^2+4x+5=0$의 서로 다른 두 허근을 α, β라 하면 이차방정식의 근과 계수의 관계에 의하여

$\quad \alpha\beta=5$

(ii) $x^2+4x=7$일 때,

$\quad x^2+4x-7=0$

　이차방정식 $x^2+4x-7=0$의 판별식을 D_2라 하면

$$\frac{D_2}{4}=2^2-(-7)=11>0$$

이므로 이 이차방정식은 서로 다른 두 실근을 갖는다.

이차방정식 $x^2+4x-7=0$의 서로 다른 두 실근을 $\gamma,\,\delta$라 하면 이차방정식의 근과 계수의 관계에 의하여

$$\gamma\delta=-7$$

(ⅰ), (ⅱ)에서

$$p=-7,\ q=5$$

따라서 $q-p=5-(-7)=12$

답 ①

03 삼차방정식 $x^3=1$의 한 허근이 ω이므로

$$\omega^3=1$$

또, $x^3=1$에서 $x^3-1=0$, $(x-1)(x^2+x+1)=0$이므로

$x=1$ 또는 $x^2+x+1=0$

ω는 이차방정식 $x^2+x+1=0$의 근이므로

$$\omega^2+\omega+1=0$$

$$\omega^3+\omega^4+\omega^5=\omega^3(1+\omega+\omega^2)=1\times0=0$$

$$\vdots$$

$$\omega^{21}+\omega^{22}+\omega^{23}=(\omega^3)^7(1+\omega+\omega^2)=1^7\times0=0$$

$$\omega^{24}+\omega^{25}=(\omega^3)^8(1+\omega)=1^8\times(1+\omega)=1+\omega$$

이때

$$1+\omega+\omega^2+\omega^3+\cdots+\omega^{25}$$
$$=(1+\omega+\omega^2)+(\omega^3+\omega^4+\omega^5)+\cdots+(\omega^{21}+\omega^{22}+\omega^{23})$$
$$+\omega^{24}+\omega^{25}$$
$$=0+0+\cdots+0+1+\omega$$
$$=1+\omega$$

이므로

$$1+\omega=a+b\omega$$

ω가 실수가 아닌 복소수이므로

$$a=1,\ b=1$$

따라서 $a+b=1+1=2$

답 ⑤

(1) 이차방정식 $x^2+x+1=0$의 근은

$$x=\frac{-1\pm\sqrt{3}i}{2}$$

이므로

$$\omega=\frac{-1-\sqrt{3}i}{2}\ \text{또는}\ \omega=\frac{-1+\sqrt{3}i}{2}$$

(2) $\omega=\dfrac{-1+\sqrt{3}i}{2}$일 때,

$$1+\omega=1+\frac{-1+\sqrt{3}i}{2}=\frac{1}{2}+\frac{\sqrt{3}}{2}i$$

$$a+b\omega=a+b\left(\frac{-1+\sqrt{3}i}{2}\right)=a-\frac{b}{2}+\frac{b\sqrt{3}}{2}i$$

$1+\omega=a+b\omega$에서

$$\frac{1}{2}+\frac{\sqrt{3}}{2}i=a-\frac{b}{2}+\frac{b\sqrt{3}}{2}i$$

$$a-\frac{b}{2}=\frac{1}{2},\ \frac{b\sqrt{3}}{2}=\frac{\sqrt{3}}{2}$$

따라서 $a=1,\ b=1$

04 삼차방정식 $x^3=-1$에서

$$x^3+1=0$$
$$(x+1)(x^2-x+1)=0$$

$x=-1$ 또는 $x^2-x+1=0$

이차방정식 $x^2-x+1=0$의 판별식을 D라 하면

$$D=(-1)^2-4=-3<0$$

이므로 이차방정식 $x^2-x+1=0$은 서로 다른 두 허근을 갖는다.

즉, α는 이차방정식 $x^2-x+1=0$의 근이므로

$\overline{\alpha}$도 이차방정식 $x^2-x+1=0$의 근이다.

이차방정식의 근과 계수의 관계에 의하여

$$\alpha+\overline{\alpha}=1,\ \alpha\overline{\alpha}=1$$

따라서

$$\frac{\overline{\alpha}-1}{\alpha+1}+\frac{\alpha-1}{\overline{\alpha}+1}$$
$$=\frac{(\overline{\alpha}-1)(\overline{\alpha}+1)+(\alpha-1)(\alpha+1)}{(\alpha+1)(\overline{\alpha}+1)}$$
$$=\frac{\overline{\alpha}^2+\alpha^2-2}{\alpha\overline{\alpha}+(\alpha+\overline{\alpha})+1}$$
$$=\frac{(\alpha+\overline{\alpha})^2-2\alpha\overline{\alpha}-2}{\alpha\overline{\alpha}+(\alpha+\overline{\alpha})+1}$$
$$=\frac{1^2-2\times1-2}{1+1+1}$$
$$=-1$$

답 ②

05 $\begin{cases} x^2-2xy=0 & \cdots\cdots\ ㉠ \\ x^2-4xy+5y^2=9 & \cdots\cdots\ ㉡ \end{cases}$

㉠에서

$$x(x-2y)=0$$

$x=0$ 또는 $x=2y$

(ⅰ) $x=0$일 때,

㉡에서

$$5y^2=9$$

$$y=\pm\frac{3\sqrt{5}}{5}$$

(ii) $x=2y$일 때,

ⓛ에서

$(2y)^2-4\times 2y\times y+5y^2=9$

$y^2=9$

$y=\pm 3$

$y=-3$일 때, $x=-6$

$y=3$일 때, $x=6$

(i), (ii)에서 주어진 연립방정식의 해는

$\begin{cases} x=0 \\ y=-\dfrac{3\sqrt{5}}{5} \end{cases}$ 또는 $\begin{cases} x=0 \\ y=\dfrac{3\sqrt{5}}{5} \end{cases}$ 또는 $\begin{cases} x=-6 \\ y=-3 \end{cases}$ 또는 $\begin{cases} x=6 \\ y=3 \end{cases}$

$\alpha>0$이므로

$\alpha=6$, $\beta=3$

따라서

$\alpha+\beta=6+3=9$

답 ③

06 $\begin{cases} 2x+y=4 & \cdots\cdots ㉠ \\ 3x^2-y^2=k & \cdots\cdots ㉡ \end{cases}$

㉠에서

$y=4-2x$ $\cdots\cdots ㉢$

㉢을 ㉡에 대입하면

$3x^2-(4-2x)^2=k$

$x^2-16x+k+16=0$

이차방정식 $x^2-16x+k+16=0$이 중근을 가져야 하므로

이차방정식 $x^2-16x+k+16=0$의 판별식을 D라 하면

$\dfrac{D}{4}=(-8)^2-(k+16)=0$

따라서 $k=48$

답 48

07 부등식 $5x-8\leq 3x+4\leq 6x+7$에서

$\begin{cases} 5x-8\leq 3x+4 & \cdots\cdots ㉠ \\ 3x+4\leq 6x+7 & \cdots\cdots ㉡ \end{cases}$

㉠에서

$2x\leq 12$

$x\leq 6$

㉡에서

$3x\geq -3$

$x\geq -1$

㉠, ㉡의 공통부분은

$-1\leq x\leq 6$

한편, 연립부등식 $5x-8\leq 3x+4\leq 6x+7$의 해가

$a\leq x\leq b$

이므로

$a=-1$, $b=6$

따라서

$a+b=-1+6=5$

답 ⑤

08 $\begin{cases} 4x+3>-5 & \cdots\cdots ㉠ \\ x-7<-2x+a & \cdots\cdots ㉡ \end{cases}$

㉠에서

$4x>-8$

$x>-2$

㉡에서

$3x<a+7$

$x<\dfrac{a+7}{3}$

주어진 연립부등식을 만족시키는 정수 x의 개수가 8이려면

$6<\dfrac{a+7}{3}\leq 7$

이어야 한다.

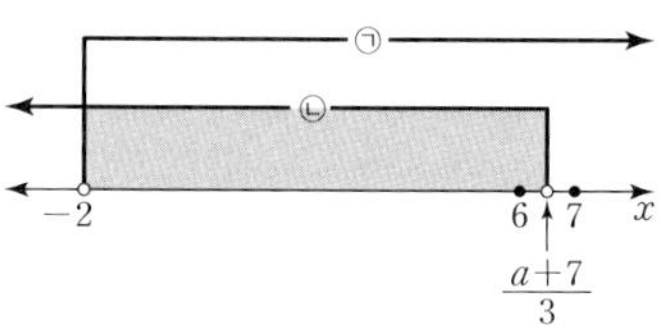

따라서 $11<a\leq 14$이므로

정수 a의 값은 12, 13, 14이고, 그 합은

$12+13+14=39$

답 39

09 (1) 부등식 $|2x-5|>7$에서

$2x-5<-7$ 또는 $2x-5>7$

$2x<-2$ 또는 $2x>12$

따라서 $x<-1$ 또는 $x>6$

(2) 부등식 $|x+2|-|x-3|\geq 1$에서

(i) $x<-2$일 때,

$-(x+2)+(x-3)\geq 1$

$-5\geq 1$

즉, 주어진 부등식은 성립하지 않으므로 해는 없다.

(ii) $-2\leq x<3$일 때,

$(x+2)+(x-3)\geq 1$

$2x\geq 2$

$x\geq 1$

이때 $-2\leq x<3$이므로

$1 \leq x < 3$

(iii) $x \geq 3$일 때,

$(x+2) - (x-3) \geq 1$

$5 \geq 1$

즉, $x \geq 3$인 모든 실수 x에 대하여 주어진 부등식은 성립한다.

(i)~(iii)에서 주어진 부등식의 해는 $x \geq 1$

目 (1) $x < -1$ 또는 $x > 6$ (2) $x \geq 1$

10 (i) $3x - 2 \geq 0$, 즉 $x \geq \dfrac{2}{3}$일 때,

부등식 $|3x-2| < x+6$에서

$3x - 2 < x + 6$

$2x < 8$

$x < 4$

이때 $x \geq \dfrac{2}{3}$이므로

$\dfrac{2}{3} \leq x < 4$

(ii) $3x - 2 < 0$, 즉 $x < \dfrac{2}{3}$일 때,

부등식 $|3x-2| < x+6$에서

$-(3x-2) < x+6$

$4x > -4$

$x > -1$

이때 $x < \dfrac{2}{3}$이므로

$-1 < x < \dfrac{2}{3}$

(i), (ii)에서 $-1 < x < 4$

따라서 주어진 부등식을 만족시키는 정수 x는 0, 1, 2, 3이고 그 개수는 4이다.

目 ②

11 (1) 부등식 $x^2 - x - 12 > 0$에서

$y = x^2 - x - 12$라 하면

$y = x^2 - x - 12 = (x+3)(x-4)$

이므로 이 이차함수의 그래프는 다음 그림과 같다.

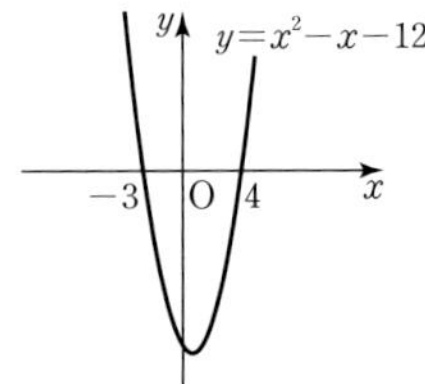

따라서 주어진 부등식의 해는 이차함수 $y = x^2 - x - 12$의 그래프에서 $y > 0$인 x의 값의 범위이므로

$x < -3$ 또는 $x > 4$

(2) 부등식 $x^2 + 4x + 4 \leq 0$에서

$y = x^2 + 4x + 4$라 하면

$y = x^2 + 4x + 4 = (x+2)^2$

이므로 이 이차함수의 그래프는 다음 그림과 같다.

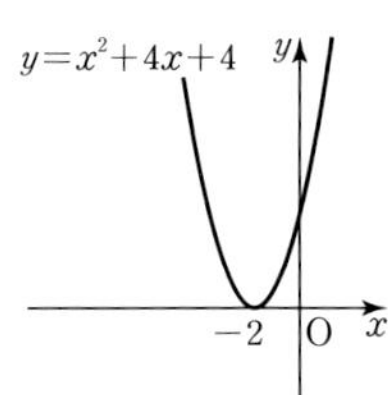

따라서 주어진 부등식의 해는 이차함수 $y = x^2 + 4x + 4$의 그래프에서 $y \leq 0$인 x의 값의 범위이므로

$x = -2$

(3) 부등식 $2x^2 - 4x + 4 > 0$에서

$y = 2x^2 - 4x + 4$라 하면

$y = 2x^2 - 4x + 4 = 2(x-1)^2 + 2$

이므로 이 이차함수의 그래프는 다음 그림과 같다.

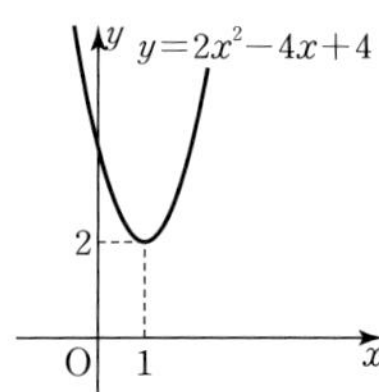

따라서 이차함수 $y = 2x^2 - 4x + 4$의 그래프에서 모든 실수 x에서 $y > 0$이므로 주어진 부등식의 해는 모든 실수이다.

(4) 부등식 $-x^2 + 6x - 10 \geq 0$에서

$y = -x^2 + 6x - 10$이라 하면

$y = -x^2 + 6x - 10 = -(x-3)^2 - 1$

이므로 이 이차함수의 그래프는 다음 그림과 같다.

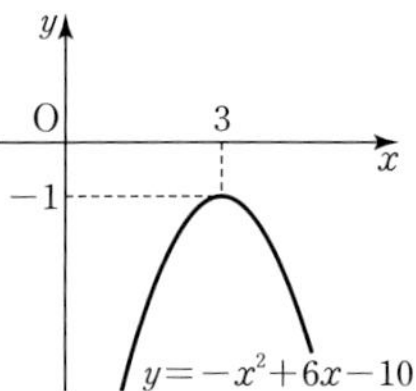

따라서 이차함수 $y = -x^2 + 6x - 10$의 그래프에서 $y \geq 0$인 x의 값은 없으므로 주어진 부등식의 해는 없다.

目 (1) $x < -3$ 또는 $x > 4$ (2) $x = -2$

(3) 모든 실수 (4) 해가 없다.

12 $\begin{cases} 4x + 5 \geq -3 & \cdots\cdots ㉠ \\ x^2 - x - 20 < 0 & \cdots\cdots ㉡ \end{cases}$

㉠에서

$4x \geq -8$

$x \geq -2$

ⓒ에서

$(x+4)(x-5)<0$

$-4<x<5$

㉠, ㉡의 공통부분은

$-2 \leq x < 5$

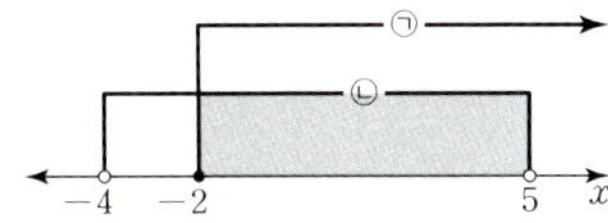

따라서 주어진 연립부등식을 만족시키는 정수 x는 -2, -1, 0, $\cdots$, 4이고, 그 개수는 7이다.

답 ④

📝 서술형 연습장

본문 60쪽

01 7　　**02** 6　　**03** 8

01 삼차방정식 $x^3-(a+1)x^2+(3a-4)x-2a+4=0$, 즉 $(x-1)(x^2-ax+2a-4)=0$에서

$x=1$ 또는 $x^2-ax+2a-4=0$

(ⅰ) 이차방정식 $x^2-ax+2a-4=0$의 근이 $x=1$ 또는 $x=\alpha(\alpha \neq 1)$인 경우

　　$x=1$이 이차방정식 $x^2-ax+2a-4=0$의 근이므로

　　$1-a+2a-4=0$

　　$a=3$

　　$a=3$일 때, 이차방정식 $x^2-ax+2a-4=0$은

　　$x^2-3x+2=0$이므로

　　$(x-1)(x-2)=0$

　　$x=1$ 또는 $x=2$

　　따라서 삼차방정식 $x^3-(a+1)x^2+(3a-4)x-2a+4=0$의 실근은 1(중근), 2이므로 이 삼차방정식의 서로 다른 실근의 개수는 2이다.

❶

(ⅱ) 이차방정식 $x^2-ax+2a-4=0$이 1이 아닌 중근을 갖는 경우

　　이차방정식 $x^2-ax+2a-4=0$의 판별식을 D라 하면

　　$D=(-a)^2-4(2a-4)=0$

　　$a^2-8a+16=0$

　　$(a-4)^2=0$

　　$a=4$

　　$a=4$일 때, 이차방정식 $x^2-ax+2a-4=0$은

　　$x^2-4x+4=0$이므로

　　$(x-2)^2=0$

　　$x=2$

　　따라서 삼차방정식 $x^3-(a+1)x^2+(3a-4)x-2a+4=0$의 실근은 1, 2(중근)이므로 이 삼차방정식의 서로 다른 실근의 개수는 2이다.

❷

(ⅰ), (ⅱ)에서 $a=3$ 또는 $a=4$

따라서 구하는 모든 실수 a의 값의 합은

$3+4=7$

❸

답 7

단계	채점 기준	비율
❶	삼차방정식의 근 중에서 1이 중근일 때, a의 값을 구한 경우	40 %
❷	삼차방정식이 1이 아닌 중근을 가질 때, a의 값을 구한 경우	40 %
❸	모든 실수 a의 값의 합을 구한 경우	20 %

02 모든 실수 x에 대하여 이차부등식 $x^2+2(k-1)x-k+7 \geq 0$이 성립하려면

이차방정식 $x^2+2(k-1)x-k+7=0$의 판별식을 D라 할 때,

$\dfrac{D}{4}=(k-1)^2-(-k+7) \leq 0$이어야 한다.

❶

즉, $k^2-k-6 \leq 0$에서

$(k+2)(k-3) \leq 0$

$-2 \leq k \leq 3$

❷

따라서 정수 k는 -2, -1, 0, 1, 2, 3이고, 그 개수는 6이다.

❸

답 6

단계	채점 기준	비율
❶	이차부등식이 항상 성립하도록 하는 조건을 구한 경우	40 %
❷	k의 값의 범위를 구한 경우	40 %
❸	정수 k의 개수를 구한 경우	20 %

03 정사각형 A의 한 변의 길이를 a cm, 정사각형 B의 한 변의 길이를 b cm라 하자.

두 정사각형 A, B의 넓이의 합이 $130\,\text{cm}^2$이므로

$a^2+b^2=130$　　…… ㉠

❶

철사의 길이가 $64\,\text{cm}$이므로

$4a+4b=64$, $a+b=16$

❷

$b=16-a$　　…… ㉡

㉡을 ㉠에 대입하면

$a^2+(16-a)^2=130,\ a^2-16a+63=0$

$(a-7)(a-9)=0$

$a=7$ 또는 $a=9$

$a=7$일 때, ⓒ에서 $b=9$

$a=9$일 때, ⓒ에서 $b=7$

두 정사각형 A, B의 둘레의 길이의 차는

$4|a-b|=4|9-7|=8$

따라서 $k=8$ ······ ❸

답 8

단계	채점 기준	비율
❶	두 정사각형 A, B의 넓이의 합을 이용하여 a, b 사이의 관계식을 구한 경우	30 %
❷	철사의 길이를 이용하여 a, b 사이의 관계식을 구한 경우	30 %
❸	두 정사각형 A, B의 둘레의 길이의 차를 구한 경우	40 %

🥾 내신＋수능 고난도 문항

본문 61쪽

01 ②　　**02** ②　　**03** 26

01 $f(x)=x^3-(k^2-1)x-k$라 하면

$f(k)=0$

조립제법을 이용하여 $f(x)$를 인수분해하면

k	1	0	$-(k^2-1)$	$-k$
		k	k^2	k
	1	k	1	0

$f(x)=(x-k)(x^2+kx+1)$

$f(x)=0$에서

$x=k$ 또는 $x^2+kx+1=0$

k는 실수이고 α는 삼차방정식 $f(x)=0$의 한 허근이므로

$x^2+kx+1=0$은 허근을 가져야 한다.

이차방정식 $x^2+kx+1=0$의 판별식을 D라 하면

$D=k^2-4<0$

$-2<k<2$ ······ ㉠

이때 α는 이차방정식 $x^2+kx+1=0$의 한 허근이므로 $\bar{\alpha}$도 이차방정식 $x^2+kx+1=0$의 한 허근이다.

이차방정식의 근과 계수의 관계에 의하여

$\alpha+\bar{\alpha}=-k,\ \alpha\bar{\alpha}=1$

$\alpha+\bar{\alpha}>0$이므로

$-k>0$, 즉 $k<0$ ······ ㉡

㉠, ㉡에서 $-2<k<0$

$\alpha^2+\bar{\alpha}^2=-1$에서

$\alpha^2+\bar{\alpha}^2=(\alpha+\bar{\alpha})^2-2\alpha\bar{\alpha}=(-k)^2-2=k^2-2$이므로

$k^2-2=-1$

$k^2=1$

$-2<k<0$이므로

$k=-1$

답 ②

02 $\begin{cases} x+y=2a & \cdots\cdots\ ㉠ \\ x^2+y^2=-2a+12 & \cdots\cdots\ ㉡ \end{cases}$

㉡에서

$(x+y)^2-2xy=-2a+12$ ······ ㉢

㉠을 ㉢에 대입하면

$(2a)^2-2xy=-2a+12$

$xy=2a^2+a-6$

이때 x, y는 t에 대한 이차방정식

$t^2-2at+2a^2+a-6=0$

의 두 근이고, 이 이차방정식이 실근을 가져야 한다.

이차방정식 $t^2-2at+2a^2+a-6=0$의 판별식을 D라 하면

$\dfrac{D}{4}=(-a)^2-(2a^2+a-6)\geq0$

$a^2+a-6\leq0$

$(a+3)(a-2)\leq0$

$-3\leq a\leq2$

$g(a)=a^2-2a+3$이라 하면

$g(a)=(a-1)^2+2$

$-3\leq a\leq2$이므로

$g(a)$는 $a=1$에서 최소이고, $a=-3$에서 최대이다.

$g(1)=2$

$g(-3)=18$

이므로

$2\leq a^2-2a+3\leq18$

따라서 $p\leq2,\ q\geq18$이므로 $p=2,\ q=18$일 때 $q-p$는 최소이고, 구하는 최솟값은

$18-2=16$

답 ②

03 $\begin{cases} |x-2|\leq n & \cdots\cdots\ ㉠ \\ x^2-2x-24>0 & \cdots\cdots\ ㉡ \end{cases}$

㉠에서

$-n \leq x-2 \leq n$

$2-n \leq x \leq 2+n$

㉡에서

$(x+4)(x-6)>0$

$x<-4$ 또는 $x>6$

(i) $n \leq 4$일 때,

㉠, ㉡의 공통부분이 없으므로 연립부등식의 해는 없다.

(ii) $n=5$일 때,

㉠, ㉡의 공통부분은 $6<x \leq 7$이므로 연립부등식을 만족시키는 정수 x는 7이고, 그 개수는 1이다.

(iii) $n=6$일 때,

㉠, ㉡의 공통부분은 $6<x \leq 8$이므로 연립부등식을 만족시키는 정수 x는 7, 8이고, 그 개수는 2이다.

(iv) $n=7$일 때,

㉠, ㉡의 공통부분은 $-5 \leq x<-4$ 또는 $6<x \leq 9$이므로 연립부등식을 만족시키는 정수 x는 -5, 7, 8, 9이고 그 개수는 4이다.

(v) $n=8$일 때,

㉠, ㉡의 공통부분은 $-6 \leq x<-4$ 또는 $6<x \leq 10$이므로 연립부등식을 만족시키는 정수 x는 -6, -5, 7, 8, 9, 10이고 그 개수는 6이다.

(vi) $n \geq 9$일 때,

㉠, ㉡의 공통부분은 $2-n \leq x<-4$ 또는 $6<x \leq 2+n$이므로 연립부등식을 만족시키는 정수 x의 개수는 8 이상이다.

(i)~(vi)에서 주어진 연립부등식을 만족시키는 정수 x의 개수가 1 이상 6 이하가 되도록 하는 자연수 n의 값은 5, 6, 7, 8이고, 그 합은 $5+6+7+8=26$

답 26

대단원 종합문제

01 ②	**02** 10	**03** ④	**04** ③	**05** ⑤
06 7	**07** ⑤	**08** ②	**09** ③	**10** ②
11 ③	**12** ④	**13** ①	**14** ②	**15** ⑤
16 ②	**17** -12	**18** 10	**19** 3	
20 $\dfrac{19}{9}$	**21** 11			

01 $\dfrac{4a}{1+i}-7i=-6+bi$에서

$$\dfrac{4a}{1+i}=\dfrac{4a(1-i)}{(1+i)(1-i)}=\dfrac{4a(1-i)}{1^2-i^2}=\dfrac{4a(1-i)}{1-(-1)}=2a-2ai$$

이므로

$(2a-2ai)-7i=-6+bi$

$2a-(2a+7)i=-6+bi$

두 복소수가 서로 같을 조건에 의하여

$2a=-6$ $\qquad\qquad\qquad$ …… ㉠

$-(2a+7)=b$ $\qquad\qquad$ …… ㉡

㉠에서

$a=-3$

$a=-3$을 ㉡에 대입하면

$-(-6+7)=b$

$b=-1$

따라서 $a+b=-3+(-1)=-4$

답 ②

02 이차방정식 $x^2-kx+2k+5=0$이 중근을 가져야 하므로 이 이차방정식의 판별식을 D라 하면

$D=(-k)^2-4(2k+5)=0$

$k^2-8k-20=0$

$(k+2)(k-10)=0$

$k=-2$ 또는 $k=10$

따라서 실수 k의 최댓값은 10이다.

답 10

03 이차방정식 $2x^2-6x+1=0$의 두 근이 α, β이므로 이차방정식의 근과 계수의 관계에 의하여

$\alpha+\beta=-\dfrac{-6}{2}=3$

$\alpha\beta=\dfrac{1}{2}$

따라서

$$\frac{\beta}{2\alpha}+\frac{\alpha}{2\beta}=\frac{\alpha^2+\beta^2}{2\alpha\beta}=\frac{(\alpha+\beta)^2-2\alpha\beta}{2\alpha\beta}$$

$$=\frac{3^2-2\times\dfrac{1}{2}}{2\times\dfrac{1}{2}}=8$$

답 ④

04 $f(x)=-x^2-2x+k$
$$=-(x+1)^2+k+1$$

$x=-1$에서 함수 $f(x)$는 최댓값을 갖고,
$x=2$에서 함수 $f(x)$는 최솟값을 갖는다.
$M=f(-1)=k+1$,
$m=f(2)=k-8$
이므로
$M\times m=52$에서
$(k+1)(k-8)=52$
$k^2-7k-60=0$
$(k+5)(k-12)=0$
$k>0$이므로
$k=12$

답 ③

05 사차방정식 $(x^2-3x)(x^2-3x-2)-8=0$에서
$x^2-3x=t$로 놓으면
$t(t-2)-8=0$
$t^2-2t-8=0$
$(t+2)(t-4)=0$
$t=-2$ 또는 $t=4$
(i) $t=-2$일 때,
  $x^2-3x=-2$
  $x^2-3x+2=0$
  $(x-1)(x-2)=0$
  $x=1$ 또는 $x=2$
(ii) $t=4$일 때,
  $x^2-3x=4$
  $x^2-3x-4=0$
  $(x+1)(x-4)=0$
  $x=-1$ 또는 $x=4$
(i), (ii)에서 주어진 사차방정식의 해는
$x=-1$ 또는 $x=1$ 또는 $x=2$ 또는 $x=4$
따라서 모든 양의 실근의 합은
$1+2+4=7$

답 ⑤

06 $\begin{cases} 2x^2-3x-5\geq0 & \cdots\cdots\ \text{㉠} \\ x^2+x-30<0 & \cdots\cdots\ \text{㉡} \end{cases}$

㉠에서
$(2x-5)(x+1)\geq0$
$x\leq-1$ 또는 $x\geq\dfrac{5}{2}$
㉡에서
$(x+6)(x-5)<0$
$-6<x<5$

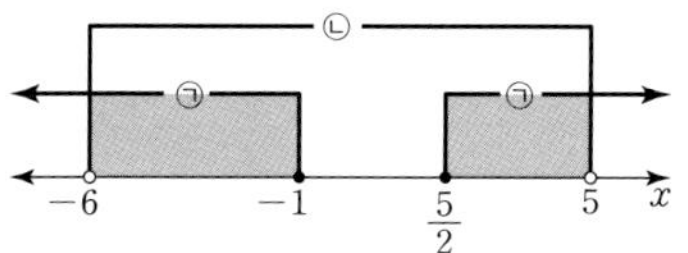

㉠, ㉡의 공통부분은
$-6<x\leq-1$ 또는 $\dfrac{5}{2}\leq x<5$
따라서 연립부등식을 만족시키는 정수 x는
-5, -4, -3, -2, -1, 3, 4이고, 그 개수는 7이다.

답 7

07 $z=\dfrac{3+i}{1-i}=\dfrac{(3+i)(1+i)}{(1-i)(1+i)}=\dfrac{3+4i+i^2}{1-i^2}$

$$=\frac{3+4i+(-1)}{1-(-1)}=\frac{2+4i}{2}$$
$$=1+2i$$
$\overline{z}=1-2i$
$\overline{z}-1=-2i$
위의 등식의 양변을 제곱하면
$(\overline{z}-1)^2=(-2i)^2$
$\overline{z}^2-2\overline{z}+1=-4$
$\overline{z}^2-2\overline{z}=-5$
$2\overline{z}^3-4\overline{z}^2=2\overline{z}(\overline{z}^2-2\overline{z})=2\overline{z}\times(-5)=-10\overline{z}$
따라서
$2\overline{z}^3-4\overline{z}^2+9\overline{z}+1=-10\overline{z}+9\overline{z}+1$
$$=-\overline{z}+1$$
$$=-(1-2i)+1$$
$$=2i$$

답 ⑤

08 $z=(2xi+6)i-x(1+i)+12$
$$=2xi^2+6i-x-xi+12$$
$$=2x\times(-1)+6i-x-xi+12$$
$$=(-3x+12)+(6-x)i$$
$z^2<0$이므로 복소수 z의 실수부분은 0이고 허수부분은 0이 아니다.
복소수 z의 실수부분이 $-3x+12$이므로

$-3x+12=0$에서

$x=4$

이때 복소수 z의 허수부분은 2이고

$z^2=(2i)^2=4i^2=-4<0$

이므로 주어진 조건을 만족시킨다.

따라서

$$\frac{z^6}{x}=\frac{(2i)^6}{4}=16i^6$$
$$=-16$$

답 ②

09 $\dfrac{4i}{1+i}=\dfrac{4i(1-i)}{(1+i)(1-i)}=\dfrac{4i(1-i)}{1^2-i^2}=\dfrac{4i(1-i)}{2}$
$$=2i-2i^2=2+2i$$

모든 계수가 실수인 이차방정식 $2x^2+ax+b=0$의 한 근이 $2+2i$이므로 $\overline{2+2i}$, 즉 $2-2i$도 이 이차방정식의 근이다.

이차방정식의 근과 계수의 관계에 의하여

$(2+2i)+(2-2i)=-\dfrac{a}{2}$ ...... ㉠

$(2+2i)(2-2i)=\dfrac{b}{2}$ ...... ㉡

㉠에서

$a=-2\times4=-8$

㉡에서

$b=2(4-4i^2)$
$=2(4+4)=16$

따라서 $a+b=-8+16=8$

답 ③

10 이차함수 $y=x^2-4ax+5a^2-2a-8$의 그래프가 x축과 서로 다른 두 점에서 만나야 하므로 이차방정식 $x^2-4ax+5a^2-2a-8=0$의 판별식을 D라 하면

$$\frac{D}{4}=(-2a)^2-(5a^2-2a-8)>0$$

이어야 한다.

즉, $a^2-2a-8<0$에서

$(a+2)(a-4)<0$

$-2<a<4$

따라서 정수 a는 -1, 0, 1, 2, 3이고, 그 개수는 5이다.

답 ②

11 이차함수 $y=f(x)$의 그래프와 x축이 만나는 두 점의 x좌표가 각각 -2, 4이므로 이차방정식 $f(x)=0$의 두 실근은 -2, 4이다.

즉, $f(-2)=0$, $f(4)=0$이고, 이차함수 $f(x)$의 최고차항의

계수가 -1이므로 $f(x)=-(x+2)(x-4)$로 놓을 수 있다.

$f(2x-6)\geq0$에서

$-\{(2x-6)+2\}\{(2x-6)-4\}\geq0$

$4(x-2)(x-5)\leq0$

$2\leq x\leq5$

따라서 부등식 $f(2x-6)\geq0$을 만족시키는 정수 x는 2, 3, 4, 5이고, 그 합은 $2+3+4+5=14$

답 ③

12 ω는 삼차방정식 $x^3=1$의 근이므로

$\omega^3=1$

또, $x^3=1$에서

$(x-1)(x^2+x+1)=0$

$x=1$ 또는 $x^2+x+1=0$

이차방정식 $x^2+x+1=0$의 판별식을 D라 하면

$D=1^2-4=-3<0$

이므로 이차방정식 $x^2+x+1=0$은 서로 다른 두 허근을 갖는다.

즉, ω는 이차방정식 $x^2+x+1=0$의 근이므로

$\omega^2+\omega+1=0$

$\omega^2=-\omega-1$

n이 0 이상의 정수일 때,

$\omega^{3n+1}=\omega$

$\omega^{3n+2}=\omega^2=-\omega-1$

$\omega^{3n+3}=1$

$\omega+2\omega^2+3\omega^3+4\omega^4+5\omega^5+6\omega^6+7\omega^7=a+b\omega$에서

$\omega+2\omega^2+3\omega^3+4\omega^4+5\omega^5+6\omega^6+7\omega^7$
$=\omega+2(-\omega-1)+3+4\omega+5(-\omega-1)+6+7\omega$
$=2+5\omega$

이므로

$2+5\omega=a+b\omega$

ω는 실수가 아닌 복소수이므로

$a=2$, $b=5$

따라서

$ab=2\times5=10$

답 ④

13 $\begin{cases} x+y=-2 & \cdots\cdots ㉠ \\ x^2-xy+y^2=28 & \cdots\cdots ㉡ \end{cases}$

㉡에서

$(x+y)^2-3xy=28$ ...... ㉢

㉠을 ㉢에 대입하면

$(-2)^2-3xy=28$

$xy=-8$ $\qquad$ ..... ㉢

㉠, ㉢에서 두 수 x, y를 근으로 하고 이차항의 계수가 1인 이차

방정식은

$t^2-(-2)t-8=0$

$t^2+2t-8=0$

$(t+4)(t-2)=0$

$t=-4$ 또는 $t=2$

주어진 연립방정식의 해는

$\begin{cases} x=-4 \\ y=2 \end{cases}$ 또는 $\begin{cases} x=2 \\ y=-4 \end{cases}$

따라서

$\begin{cases} \alpha=-4 \\ \beta=2 \end{cases}$ 또는 $\begin{cases} \alpha=2 \\ \beta=-4 \end{cases}$

이므로

$|\alpha-\beta|=|-4-2|=6$

답 ①

14 이차방정식 $x^2+2(a-1)x-3a+13=0$이 중근을 가지

므로 이 이차방정식의 판별식을 D라 하면

$\dfrac{D}{4}=(a-1)^2-(-3a+13)=0$

$a^2+a-12=0$

$(a+4)(a-3)=0$

$a>0$이므로

$a=3$

부등식 $|2y-5|\leq a$에서

$|2y-5|\leq 3$

$-3\leq 2y-5\leq 3$

$2\leq 2y\leq 8$

$1\leq y\leq 4$

따라서 정수 y의 값은 1, 2, 3, 4이고 그 개수는 4이다.

답 ②

15 이차부등식 $x^2-(n+6)x+6n<0$에서

$(x-n)(x-6)<0$ $\qquad$ ..... ㉠

(i) $n<6$일 때,

　㉠의 해는 $n<x<6$

　㉠을 만족시키는 정수 x의 개수가 4이려면

　　$1\leq n<2$

(ii) $n=6$일 때,

　㉠에서 $(x-6)^2<0$

　이므로 ㉠의 해는 없다.

(iii) $n>6$일 때

㉠의 해는 $6<x<n$

㉠을 만족시키는 정수 x의 개수가 4이려면

　$10<n\leq 11$

(i)~(iii)에서 $1\leq n<2$ 또는 $10<n\leq 11$

따라서 주어진 조건을 만족시키는 정수 n의 값은 1, 11이고, 그

합은 $1+11=12$

답 ⑤

16 $\dfrac{1+i}{1-i}=\dfrac{(1+i)^2}{(1-i)(1+i)}=\dfrac{1+2i+i^2}{1^2-i^2}$

$\qquad =\dfrac{1+2i-1}{1-(-1)}=\dfrac{2i}{2}=i$

이므로 음이 아닌 정수 k에 대하여

$\left(\dfrac{1+i}{1-i}\right)^{4k+1}=i$

$\left(\dfrac{1+i}{1-i}\right)^{4k+2}=-1$

$\left(\dfrac{1+i}{1-i}\right)^{4k+3}=-i$

$\left(\dfrac{1+i}{1-i}\right)^{4k+4}=1$

$z=\dfrac{1+\sqrt{3}i}{2}$라 하면

$z^2=\left(\dfrac{1+\sqrt{3}i}{2}\right)^2=\dfrac{-2+2\sqrt{3}i}{4}$

$\qquad =\dfrac{-1+\sqrt{3}i}{2}$

$z^3=\left(\dfrac{1+\sqrt{3}i}{2}\right)^3=\left(\dfrac{1+\sqrt{3}i}{2}\right)^2\times\dfrac{1+\sqrt{3}i}{2}$

$\qquad =\dfrac{-1+\sqrt{3}i}{2}\times\dfrac{1+\sqrt{3}i}{2}=-1$

$z^4=-z$

$z^5=-z^2$

$z^6=1$

이므로

음이 아닌 정수 k에 대하여

$z^{6k+1}=z$

$z^{6k+2}=z^2$

$z^{6k+3}=-1$

$z^{6k+4}=-z$

$z^{6k+5}=-z^2$

$z^{6k+6}=1$

이때 $\left(\dfrac{1+i}{1-i}\right)^n+\left(\dfrac{1+\sqrt{3}i}{2}\right)^n=2$이려면

$\left(\dfrac{1+i}{1-i}\right)^n=1$이고 $\left(\dfrac{1+\sqrt{3}i}{2}\right)^n=1$이어야 하므로

n은 4의 배수이면서 동시에 6의 배수이어야 한다.

즉, n은 12의 배수이다.

따라서 자연수 n의 값은 12, 24, 36, $\cdots$, 96이고, 그 개수는 8이다.

目 ②

17 조건 (가)에서 이차방정식 $-x^2+2ax+a-5=2x-a$,

즉 $x^2-2(a-1)x-2a+5=0$은 서로 다른 두 허근을 가져야 한다.

이차방정식 $x^2-2(a-1)x-2a+5=0$의 판별식을 D라 하면

$$\frac{D}{4}=\{-(a-1)\}^2-(-2a+5)<0$$

$a^2-4<0$

$(a+2)(a-2)<0$

$-2<a<2$

이때 a는 정수이므로 $a=-1$ 또는 $a=0$ 또는 $a=1$

(i) $a=-1$일 때,

$$f(x)=-x^2-2x-6$$
$$=-(x+1)^2-5$$

$-1\leq x\leq1$일 때, 함수 $f(x)$는 $x=1$에서 최솟값을 갖는다.

이때 $f(1)=-9$이므로 조건 (나)를 만족시키지 못한다.

(ii) $a=0$일 때,

$$f(x)=-x^2-5$$

$-1\leq x\leq1$일 때, 함수 $f(x)$는 $x=1$ 또는 $x=-1$에서 최솟값을 갖는다.

이때 $f(1)=f(-1)=-6$이므로 조건 (나)를 만족시키지 못한다.

(iii) $a=1$일 때,

$$f(x)=-x^2+2x-4$$
$$=-(x-1)^2-3$$

$-1\leq x\leq1$일 때, 함수 $f(x)$는 $x=-1$에서 최솟값을 갖는다.

이때 $f(-1)=-7$이므로 조건 (나)를 만족시킨다.

(i)~(iii)에서 $a=1$이고 $f(x)=-x^2+2x-4$

따라서 $f(4)=-16+8-4=-12$

目 -12

18 $f(x)=x^3-(a^2-5a-5)x^2+(a^2-6a-4)x+b$라 하면

조건 (가)에서 삼차방정식 $f(x)=0$의 한 근이 1이므로 $f(1)=0$이다.

즉, $f(1)=1-(a^2-5a-5)+(a^2-6a-4)+b=0$에서

$2-a+b=0$

$b=a-2$ $\qquad\qquad\cdots\cdots$ ㉠

한편, $f(1)=0$이므로 $f(x)$는 $x-1$을 인수로 갖는다.

조립제법을 이용하여 $f(x)$를 인수분해하면

1	1	$-(a^2-5a-5)$	a^2-6a-4	$a-2$
		1	$-a^2+5a+6$	$-a+2$
	1	$-a^2+5a+6$	$-a+2$	0

$f(x)=(x-1)\{x^2+(-a^2+5a+6)x-a+2\}$

$f(x)=0$에서

$x=1$ 또는 $x^2+(-a^2+5a+6)x-a+2=0$

조건 (나)에서 이차방정식 $x^2+(-a^2+5a+6)x-a+2=0$의 두 실근은 절댓값이 서로 같고 부호는 서로 다르므로

$-(-a^2+5a+6)=0$ $\qquad\qquad\cdots\cdots$ ㉡

$-a+2<0$ $\qquad\qquad\cdots\cdots$ ㉢

㉡에서

$a^2-5a-6=0$

$(a+1)(a-6)=0$

이때 ㉢에서 $a>2$이므로 $a=6$

$a=6$을 ㉠에 대입하면

$b=6-2=4$

$f(x)=0$에서

$(x-1)\{x^2+(-a^2+5a+6)x-a+2\}=0$

$(x-1)(x^2-4)=0$

$(x-1)(x+2)(x-2)=0$

$x=-2$ 또는 $x=1$ 또는 $x=2$

따라서 $a=6$, $b=4$일 때 주어진 조건을 만족시키므로

$a+b=6+4=10$

目 10

19 $\begin{cases} |x-k|<2 & \cdots\cdots\ ㉠ \\ x^2-x-2\leq0 & \cdots\cdots\ ㉡ \end{cases}$

㉠에서

$-2<x-k<2$

$k-2<x<k+2$

㉡에서

$(x+1)(x-2)\leq0$

$-1\leq x\leq2$

연립부등식을 만족시키는 정수 x가 존재하려면 k가 정수이므로 k의 값은 -2, -1, 0, 1, 2, 3이다.

(i) $k=-2$일 때,

㉠의 해는 $-4<x<0$이므로

㉠, ㉡의 공통부분은 $-1\leq x<0$

이때 $|p|=|-1|=1$이므로 주어진 조건을 만족시키지 못한다.

(ii) $k=-1$일 때,

㉠의 해는 $-3<x<1$이므로

㉠, ㉡의 공통부분은 $-1 \leq x < 1$

이때 $|p| = |-1+0| = 1$이므로 주어진 조건을 만족시키지 못한다.

(iii) $k=0$일 때,

㉠의 해는 $-2 < x < 2$이므로

㉠, ㉡의 공통부분은 $-1 \leq x < 2$

이때 $|p| = |-1+0+1| = 0$이므로 주어진 조건을 만족시키지 못한다.

(iv) $k=1$일 때,

㉠의 해는 $-1 < x < 3$이므로

㉠, ㉡의 공통부분은 $-1 < x \leq 2$

이때 $|p| = |0+1+2| = 3$이므로 주어진 조건을 만족시킨다.

(v) $k=2$일 때,

㉠의 해는 $0 < x < 4$이므로

㉠, ㉡의 공통부분은 $0 < x \leq 2$

이때 $|p| = |1+2| = 3$이므로 주어진 조건을 만족시킨다.

(vi) $k=3$일 때,

㉠의 해는 $1 < x < 5$이므로

㉠, ㉡의 공통부분은 $1 < x \leq 2$

이때 $|p| = |2| = 2$이므로 주어진 조건을 만족시키지 못한다.

(i)~(vi)에서 $k=1$ 또는 $k=2$

따라서 구하는 모든 정수 k의 값의 합은

$1+2=3$

🄰 3

20

$\alpha+\beta=2$, $\alpha^2+\beta^2=14$에서

$\alpha^2+\beta^2 = (\alpha+\beta)^2 - 2\alpha\beta$이므로

$14 = 2^2 - 2\alpha\beta$

$\alpha\beta = -5$ ……… ❶

이차방정식 $f(x)=0$의 두 근이 α, β이므로

$f(x) = a(x-\alpha)(x-\beta)$ (a는 0이 아닌 상수)

로 놓을 수 있다.

이때 $f(3x-4) = a(3x-4-\alpha)(3x-4-\beta)$이므로

$f(3x-4) = 0$에서

$a(3x-4-\alpha)(3x-4-\beta) = 0$

$x = \dfrac{4+\alpha}{3}$ 또는 $x = \dfrac{4+\beta}{3}$ ……… ❷

따라서 이차방정식 $f(3x-4)=0$의 두 근의 곱은

$$\dfrac{4+\alpha}{3} \times \dfrac{4+\beta}{3} = \dfrac{16+4(\alpha+\beta)+\alpha\beta}{9}$$

$$= \dfrac{16+4\times2+(-5)}{9} = \dfrac{19}{9}$$ ……… ❸

🄰 $\dfrac{19}{9}$

단계	채점 기준	비율
❶	$\alpha\beta$의 값을 구한 경우	20 %
❷	이차방정식 $f(3x-4)=0$의 근을 구한 경우	40 %
❸	이차방정식 $f(3x-4)=0$의 두 근의 곱을 구한 경우	40 %

21

$$\begin{cases} 2x+4 > -x-2 & \cdots\cdots ㉠ \\ x^2-2x-24 < 0 & \cdots\cdots ㉡ \end{cases}$$

㉠에서

$3x > -6$, 즉 $x > -2$

㉡에서

$(x+4)(x-6) < 0$, 즉 $-4 < x < 6$

㉠, ㉡의 공통부분은

$-2 < x < 6$이므로

$\alpha=-2$, $\beta=6$ ……… ❶

부등식 $|x-\alpha| + |x-\beta| \leq 10$에서

$|x+2| + |x-6| \leq 10$

(i) $x < -2$일 때,

$-(x+2)-(x-6) \leq 10$

$x \geq -3$

이때 $x < -2$이므로

$-3 \leq x < -2$

(ii) $-2 \leq x < 6$일 때,

$(x+2)-(x-6) \leq 10$

$8 \leq 10$

즉, 주어진 부등식은 항상 성립한다.

따라서 $-2 \leq x < 6$

(iii) $x \geq 6$일 때,

$(x+2)+(x-6) \leq 10$

$x \leq 7$

이때 $x \geq 6$이므로

$6 \leq x \leq 7$

(i)~(iii)에서 $-3 \leq x \leq 7$ ……… ❷

따라서 구하는 정수 x는 -3, -2, -1, $\cdots$, 7이고, 그 개수는 11이다. ……… ❸

🄰 11

단계	채점 기준	비율
❶	연립부등식의 해를 구하여 α, β의 값을 구한 경우	40 %
❷	부등식 $|x-\alpha| + |x-\beta| \leq 10$의 해를 구한 경우	40 %
❸	정수 x의 개수를 구한 경우	20 %

07 경우의 수

기본 유형 익히기 유제

본문 69~71쪽

1 5	**2** 12	**3** 40	**4** 240	**5** 200
6 455				

1 (i) 6 이하의 자연수 중에서 3의 배수는 3, 6의 2가지
(ii) 6 이하의 자연수 중에서 4의 약수는 1, 2, 4의 3가지
(i), (ii)가 동시에 일어나지 않으므로 구하는 경우의 수는 합의 법칙에 의하여 $2+3=5$

目 5

2 a, b, c 각각에 대하여 곱해지는 항의 개수가 x, y, z, w의 4이므로 서로 다른 항의 개수는 곱의 법칙에 의하여 $3 \times 4 = 12$ 이다.

目 12

3 백의 자리에 올 수 있는 수는 1, 2의 2가지이고, 그 각각에 대하여 십의 자리와 일의 자리에는 백의 자리에 사용한 숫자를 제외한 나머지 5개의 숫자 중에서 서로 다른 2개를 택하여 일렬로 나열하면 된다.
따라서 구하는 300보다 작은 세 자리의 자연수의 개수는
$2 \times {}_5\mathrm{P}_2 = 2 \times 5 \times 4 = 40$

目 40

4 회장과 부회장을 한 명으로 생각하여 나머지 4명과 함께 5명을 일렬로 세우는 경우의 수는
${}_5\mathrm{P}_5 = 5! = 5 \times 4 \times 3 \times 2 \times 1 = 120$
그 각각에 대하여 회장과 부회장이 서로 자리를 바꿀 수 있으므로 구하는 경우의 수는
$120 \times 2! = 240$

目 240

5 남학생 5명 중에서 대표 2명을 뽑는 경우의 수는
${}_5\mathrm{C}_2 = \dfrac{5 \times 4}{2 \times 1} = 10$
이고, 그 각각에 대하여 여학생 6명 중에서 대표 3명을 뽑는 경우의 수는
${}_6\mathrm{C}_3 = \dfrac{6 \times 5 \times 4}{3 \times 2 \times 1} = 20$

이므로 구하는 경우의 수는
$10 \times 20 = 200$

目 200

6 전체 12명의 학생 중에서 4명을 뽑는 경우의 수는
${}_{12}\mathrm{C}_4 = \dfrac{12 \times 11 \times 10 \times 9}{4 \times 3 \times 2 \times 1} = 495$
1학년 학생 5명 중에서 4명을 모두 뽑는 경우의 수는
${}_5\mathrm{C}_4 = {}_5\mathrm{C}_1 = 5$
2학년 학생 7명 중에서 4명을 모두 뽑는 경우의 수는
${}_7\mathrm{C}_4 = {}_7\mathrm{C}_3 = \dfrac{7 \times 6 \times 5}{3 \times 2 \times 1} = 35$
따라서 구하는 경우의 수는 $495 - (5+35) = 455$

目 455

유형 확인

본문 72~75쪽

01 ②	**02** ③	**03** 11	**04** ⑤	**05** 20
06 140	**07** 144	**08** ⑤	**09** ⑤	**10** ②
11 ③	**12** 144	**13** 14	**14** ⑤	
15 660	**16** ③	**17** 13	**18** ④	**19** ⑤
20 ④	**21** 45	**22** ②	**23** 10	**24** 45

01 서로 다른 두 개의 주사위를 동시에 던져서 나오는 눈의 수를 각각 a, b라 하자.
$a+b$의 값이 6의 배수가 되는 경우는 $a+b=6$이거나 $a+b=12$인 경우이다.
(i) $a+b=6$일 때,
　　$a+b=6$을 만족시키는 순서쌍 (a, b)의 개수는
　　$(1, 5)$, $(2, 4)$, $(3, 3)$, $(4, 2)$, $(5, 1)$의 5
(ii) $a+b=12$일 때,
　　$a+b=12$를 만족시키는 순서쌍 (a, b)의 개수는
　　$(6, 6)$의 1
(i), (ii)가 동시에 일어나지 않으므로 구하는 경우의 수는 합의 법칙에 의하여 $5+1=6$

目 ②

02 (i) $x=1$일 때,
　　$5 \le 4+y \le 10$에서 $1 \le y \le 6$이므로 순서쌍 (x, y)의 개수는
　　$(1, 1)$, $(1, 2)$, $(1, 3)$, $(1, 4)$, $(1, 5)$, $(1, 6)$의 6
(ii) $x=2$일 때,

$5\leq8+y\leq10$에서 $-3\leq y\leq2$

이때 y는 자연수이므로 $1\leq y\leq2$에서 순서쌍 $(x,\ y)$의 개수
는 $(2,\ 1)$, $(2,\ 2)$의 2

(iii) $x\geq3$일 때, 부등식 $5\leq4x+y\leq10$을 만족시키는 두 자연수
$x,\ y$의 순서쌍 $(x,\ y)$는 존재하지 않는다.

(i)~(iii)에서 (i), (ii)가 동시에 일어나지 않으므로 구하는 경우의
수는

$6+2=8$

답 ③

03 (i) 40 이하의 자연수 중에서 6의 배수의 개수는

6, 12, 18, 24, 30, 36의 6

(ii) 40 이하의 자연수 중에서 7의 배수의 개수는

7, 14, 21, 28, 35의 5

(i), (ii)가 동시에 일어나지 않으므로 구하는 경우의 수는 합의 법
칙에 의하여 $6+5=11$

답 11

04 일의 자리의 수와 십의 자리의 수의 곱이 홀수가 되려면 일
의 자리의 수와 십의 자리의 수 모두 홀수이어야 한다.

일의 자리에 올 수 있는 수는 1, 3, 5, 7, 9의 5가지이고, 그 각각
에 대하여 십의 자리에 올 수 있는 수도 1, 3, 5, 7, 9의 5가지이
므로 구하는 두 자리의 자연수의 개수는 곱의 법칙에 의하여

$5\times5=25$

답 ⑤

05 $648=2^3\times3^4$에서 양의 약수는 1, 2, 2^2, 2^3 중 하나와 1, 3,
3^2, 3^3, 3^4 중 하나의 곱으로 나타낼 수 있으므로 구하는 양의 약
수의 개수는

$(3+1)\times(4+1)=4\times5=20$

답 20

06 조건 (가)에서 백의 자리에 올 수 있는 수는 1, 3, 5, 7, 9의
5가지

그 각각에 대하여 조건 (나)에서 십의 자리에 올 수 있는 수는 2,
4, 6, 8의 4가지

그 각각에 대하여 일의 자리에 올 수 있는 수는 백의 자리의 수와
십의 자리의 수를 제외한 나머지 7개의 수이므로 구하는 자연수
의 개수는 곱의 법칙에 의하여

$5\times4\times7=140$

답 140

07 2, 4, 6이 적혀 있는 3장의 카드 중에서 서로 다른 2장의
카드를 택하여 일렬로 나열하는 경우의 수는

$_3P_2=3\times2=6$

그 각각에 대하여 나머지 4장의 카드를 일렬로 나열하는 경우의
수는

$_4P_4=4!=4\times3\times2\times1=24$

따라서 구하는 경우의 수는

$6\times24=144$

답 144

08 $_nP_3=n(n-1)(n-2)$, $_{n-1}P_2=(n-1)(n-2)$이므로
$_nP_3=3\times{}_{n-1}P_2+{}_9P_3$에서

$n(n-1)(n-2)=3(n-1)(n-2)+9\times8\times7$

$(n-1)(n-2)(n-3)=9\times8\times7$

이때 n이 3 이상의 자연수이므로 $n=10$

답 ⑤

참고

$(n-1)(n-2)(n-3)=9\times8\times7$

$n^3-6n^2+11n-510=0$

$(n-10)(n^2+4n+51)=0$

$n=10$ 또는 $n^2+4n+51=0$

이때 $n^2+4n+51=(n+2)^2+47>0$이므로

$n^2+4n+51=0$을 만족시키는 자연수 n은 존재하지 않는다.

09 일의 자리에 올 수 있는 수는 2, 4, 6의 3가지이고, 그 각각
에 대하여 백의 자리와 십의 자리에는 일의 자리의 수를 제외한
나머지 5개의 수 중에서 서로 다른 2개의 수를 택하여 일렬로 나
열하면 된다.

따라서 구하는 짝수의 개수는 $3\times{}_5P_2=3\times5\times4=60$

답 ⑤

10 여학생 2명을 한 명으로 생각하여 남학생 n명과 함께
$(n+1)$명을 일렬로 세우는 경우의 수는

$(n+1)!$

그 각각에 대하여 여학생 2명이 서로 자리를 바꿀 수 있으므로
구하는 경우의 수는

$(n+1)!\times2!=240$

$(n+1)!=120=5\times4\times3\times2\times1$

따라서 $n+1=5$이므로 $n=4$

답 ②

11 모음 O, U, A, E가 하나씩 적힌 4장의 카드 중에서 서로
다른 2장을 뽑아 일렬로 나열하는 경우의 수는

$_4P_2=4\times3=12$

그 각각에 대하여 자음 C, R, G가 적힌 3장의 카드를 일렬로 나

열하는 경우의 수는

$_3P_3=3!=3\times2\times1=6$

이므로 구하는 경우의 수는

$12\times6=72$

🔲 ③

12 홀수 1, 3, 5, 7을 홀수 번째 자리에 나열하는 경우의 수는

$_4P_4=4!=4\times3\times2\times1=24$

그 각각에 대하여 짝수 2, 4, 6을 짝수 번째 자리에 나열하는 경우의 수는

$_3P_3=3!=3\times2\times1=6$

이므로 구하는 경우의 수는 $24\times6=144$

🔲 144

13 네 개의 모음 O, I, A, E를 한 문자로 생각하여 자음 3개와 함께 4개의 문자를 일렬로 나열하는 경우의 수는

$_4P_4=4!$

그 각각에 대하여 모음 4개를 일렬로 나열하는 경우의 수는

$_4P_4=4!$이므로

구하는 경우의 수는

$4!\times4!=(4!)^2$

이때 $4!\times4!=(4\times4)\times(3!\times3!)$

$\qquad\qquad=(12\times12)\times(2!\times2!)$

이므로 $a+b$의 값은

$a+b=4+3=7$ 또는 $a+b=12+2=14$

이다.

따라서 $a+b$의 최댓값은 14이다.

🔲 14

14 5명의 학생을 일렬로 세우는 경우의 수는

$5!=5\times4\times3\times2\times1=120$

두 학생 A, B가 이웃하여 서는 경우의 수는 A, B를 한 명으로 생각하여 4명을 일렬로 세우고 그 각각에 대하여 A, B를 일렬로 세우는 경우의 수이므로

$4!\times2!=48$

따라서 구하는 경우의 수는 $120-48=72$

🔲 ⑤

다른 풀이

A, B를 제외한 다른 3명의 학생을 일렬로 세우는 경우의 수는

$3!=3\times2\times1=6$

그 각각에 대하여 3명의 학생 사이에 있는 ∨로 표시된 2개의 자리와 양 끝의 ∨로 표시된 2개의 자리 중에서 A, B 학생이 서게 될 자리를 선택하는 경우의 수는

$_4P_2=4\times3=12$

∨	학생	∨	학생	∨	학생	∨

따라서 구하는 경우의 수는 $6\times12=72$

15 10명 중에서 3명을 뽑아 회장, 부회장, 총무를 정하는 경우의 수는

$_{10}P_3=10\times9\times8=720$

남학생 5명 중에서 회장, 부회장, 총무가 모두 뽑히는 경우의 수는

$_5P_3=5\times4\times3=60$

따라서 구하는 경우의 수는 $720-60=660$

🔲 660

16 1, 3, 5, 7의 4개의 홀수 중에서 2개를 택하는 경우의 수는

$_4C_2=\dfrac{4\times3}{2\times1}=6$

🔲 ③

17 서로 다른 종류의 n개의 부스 중에서 서로 다른 $(n-2)$개의 부스를 택하는 경우의 수는

$_nC_{n-2}=_nC_2$

$\qquad=\dfrac{n(n-1)}{2}=78$

$n(n-1)=2\times78$

$n(n-1)=13\times12$이므로

$n\geq3$인 자연수 n의 값은 13이다.

🔲 13

18 $_{n+1}C_{n-1}=_{n+1}C_2=\dfrac{(n+1)n}{2}$, $_nC_{n-1}=_nC_1=n$이므로

$_{n+1}C_{n-1}+2\times_nC_{n-1}=\dfrac{(n+1)n}{2}+2n=42$

$n(n+5)=84=7\times12$

따라서 $n\geq2$인 자연수 n의 값은 7이다.

🔲 ④

19 1부터 6까지의 자연수 중에서 서로 다른 3개를 뽑아 크기 순으로 a, b, c를 정해주면 되므로

$_6C_3=\dfrac{6\times5\times4}{3\times2\times1}=20$

🔲 ⑤

20 한 봉지에 들어갈 수 있는 최대 사탕 개수가 4이므로 7개의 사탕을 3개의 사탕과 4개의 사탕으로 봉지에 나누어 담아야 한다.

7개의 사탕을 3개의 사탕과 4개의 사탕으로 나누는 방법의 수는

$_7\text{C}_3 \times {_4}\text{C}_4 = \dfrac{7 \times 6 \times 5}{3 \times 2 \times 1} \times 1 = 35$이고, 그 각각에 대하여 서로 다른 2개의 봉지에 담는 방법의 수는 $2! = 2$이므로

구하는 방법의 수는 $35 \times 2 = 70$

답 ④

21 A가 반드시 포함되는 경우의 수는 A를 제외한 10명의 학생 중에서 대표 2명을 뽑는 경우의 수와 같으므로

$$_{10}\text{C}_2 = \dfrac{10 \times 9}{2 \times 1} = 45$$

답 45

22 뽑은 5개의 수 중에서 최솟값이 3이 되려면 4부터 10까지의 자연수 중에서 서로 다른 4개와 3을 뽑으면 되므로 그 경우의 수는

$$_7\text{C}_4 = {_7}\text{C}_3 = \dfrac{7 \times 6 \times 5}{3 \times 2 \times 1} = 35$$

답 ②

23 n명 중에서 3명을 뽑는 경우의 수는

$$_n\text{C}_3 = \dfrac{n(n-1)(n-2)}{3 \times 2 \times 1} = \dfrac{n(n-1)(n-2)}{6}$$

회장과 부회장을 제외한 나머지 $(n-2)$명 중에서 3명을 뽑는 경우의 수는

$$_{n-2}\text{C}_3 = \dfrac{(n-2)(n-3)(n-4)}{3 \times 2 \times 1}$$
$$= \dfrac{(n-2)(n-3)(n-4)}{6}$$

따라서

$$\dfrac{n(n-1)(n-2)}{6} - \dfrac{(n-2)(n-3)(n-4)}{6}$$
$$= \dfrac{(n-2)\{n(n-1)-(n-3)(n-4)\}}{6}$$
$$= (n-2)^2 = 64$$

$n \geq 5$이므로 $n-2=8$에서 $n=10$

답 10

24 남학생과 여학생이 각각 한 명 이상씩 포함되도록 뽑는 경우의 수는 8명 중에서 3명을 뽑는 경우의 수에서 남학생만 3명을 뽑거나 여학생만 3명을 뽑는 경우의 수를 빼면 되므로

$_8\text{C}_3 - ({_5}\text{C}_3 + {_3}\text{C}_3) = {_8}\text{C}_3 - ({_5}\text{C}_2 + {_3}\text{C}_0)$
$$= \dfrac{8 \times 7 \times 6}{3 \times 2 \times 1} - \left(\dfrac{5 \times 4}{2 \times 1} + 1\right)$$
$$= 56 - 11 = 45$$

답 45

서술형 연습장

본문 76쪽

01 9   **02** 480   **03** 231

01 한 개의 주사위를 두 번 던져서 나오는 눈의 수를 차례로 a, b라 하자.

한 개의 주사위를 두 번 던져서 나오는 눈의 수의 합이 4의 배수가 되는 경우는

$a+b=4$이거나 $a+b=8$이거나 $a+b=12$일 때이다. ······ ❶

(i) $a+b=4$를 만족시키는 순서쌍 (a, b)의 개수는

$(1, 3)$, $(2, 2)$, $(3, 1)$의 3 ······ ❷

(ii) $a+b=8$을 만족시키는 순서쌍 (a, b)의 개수는

$(2, 6)$, $(3, 5)$, $(4, 4)$, $(5, 3)$, $(6, 2)$의 5 ······ ❸

(iii) $a+b=12$를 만족시키는 순서쌍 (a, b)의 개수는

$(6, 6)$의 1 ······ ❹

(i)~(iii)이 동시에 일어나지 않으므로 구하는 경우의 수는 합의 법칙에 의하여 $3+5+1=9$ ······ ❺

답 9

단계	채점 기준	비율
❶	4의 배수가 되는 경우를 나눈 경우	20 %
❷	$a+b=4$가 되는 경우의 수를 구한 경우	20 %
❸	$a+b=8$이 되는 경우의 수를 구한 경우	20 %
❹	$a+b=12$가 되는 경우의 수를 구한 경우	20 %
❺	합의 법칙을 이용하여 4의 배수가 되는 경우의 수를 구한 경우	20 %

02 조건 (가)에서 A, B 공연 팀이 모두 포함되도록 서로 다른 5개의 공연 팀을 뽑아야 하므로 그 경우의 수는

$$_5\text{C}_3 = {_5}\text{C}_2 = \dfrac{5 \times 4}{2 \times 1} = 10$$ ······ ❶

그 각각에 대하여 조건 (나)에서 A, B 공연 팀이 이어서 공연을 해야 하므로 A, B 공연 팀이 이웃하도록 5개의 공연 팀을 일렬로 나열하는 경우의 수는

$_4\text{P}_4 \times 2! = 4! \times 2! = 24 \times 2 = 48$ ······ ❷

따라서 구하는 경우의 수는 $10 \times 48 = 480$ ······ ❸

답 480

단계	채점 기준	비율
❶	조건 (가)를 만족시키도록 공연 팀을 뽑는 경우의 수를 구한 경우	30 %
❷	조건 (나)를 만족시키도록 공연 순서를 정하는 경우의 수를 구한 경우	30 %
❸	조건을 만족시키는 경우의 수를 구한 경우	40 %

03 주머니 A에서 2개의 공을 동시에 꺼내는 경우의 수는

$$_7\mathrm{C}_2 = \frac{7 \times 6}{2 \times 1} = 21$$

그 각각에 대하여 주머니 B에서 2개의 공을 동시에 꺼내는 경우의 수는

$$_7\mathrm{C}_2 = \frac{7 \times 6}{2 \times 1} = 21$$

그러므로 두 주머니 A, B에서 각각 2개씩 공을 동시에 꺼내는 경우의 수는 21×21이다. ...... ❶

이때 두 주머니 A, B에서 각각 2개씩 꺼낸 공에 적힌 수가 모두 다른 경우의 수는 1부터 7까지의 7개의 자연수 중에서 2개를 뽑고, 그 각각에 대하여 뽑은 2개의 수를 제외한 나머지 5개의 자연수 중에서 2개를 뽑는 경우의 수이므로

$$_7\mathrm{C}_2 \times {}_5\mathrm{C}_2 = \frac{7 \times 6}{2 \times 1} \times \frac{5 \times 4}{2 \times 1} = 21 \times 10 = 210$$ ...... ❷

따라서 구하는 경우의 수는

$$21 \times 21 - 210 = 231$$ ...... ❸

답 231

단계	채점 기준	비율
❶	두 주머니 A, B에서 각각 2개씩 공을 동시에 꺼내는 경우의 수를 구한 경우	30 %
❷	각각 2개씩 꺼낸 공에 적힌 수가 모두 다른 경우의 수를 구한 경우	30 %
❸	조건을 만족시키는 경우의 수를 구한 경우	40 %

다른 풀이

(i) 각각 2개씩 꺼낸 공 중에서 같은 수가 적힌 공이 한 쌍 뿐인 경우

1부터 7까지의 7개의 자연수 중에서 같은 수 1개를 뽑고, 나머지 6개의 자연수 중에서 2개를 뽑아 한 개는 주머니 A에서 나온 공에 적힌 수로 또 다른 한 개는 주머니 B에서 나온 공에 적힌 수로 정하면 되므로 그 경우의 수는

$$_7\mathrm{C}_1 \times {}_6\mathrm{P}_2 = 7 \times 6 \times 5 = 210$$ ...... ❶

(ii) 각각 2개씩 꺼낸 공에 적힌 수가 모두 같은 경우

경우의 수는 $_7\mathrm{C}_2 = \dfrac{7 \times 6}{2 \times 1} = 21$ ...... ❷

따라서 (i), (ii)에서 구하는 경우의 수는

$$210 + 21 = 231$$ ...... ❸

단계	채점 기준	비율
❶	같은 수가 적힌 공의 개수가 한 쌍 뿐인 경우의 수를 구한 경우	30 %
❷	각각 2개씩 꺼낸 공에 적힌 수가 모두 같은 경우의 수를 구한 경우	30 %
❸	조건을 만족시키는 경우의 수를 구한 경우	40 %

본문 77쪽

01 ④　　**02** 72　　**03** ②　　**04** 16

01 (i) 백의 자리의 수가 1인 경우

세 자리의 자연수가 짝수이므로 일의 자리에 올 수 있는 수는 0, 2, 4, 6, 8의 5가지이고, 그 각각에 대하여 십의 자리에 올 수 있는 수는 1과 일의 자리의 수를 제외한 나머지 8개의 수이다.

그러므로 이 경우의 자연수의 개수는 곱의 법칙에 의하여

$$5 \times 8 = 40$$

(ii) 백의 자리의 수가 2인 경우

일의 자리에 올 수 있는 수는 0, 4, 6, 8의 4가지이고, 그 각각에 대하여 십의 자리에 올 수 있는 수는 2와 일의 자리의 수를 제외한 나머지 8개의 수이다.

그러므로 이 경우의 자연수의 개수는 곱의 법칙에 의하여

$$4 \times 8 = 32$$

(iii) 백의 자리의 수가 3인 경우

십의 자리에 올 수 있는 수는 0이거나 1이다.

일의 자리에 올 수 있는 수는 십의 자리에 0이 오면 2, 4, 6, 8의 4가지, 십의 자리에 1이 오면 0, 2, 4, 6, 8의 5가지이다.

그러므로 이 경우의 자연수의 개수는 합의 법칙에 의하여

$$4 + 5 = 9$$

(i)~(iii)에서 구하는 세 자리의 자연수의 개수는

$$40 + 32 + 9 = 81$$

답 ④

02 빈 의자 양 옆에 2학년 학생이 앉는 경우의 수는

$_3\mathrm{P}_2 = 6$이고,

그 각각에 대하여 2학년 학생 옆에 1학년 학생이 앉는 경우의 수는 $_3\mathrm{P}_2 = 6$

그 각각에 대하여 양 끝에 나머지 2명의 학생이 앉는 경우의 수는 $2! = 2$

따라서 구하는 경우의 수는 $6 \times 6 \times 2 = 72$

답 72

03 10 이하의 자연수 중에서 3의 배수는 3, 6, 9의 3가지이고, 3으로 나누었을 때 나머지가 1인 수는 1, 4, 7, 10의 4가지이고, 3으로 나누었을 때 나머지가 2인 수는 2, 5, 8의 3가지이다.

뽑은 3개의 수의 합이 3의 배수가 되는 경우의 수를 다음과 같이 경우를 나누어 구해 보자.

(i) 3의 배수에서만 3개를 모두 뽑는 경우

$$_3\mathrm{C}_3 = 1$$

(ii) 3으로 나누었을 때 나머지가 1인 수에서만 3개를 모두 뽑는 경우

$$_4C_3={}_4C_1=4$$

(iii) 3으로 나누었을 때 나머지가 2인 수에서만 3개를 모두 뽑는 경우

$$_3C_3=1$$

(iv) 3의 배수, 3으로 나누었을 때 나머지가 1인 수, 3으로 나누었을 때 나머지가 2인 수에서 각각 1개씩 뽑는 경우

$$_3C_1\times{}_4C_1\times{}_3C_1=3\times4\times3=36$$

(i)~(iv)에서 구하는 경우의 수는

$$1+4+1+36=42$$

답 ②

04 3개의 수 중 가장 작은 수가 5가 되려면 6부터 n까지의 자연수 $(n-5)$개 중에서 서로 다른 2개의 수와 5를 뽑아야 하므로 경우의 수는

$$_{n-5}C_2=\frac{(n-5)(n-6)}{2\times1}\geq50$$

$$(n-5)(n-6)\geq100$$

$n=15$일 때, $(15-5)\times(15-6)=90$

$n=16$일 때, $(16-5)\times(16-6)=110$

이므로 $n\geq16$이어야 한다.

따라서 n의 최솟값은 16이다.

답 16

대단원 종합문제

본문 78~81쪽

01 5	**02** 15	**03** 8	**04** ④	**05** ②
06 ④	**07** ③	**08** 14	**09** ②	**10** ⑤
11 360	**12** 5	**13** 32	**14** ①	**15** 74
16 ③	**17** ③	**18** ②	**19** 82	**20** ①
21 315	**22** 8	**23** 280	**24** 132	

01 (i) 10 이하의 자연수 중에서 3의 배수는 3, 6, 9의 3가지

(ii) 10 이하의 자연수 중에서 4의 배수는 4, 8의 2가지

(i), (ii)가 동시에 일어나지 않으므로 구하는 자연수의 개수는 합의 법칙에 의하여 $3+2=5$

답 5

02 사탕을 선택하는 경우의 수는 5이고 그 각각에 대하여 초

콜릿을 선택하는 경우의 수는 3이므로 구하는 경우의 수는 곱의 법칙에 의하여 $5\times3=15$

답 15

03 갈 때 버스를 이용하는 경우의 수는 4이고 그 각각에 대하여 올 때 기차를 이용하는 경우의 수는 2이므로 구하는 경우의 수는 곱의 법칙에 의하여 $4\times2=8$

답 8

04 $_6P_2=6\times5=30$

$$_6C_4={}_6C_2=\frac{6\times5}{2\times1}=15$$

이므로

$$_6P_2+{}_6C_4=30+15=45$$

답 ④

05 $_{n+1}P_3=(n+1)n(n-1)$, $_nP_2=n(n-1)$이므로

$_{n+1}P_3=5\times{}_nP_2$에서

$$(n+1)n(n-1)=5n(n-1)$$

n이 2 이상인 자연수이므로

$$n+1=5$$

$$n=4$$

답 ②

06 백의 자리에 올 수 있는 수는 1, 2, 3, 4의 4가지이고, 그 각각에 대하여 십의 자리와 일의 자리에는 백의 자리의 수를 제외한 나머지 4개의 수 중에서 서로 다른 2개의 수를 택하여 일렬로 나열하면 된다.

따라서 구하는 자연수의 개수는 $4\times{}_4P_2=4\times4\times3=48$

답 ④

07 (i) $a=1$일 때, $2+b=9$에서 $b=7$

이때 $1\leq b\leq6$이므로 주어진 조건을 만족시키지 않는다.

(ii) $a=2$일 때, $4+b=9$에서 $b=5$

(iii) $a=3$일 때, $6+b=9$에서 $b=3$

(iv) $a=4$일 때, $8+b=9$에서 $b=1$

(v) $a\geq5$일 때, $2a+b=9$를 만족시키는 6 이하의 자연수 b는 존재하지 않는다.

(i)~(v)에서 구하는 모든 순서쌍 (a, b)의 개수는

$(2, 5)$, $(3, 3)$, $(4, 1)$의 3이다.

답 ③

08 서로 다른 2개의 주사위를 동시에 던져서 나오는 눈의 수를 각각 a, b라 하자.

(i) $a=1$일 때,

　$ab\leq6$에서 $b\leq6$이므로

　b의 값은 1, 2, 3, 4, 5, 6의 6가지

(ii) $a=2$일 때,

　$ab\leq6$에서 $b\leq3$이므로

　b의 값은 1, 2, 3의 3가지

(iii) $a=3$일 때,

　$ab\leq6$에서 $b\leq2$이므로

　b의 값은 1, 2의 2가지

(iv) $a=4$, 5, 6일 때,

　$ab\leq6$을 만족시키는 b의 값은 1의 1가지

(i)~(iv)에서 구하는 경우의 수는

$6+3+2+1\times3=14$

冒 14

09

x에 대한 이차방정식 $x^2+ax+b=0$의 판별식을 D라 하자.

x에 대한 이차방정식 $x^2+ax+b=0$이 서로 다른 두 실근을 가지려면 $D=a^2-4b>0$, 즉 $a^2>4b$이어야 한다.

$b=1$일 때, $a^2>4$이므로 a의 값은 3, 4, 5, 6의 4가지

$b=2$일 때, $a^2>8$이므로 a의 값은 3, 4, 5, 6의 4가지

$b=3$일 때, $a^2>12$이므로 a의 값은 4, 5, 6의 3가지

$b=4$일 때, $a^2>16$이므로 a의 값은 5, 6의 2가지

$b=5$일 때, $a^2>20$이므로 a의 값은 5, 6의 2가지

$b=6$일 때, $a^2>24$이므로 a의 값은 5, 6의 2가지

따라서 모든 순서쌍 $(a,\ b)$의 개수는

$4+4+3+2+2+2=17$

冒 ②

10

(i) 십의 자리의 수가 홀수인 경우

　십의 자리에 올 수 있는 수는 1, 3, 5, 7, 9의 5가지이고, 그 각각에 대하여 일의 자리에 올 수 있는 수는 0, 2, 4, 6, 8의 5가지이다.

　그러므로 이 경우의 자연수의 개수는 곱의 법칙에 의하여

　$5\times5=25$

(ii) 십의 자리의 수가 짝수인 경우

　십의 자리에 올 수 있는 수는 2, 4, 6, 8의 4가지이고, 그 각각에 대하여 일의 자리에 올 수 있는 수는 1, 3, 5, 7, 9의 5가지이다.

　그러므로 이 경우의 자연수의 개수는 곱의 법칙에 의하여

　$4\times5=20$

(i), (ii)에서 구하는 두 자리의 자연수의 개수는 합의 법칙에 의하여

$25+20=45$

冒 ⑤

11

2, 4, 6이 적혀 있는 3장의 카드 중에서 서로 다른 2장의 카드를 뽑아 일렬로 나열하는 경우의 수는

${}_3\mathrm{P}_2=3\times2=6$

그 각각에 대하여 나머지 5장의 카드 중에서 서로 다른 3장의 카드를 뽑아 일렬로 나열하는 경우의 수는

${}_5\mathrm{P}_3=5\times4\times3=60$

따라서 구하는 경우의 수는

$6\times60=360$

冒 360

12

$$\begin{aligned}
{}_9\mathrm{P}_5+5\times{}_9\mathrm{P}_4&=\frac{9!}{4!}+5\times\frac{9!}{5!}=2\times\frac{9!}{4!}\\
&=2\times9\times8\times7\times6\times5\\
&=5\times2\times9\times8\times7\times6\\
&=10\times9\times8\times7\times6\\
&={}_{10}\mathrm{P}_5
\end{aligned}$$

따라서 $k=5$

冒 5

다른 풀이

$${}_9\mathrm{P}_5+5\times{}_9\mathrm{P}_4=\frac{9!}{4!}+5\times\frac{9!}{5!}=2\times\frac{9!}{4!}$$

$${}_{10}\mathrm{P}_k=\frac{10!}{(10-k)!}=10\times\frac{9!}{(10-k)!}$$

따라서 $2\times\dfrac{9!}{4!}=10\times\dfrac{9!}{(10-k)!}$에서

$$\frac{2}{10}\times\frac{1}{4!}=\frac{1}{(10-k)!}$$

$$\frac{1}{5}\times\frac{1}{4!}=\frac{1}{(10-k)!}$$

$$\frac{1}{5!}=\frac{1}{(10-k)!}$$

이므로 $10-k=5$

$k=5$

13

7개의 점 중에서 3개의 점을 택하는 경우의 수는

$${}_7\mathrm{C}_3=\frac{7\times6\times5}{3\times2\times1}=35$$

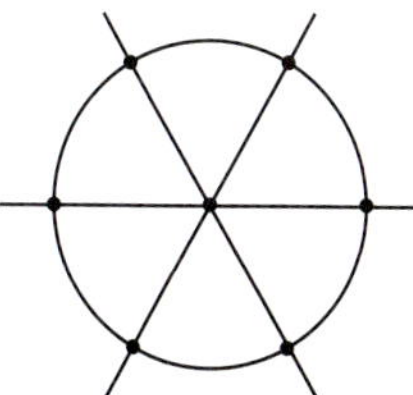

이때 일직선 위의 3개의 점에서 3개의 점을 택하면 삼각형이 되

지 않는다.

이러한 일직선의 개수가 3이므로 구하는 삼각형의 개수는

$35-3\times{}_3C_3=35-3=32$

답 32

14 2부터 6까지의 자연수 중에서 서로 다른 3개를 뽑아 크기 순으로 a, b, c를 정해주면 되므로

$${}_5C_3={}_5C_2=\frac{5\times4}{2\times1}=10$$

답 ①

15 3개의 수의 곱이 짝수가 되려면 3개의 수 중에서 적어도 1개 이상은 짝수이어야 하므로 그 경우의 수는 9개의 자연수 중에서 서로 다른 3개의 수를 뽑는 경우의 수에서 5개의 홀수 중에서 서로 다른 3개의 홀수를 뽑는 경우의 수를 빼면 된다.

따라서

$$\begin{aligned}
{}_9C_3-{}_5C_3&={}_9C_3-{}_5C_2\\
&=\frac{9\times8\times7}{3\times2\times1}-\frac{5\times4}{2\times1}\\
&=84-10=74
\end{aligned}$$

답 74

16 (i) 눈의 수의 합이 4의 배수가 되는 경우

눈의 수의 합이 4 또는 8 또는 12가 되어야 한다.

ⓐ 눈의 수의 합이 4가 되는 경우

$(1, 3)$, $(2, 2)$, $(3, 1)$의 3가지

ⓑ 눈의 수의 합이 8이 되는 경우

$(2, 6)$, $(3, 5)$, $(4, 4)$, $(5, 3)$, $(6, 2)$의 5가지

ⓒ 눈의 수의 합이 12가 되는 경우

$(6, 6)$의 1가지

그러므로 눈의 수의 합이 4의 배수가 되는 경우의 수는

$3+5+1=9$

(ii) 눈의 수의 합이 5의 배수가 되는 경우

눈의 수의 합이 5 또는 10이어야 한다.

ⓐ 눈의 수의 합이 5가 되는 경우

$(1, 4)$, $(2, 3)$, $(3, 2)$, $(4, 1)$의 4가지

ⓑ 눈의 수의 합이 10이 되는 경우

$(4, 6)$, $(5, 5)$, $(6, 4)$의 3가지

그러므로 눈의 수의 합이 5의 배수가 되는 경우의 수는

$4+3=7$

(i), (ii)가 동시에 일어나지 않으므로 구하는 경우의 수는

$9+7=16$

답 ③

17 $(a-b)(b-c)=0$에서 $a=b$ 또는 $b=c$

(i) $a=b$인 경우

a의 값이 될 수 있는 수는 1, 2, 3, 4, 5, 6의 6가지이고,

b의 값은 a의 값과 같아야 하므로 1가지이다.

그 각각에 대하여 c의 값이 될 수 있는 수는 1, 2, 3, 4, 5, 6의 6가지이므로 경우의 수는 $6\times1\times6=36$

(ii) $b=c$인 경우

b의 값이 될 수 있는 수는 1, 2, 3, 4, 5, 6의 6가지이고,

c의 값은 b의 값과 같아야 하므로 1가지이다.

그 각각에 대하여 a의 값이 될 수 있는 수는 1, 2, 3, 4, 5, 6의 6가지이므로 경우의 수는 $6\times1\times6=36$

(iii) $a=b=c$인 경우

$a=b=c$인 경우의 수는 6

(i)~(iii)에서 구하는 경우의 수는 $36+36-6=66$

답 ③

한 개의 주사위를 세 번 던져서 나오는 전체 경우의 수는

$6\times6\times6=216$

$(a-b)(b-c)=0$이 되는 경우의 수는 전체 경우의 수에서

$(a-b)(b-c)\ne0$이 되는 경우의 수를 빼면 된다.

$(a-b)(b-c)\ne0$에서 $a\ne b$이고 $b\ne c$이다.

(i) $a=c$인 경우

a의 값이 될 수 있는 수는 1, 2, 3, 4, 5, 6의 6가지이고,

c의 값은 a의 값과 같아야 하므로 1가지이다.

그 각각에 대하여 b의 값은 a의 값을 제외한 5가지이므로 경우의 수는 $6\times1\times5=30$

(ii) $a\ne c$인 경우

a의 값이 될 수 있는 수는 1, 2, 3, 4, 5, 6의 6가지이고,

그 각각에 대하여 b의 값은 a의 값을 제외한 5가지이고,

그 각각에 대하여 c의 값은 a와 b의 값을 제외한 4가지이므로 경우의 수는 $6\times5\times4=120$

(i), (ii)에서 $(a-b)(b-c)\ne0$이 되는 경우의 수는

$30+120=150$

따라서 구하는 경우의 수는

$216-150=66$

18 (i) $a=0$인 경우

$b^2=25$이므로 $b=-5$ 또는 $b=5$

(ii) $a=-3$ 또는 $a=3$인 경우

$b^2=16$이므로 $b=-4$ 또는 $b=4$

(iii) $a=-4$ 또는 $a=4$인 경우

$b^2=9$이므로 $b=-3$ 또는 $b=3$

(iv) $a=-5$ 또는 $a=5$인 경우

$b^2=0$이므로 $b=0$

(i)~(iv)에서 구하는 모든 순서쌍 (a, b)의 개수는

$1\times2+2\times2+2\times2+2\times1=12$

달 ②

19 5개의 숫자 0, 1, 2, 3, 4를 한 번씩만 사용하여 만들 수 있는 다섯 자리의 자연수의 개수는

$$4\times{}_4\mathrm{P}_4=4\times(4\times3\times2\times1)$$
$$=96$$

41230보다 큰 다섯 자리의 자연수는 다음과 같이 경우를 나누어 구할 수 있다.

(i) 천의 자리의 수가 1인 경우

41302, 41320의 2가지

(ii) 천의 자리의 수가 2인 경우

백의 자리, 십의 자리, 일의 자리에 올 수 있는 수는 0, 1, 3 이므로 경우의 수는 $3!=3\times2\times1=6$

(iii) 천의 자리의 수가 3인 경우

백의 자리, 십의 자리, 일의 자리에 올 수 있는 수는 0, 1, 2 이므로 경우의 수는 $3!=3\times2\times1=6$

(i)~(iii)에서 41230보다 큰 다섯 자리의 자연수의 개수는

$2+6+6=14$

따라서 $n=96-14=82$

달 82

20 세 자리의 자연수가 6의 배수가 되려면 각 자리의 수의 합이 3의 배수인 짝수이어야 한다.

숫자 1, 2, 3, 4, 5 중에서 서로 다른 3개를 뽑아 만든 세 자리의 자연수 중에서 각 자리의 수의 합은 최솟값이 $1+2+3=6$이고, 최댓값이 $3+4+5=12$이므로 각 자리의 수의 합이 3의 배수인 경우는 6이거나 9이거나 12이어야 한다.

(i) 각 자리의 수의 합이 6인 경우

각 자리의 수가 1, 2, 3이므로 6의 배수가 되는 경우는

일의 자리에 짝수 2가 오고 나머지 2개의 수를 일렬로 나열하면 되므로

그 개수는 $2!=2\times1=2$

(ii) 각 자리의 수의 합이 9인 경우

각 자리의 수가 1, 3, 5 또는 2, 3, 4이어야 한다.

이때 각 자리의 수가 1, 3, 5이면 짝수가 될 수 없다.

2, 3, 4에서 6의 배수가 되는 경우는 일의 자리에 짝수 2 또는 4가 오고, 백의 자리와 십의 자리에는 일의 자리의 수를 제외한 나머지 2개의 수를 일렬로 나열하면 되므로

그 개수는 $2\times2!=2\times2\times1=4$

(iii) 각 자리의 수의 합이 12인 경우

각 자리의 수가 3, 4, 5이므로 6의 배수가 되는 경우는

일의 자리에 짝수 4가 오고 나머지 2개의 수를 일렬로 나열하면 되므로

그 개수는 $2!=2\times1=2$

(i)~(iii)에서 구하는 6의 배수의 개수는 합의 법칙에 의하여

$2+4+2=8$

달 ①

21 7개의 바구니 중에서 바구니에 적힌 수와 공에 적힌 수가 같은 바구니 3개를 뽑는 경우의 수는

$${}_7\mathrm{C}_3=\frac{7\times6\times5}{3\times2\times1}=35$$

이고, 그 각각에 대하여 같은 수를 제외한 나머지 수를 a, b, c, d라 할 때 바구니에 적힌 수와 공에 적힌 수가 다른 경우의 수를 구하면 다음과 같이 9이다.

a	b	c	d
	a	d	c
b	c	d	a
	d	a	c
	a	d	b
c	d	b	a
	d	a	b
	a	b	c
d	c	b	a
	c	a	b

← 바구니에 적힌 수 / 공에 적힌 수

따라서 구하는 경우의 수는 $35\times9=315$

달 315

22 9장의 카드 중에서 나올 수 있는 두 수 a, b에 대하여 $a+b$의 최솟값은 $a+b=1+2=3$이고 최댓값은 $a+b=8+9=17$이므로 $a+b$의 값이 5의 배수가 되는 경우는 $a+b=5$ 또는 $a+b=10$ 또는 $a+b=15$일 때이다.

(i) $a+b=5$인 경우

$a+b=5$를 만족시키는 두 수 a, b의 모든 순서쌍 (a, b)의 개수는

$(1, 4)$, $(2, 3)$의 2

(ii) $a+b=10$

$a+b=10$을 만족시키는 두 수 a, b의 모든 순서쌍 (a, b)의 개수는

$(1, 9)$, $(2, 8)$, $(3, 7)$, $(4, 6)$의 4

(iii) $a+b=15$

$a+b=15$를 만족시키는 두 수 a, b의 모든 순서쌍 (a, b)의 개수는

$(6, 9)$, $(7, 8)$의 2

(i)~(iii)이 동시에 일어나지 않으므로 구하는 경우의 수는 합의 법칙에 의하여

$2+4+2=8$ ...... ❺

답 8

단계	채점 기준	비율
❶	$a+b$의 값이 5의 배수가 되는 경우를 나눈 경우	20 %
❷	$a+b=5$인 경우의 수를 구한 경우	20 %
❸	$a+b=10$인 경우의 수를 구한 경우	20 %
❹	$a+b=15$인 경우의 수를 구한 경우	20 %
❺	합의 법칙을 이용하여 조건을 만족시키는 경우의 수를 구한 경우	20 %

23 조건 (가)를 만족시키는 경우를 다음과 같이 나눌 수 있다.

(i) A만 뽑히는 경우

A만 뽑히는 경우의 수는 A와 B를 제외한 5명 중에서 3명을 뽑는 경우의 수이므로

$$_5C_3 = {}_5C_2 = \frac{5 \times 4}{2 \times 1} = 10$$

이고, 그 각각에 대하여 조건 (나)를 만족시키도록 일렬로 세우는 경우의 수는 4명을 일렬로 세우는 경우의 수에서 A가 양 끝에 서는 경우의 수를 빼면 되므로

$$_4P_4 - {}_3P_3 \times 2 = 4! - 3! \times 2 = 12$$

그러므로 경우의 수는 $10 \times 12 = 120$ ...... ❶

(ii) B만 뽑히는 경우

B만 뽑히는 경우의 수는 A와 B를 제외한 5명 중에서 3명을 뽑는 경우의 수이므로

$$_5C_3 = {}_5C_2 = \frac{5 \times 4}{2 \times 1} = 10$$

이고, 그 각각에 대하여 조건 (나)를 만족시키도록 일렬로 세우는 경우의 수는 4명을 일렬로 세우는 경우의 수에서 B가 양 끝에 서는 경우의 수를 빼면 되므로

$$_4P_4 - {}_3P_3 \times 2 = 4! - 3! \times 2 = 12$$

그러므로 경우의 수는 $10 \times 12 = 120$ ...... ❷

(iii) A, B 둘 다 뽑히는 경우

A, B 둘 다 뽑히는 경우의 수는 A와 B를 제외한 5명 중에서 2명을 뽑는 경우의 수이므로

$$_5C_2 = \frac{5 \times 4}{2 \times 1} = 10$$

이고, 그 각각에 대하여 조건 (나)를 만족시키도록 일렬로 세우는 경우의 수는 양 끝에 A, B가 아닌 2명을 세우고 나머지 자리에 A, B를 세우는 경우의 수이므로

$$2! \times 2! = 4$$

그러므로 경우의 수는 $10 \times 4 = 40$ ...... ❸

(i)~(iii)에서 구하는 경우의 수는

$120+120+40=280$ ...... ❹

답 280

단계	채점 기준	비율
❶	A만 뽑히는 경우에서 조건을 만족시키는 경우의 수를 구한 경우	30 %
❷	B만 뽑히는 경우에서 조건을 만족시키는 경우의 수를 구한 경우	30 %
❸	A, B 둘 다 뽑히는 경우에서 조건을 만족시키는 경우의 수를 구한 경우	30 %
❹	조건을 만족시키는 경우의 수를 구한 경우	10 %

24 (i) 3학년 학생 2명을 모두 포함하는 경우

3학년 학생 2명을 제외한 10명 중에서 나머지 5명을 뽑아야 하므로 경우의 수는

$$a = {}_{10}C_5 = \frac{10 \times 9 \times 8 \times 7 \times 6}{5 \times 4 \times 3 \times 2 \times 1} = 252$$ ...... ❶

(ii) 3학년 학생 2명을 모두 포함하지 않는 경우

3학년 학생 2명을 제외한 10명 중에서 7명 모두 뽑아야 하므로 경우의 수는

$$b = {}_{10}C_7 = {}_{10}C_3 = \frac{10 \times 9 \times 8}{3 \times 2 \times 1} = 120$$ ...... ❷

따라서 $a - b = 252 - 120 = 132$ ...... ❸

답 132

단계	채점 기준	비율
❶	a의 값을 구한 경우	40 %
❷	b의 값을 구한 경우	40 %
❸	$a-b$의 값을 구한 경우	20 %

08 행렬과 그 연산

기본 유형 익히기 　유제

본문 84~85쪽

1 2　　**2** ②　　**3** ①　　**4** 2

1 이차정사각행렬 A를 $A=\begin{pmatrix} a_{11} & a_{12} \\ a_{21} & a_{22} \end{pmatrix}$로 나타내면

$a_{11}=2-1+k=1+k,\ a_{12}=2-2+k=k$

$a_{21}=4-1+k=3+k,\ a_{22}=4-2+k=2+k$

이므로 $A=\begin{pmatrix} 1+k & k \\ 3+k & 2+k \end{pmatrix}$

따라서 행렬 A의 모든 성분의 합은
$(1+k)+k+(3+k)+(2+k)=6+4k=14$이므로

$4k=8$

$k=2$

답 2

2 $A+B=\begin{pmatrix} 2 & 3 \\ 1 & 4 \end{pmatrix}+\begin{pmatrix} -1 & 4 \\ 2 & 1 \end{pmatrix}=\begin{pmatrix} 1 & 7 \\ 3 & 5 \end{pmatrix}$

따라서 행렬 $A+B$의 $(2,\ 1)$ 성분은 3이다.

답 ②

3 $A=\begin{pmatrix} 4 & -2 \\ 1 & 3 \end{pmatrix},\ B=\begin{pmatrix} 1 \\ -1 \end{pmatrix}$에서

$AB=\begin{pmatrix} 4 & -2 \\ 1 & 3 \end{pmatrix}\begin{pmatrix} 1 \\ -1 \end{pmatrix}$

$\quad=\begin{pmatrix} 4\times1+(-2)\times(-1) \\ 1\times1+3\times(-1) \end{pmatrix}=\begin{pmatrix} 6 \\ -2 \end{pmatrix}$

따라서 행렬 AB의 $(2,\ 1)$ 성분은 -2이다.

답 ①

4 $A=\begin{pmatrix} 1 & 2 \\ -3 & 0 \end{pmatrix},\ B=\begin{pmatrix} 0 & -2 \\ 3 & 1 \end{pmatrix}$에서

$A+B=\begin{pmatrix} 1 & 2 \\ -3 & 0 \end{pmatrix}+\begin{pmatrix} 0 & -2 \\ 3 & 1 \end{pmatrix}=\begin{pmatrix} 1 & 0 \\ 0 & 1 \end{pmatrix}=E$

이므로

$(A+B)B=EB=B$

따라서 행렬 $(A+B)B$의 모든 성분의 합은
행렬 B의 모든 성분의 합과 같으므로

$0+(-2)+3+1=2$

답 2

유형 확인

본문 86~87쪽

01 ③　　**02** ①　　**03** ⑤　　**04** ②　　**05** ④

06 12　　**07** ③　　**08** 20　　**09** 10　　**10** ④

11 ①　　**12** ④

01 행렬 $A=\begin{pmatrix} 1 & 2 \\ 0 & -3 \\ 2 & 1 \end{pmatrix}$은 3×2 행렬이고,

행렬 $B=(5\ \ 4\ \ -1)$은 1×3 행렬이다.

따라서 $m=3,\ n=2,\ p=1,\ q=3$이므로

$m^n+p^q=3^2+1^3=9+1=10$

답 ③

02 3×2 행렬 A를 $A=\begin{pmatrix} a_{11} & a_{12} \\ a_{21} & a_{22} \\ a_{31} & a_{32} \end{pmatrix}$로 나타내면

$a_{11}=2\times1\times1+k=2+k,\ a_{12}=2\times1\times2+k=4+k$

$a_{21}=2\times2\times1+k=4+k,\ a_{22}=2\times2\times2+k=8+k$

$a_{31}=2\times3\times1+k=6+k,\ a_{32}=2\times3\times2+k=12+k$

이때 $a_{12}+a_{21}=(4+k)+(4+k)=8+2k=16$이므로

$k=4$

따라서 $A=\begin{pmatrix} 6 & 8 \\ 8 & 12 \\ 10 & 16 \end{pmatrix}$에서 행렬 A의 모든 성분의 합은

$6+8+8+12+10+16=60$

답 ①

03 $A=B$이므로 $a+1=5,\ b-2=4$
따라서 $a=4,\ b=6$이므로

$a+b=4+6=10$

답 ⑤

04 $A-2B=\begin{pmatrix} -1 & 2 \\ 4 & -3 \end{pmatrix}-2\begin{pmatrix} 1 & 0 \\ -2 & 1 \end{pmatrix}$

$\quad=\begin{pmatrix} -1 & 2 \\ 4 & -3 \end{pmatrix}-\begin{pmatrix} 2 & 0 \\ -4 & 2 \end{pmatrix}$

$$=\begin{pmatrix} -3 & 2 \\ 8 & -5 \end{pmatrix}$$

따라서 행렬 $A-2B$의 모든 성분의 합은

$-3+2+8+(-5)=2$

$\boxed{\text{답}}$ ②

05 $A=\begin{pmatrix} 3 & 2 & -1 \\ 0 & a & 1 \end{pmatrix}$, $B=\begin{pmatrix} 2 & 0 & a \\ 3 & 1 & 4 \end{pmatrix}$에서

$3A+2B=3\begin{pmatrix} 3 & 2 & -1 \\ 0 & a & 1 \end{pmatrix}+2\begin{pmatrix} 2 & 0 & a \\ 3 & 1 & 4 \end{pmatrix}$

$=\begin{pmatrix} 9 & 6 & -3 \\ 0 & 3a & 3 \end{pmatrix}+\begin{pmatrix} 4 & 0 & 2a \\ 6 & 2 & 8 \end{pmatrix}$

$=\begin{pmatrix} 13 & 6 & 2a-3 \\ 6 & 3a+2 & 11 \end{pmatrix}$

이때 행렬 $3A+2B$의 $(1, 3)$ 성분은 $2a-3$, $(2, 3)$ 성분은 11

이므로 $2a-3=11$

$2a=14$

$a=7$

$\boxed{\text{답}}$ ④

06 $2(3A+B)-(4A+B)=6A+2B-4A-B$

$=2A+B$

$2A+B=2\begin{pmatrix} 2 & 3 \\ -1 & 0 \end{pmatrix}+\begin{pmatrix} 4 & -1 \\ -2 & 3 \end{pmatrix}$

$=\begin{pmatrix} 4 & 6 \\ -2 & 0 \end{pmatrix}+\begin{pmatrix} 4 & -1 \\ -2 & 3 \end{pmatrix}$

$=\begin{pmatrix} 8 & 5 \\ -4 & 3 \end{pmatrix}$

따라서 $a=8$, $b=-4$이므로

$a-b=8-(-4)=12$

$\boxed{\text{답}}$ 12

07 할인 기간 동안 A회사의 태블릿 PC 한 대 가격은 $0.9a$이
고, 노트북 한 대 가격은 $0.8c$이므로 그 합은 $0.9a+0.8c$

한편, 할인 기간 동안 B회사의 태블릿 PC 한 대 가격은 $0.9b$이
고, 노트북 한 대 가격은 $0.8d$이므로 그 합은 $0.9b+0.8d$

따라서

$(0.9a+0.8c \quad 0.9b+0.8d)=(0.9 \quad 0.8)\begin{pmatrix} a & b \\ c & d \end{pmatrix}$

이므로 할인 기간 동안 A회사의 태블릿 PC 한 대와 노트북 한
대 가격의 합을 나타낸 것은 행렬 $(0.9 \quad 0.8)\begin{pmatrix} a & b \\ c & d \end{pmatrix}$의 $(1, 1)$
성분이다.

$\boxed{\text{답}}$ ③

$\begin{pmatrix} a & b \\ c & d \end{pmatrix}\begin{pmatrix} 0.9 \\ 0.8 \end{pmatrix}=\begin{pmatrix} 0.9a+0.8b \\ 0.9c+0.8d \end{pmatrix}$이므로

① 행렬 $\begin{pmatrix} a & b \\ c & d \end{pmatrix}\begin{pmatrix} 0.9 \\ 0.8 \end{pmatrix}$의 $(1, 1)$ 성분은 A회사의 $10\,\%$ 할인한
태블릿 PC 한 대와 B회사의 $20\,\%$ 할인한 태블릿 PC 한 대
가격의 합을 나타낸 것이다.

② 행렬 $\begin{pmatrix} a & b \\ c & d \end{pmatrix}\begin{pmatrix} 0.9 \\ 0.8 \end{pmatrix}$의 $(2, 1)$ 성분은 A회사의 $10\,\%$ 할인한
노트북 한 대와 B회사의 $20\,\%$ 할인한 노트북 한 대 가격의
합을 나타낸 것이다.

④ 행렬 $(0.9 \quad 0.8)\begin{pmatrix} a & b \\ c & d \end{pmatrix}$의 $(1, 2)$ 성분은 할인 기간 동안 B
회사의 태블릿 PC 한 대와 노트북 한 대 가격의 합을 나타낸
것이다.

⑤ $\begin{pmatrix} a \\ c \end{pmatrix}(0.9 \quad 0.8)=\begin{pmatrix} 0.9a & 0.8a \\ 0.9c & 0.8c \end{pmatrix}$이므로 행렬 $\begin{pmatrix} a \\ c \end{pmatrix}(0.9 \quad 0.8)$
의 $(1, 1)$ 성분은 할인 기간 동안 A회사의 태블릿 PC 한 대
가격을 나타낸 것이다.

08 $A=\begin{pmatrix} 1 & -1 \\ 2 & 3 \end{pmatrix}$, $B=\begin{pmatrix} 4 \\ 3 \end{pmatrix}$에서

$AB=\begin{pmatrix} 1 & -1 \\ 2 & 3 \end{pmatrix}\begin{pmatrix} 4 \\ 3 \end{pmatrix}=\begin{pmatrix} 1 \\ 17 \end{pmatrix}$이므로

행렬 AB는 2×1 행렬이고, 행렬 AB의 모든 성분의 합은
$1+17=18$이다.

따라서 $m=2$, $n=1$, $k=18$이므로

$m^n+k=2^1+18=20$

$\boxed{\text{답}}$ 20

09 $A=\begin{pmatrix} 1 & 2 \\ a & 0 \end{pmatrix}$, $B=\begin{pmatrix} 2 & 2 \\ 3 & b \end{pmatrix}$에서

$AB=\begin{pmatrix} 1 & 2 \\ a & 0 \end{pmatrix}\begin{pmatrix} 2 & 2 \\ 3 & b \end{pmatrix}=\begin{pmatrix} 8 & 2+2b \\ 2a & 2a \end{pmatrix}$

$BA=\begin{pmatrix} 2 & 2 \\ 3 & b \end{pmatrix}\begin{pmatrix} 1 & 2 \\ a & 0 \end{pmatrix}=\begin{pmatrix} 2+2a & 4 \\ 3+ab & 6 \end{pmatrix}$

$AB=BA$이므로

$\begin{pmatrix} 8 & 2+2b \\ 2a & 2a \end{pmatrix}=\begin{pmatrix} 2+2a & 4 \\ 3+ab & 6 \end{pmatrix}$

따라서 $8=2+2a$, $2+2b=4$, $2a=3+ab$, $2a=6$이므로

$a=3$, $b=1$에서

$a^2+b^2=3^2+1^2=10$

$\boxed{\text{답}}$ 10

10 $A=\begin{pmatrix} 3 & 2 \\ 1 & 1 \end{pmatrix}$, $B=\begin{pmatrix} 1 & 0 \\ -1 & 1 \end{pmatrix}$에서

$$AB=\begin{pmatrix} 3 & 2 \\ 1 & 1 \end{pmatrix}\begin{pmatrix} 1 & 0 \\ -1 & 1 \end{pmatrix}=\begin{pmatrix} 1 & 2 \\ 0 & 1 \end{pmatrix}$$

따라서 $AB-B=\begin{pmatrix} 1 & 2 \\ 0 & 1 \end{pmatrix}-\begin{pmatrix} 1 & 0 \\ -1 & 1 \end{pmatrix}=\begin{pmatrix} 0 & 2 \\ 1 & 0 \end{pmatrix}$

이므로 행렬 $AB-B$의 $(1,\ 2)$ 성분은 2이다.

답 ④

11 $A=\begin{pmatrix} 3 & -1 \\ 1 & 0 \end{pmatrix}$, $B=\begin{pmatrix} -1 & 1 \\ 3 & 1 \end{pmatrix}$에서

$$AB=\begin{pmatrix} 3 & -1 \\ 1 & 0 \end{pmatrix}\begin{pmatrix} -1 & 1 \\ 3 & 1 \end{pmatrix}=\begin{pmatrix} -6 & 2 \\ -1 & 1 \end{pmatrix}$$

$$BA=\begin{pmatrix} -1 & 1 \\ 3 & 1 \end{pmatrix}\begin{pmatrix} 3 & -1 \\ 1 & 0 \end{pmatrix}=\begin{pmatrix} -2 & 1 \\ 10 & -3 \end{pmatrix}$$

따라서

$$AB-BA=\begin{pmatrix} -6 & 2 \\ -1 & 1 \end{pmatrix}-\begin{pmatrix} -2 & 1 \\ 10 & -3 \end{pmatrix}=\begin{pmatrix} -4 & 1 \\ -11 & 4 \end{pmatrix}$$

이므로 행렬 $AB-BA$의 모든 성분의 합은
$$-4+1+(-11)+4=-10$$

답 ①

12 $A^2=\begin{pmatrix} 3 & -2 \\ 4 & -3 \end{pmatrix}\begin{pmatrix} 3 & -2 \\ 4 & -3 \end{pmatrix}=\begin{pmatrix} 1 & 0 \\ 0 & 1 \end{pmatrix}$

$A^3=A^2A=\begin{pmatrix} 1 & 0 \\ 0 & 1 \end{pmatrix}\begin{pmatrix} 3 & -2 \\ 4 & -3 \end{pmatrix}=\begin{pmatrix} 3 & -2 \\ 4 & -3 \end{pmatrix}$

이므로

$$A^2+A^3=\begin{pmatrix} 1 & 0 \\ 0 & 1 \end{pmatrix}+\begin{pmatrix} 3 & -2 \\ 4 & -3 \end{pmatrix}=\begin{pmatrix} 4 & -2 \\ 4 & -2 \end{pmatrix}$$

따라서 행렬 A^2+A^3의 모든 성분의 합은
$$4+(-2)+4+(-2)=4$$

답 ④

서술형 연습장

본문 88쪽

01 6   **02** 54   **03** 11

01 이차정사각행렬 A를 $A=\begin{pmatrix} a_{11} & a_{12} \\ a_{21} & a_{22} \end{pmatrix}$로 나타내면

$a_{11}=1+1-2=0$, $a_{12}=1+2-2=1$

$a_{21}=2\times1+1=3$, $a_{22}=2+2-2=2$

따라서 $A=\begin{pmatrix} 0 & 1 \\ 3 & 2 \end{pmatrix}$이므로 ······ ❶

$$A^2=\begin{pmatrix} 0 & 1 \\ 3 & 2 \end{pmatrix}\begin{pmatrix} 0 & 1 \\ 3 & 2 \end{pmatrix}=\begin{pmatrix} 3 & 2 \\ 6 & 7 \end{pmatrix}$$에서 ······ ❷

행렬 A^2의 $(2,\ 1)$ 성분은 6이다. ······ ❸

답 6

단계	채점 기준	비율
❶	행렬 A를 구한 경우	40 %
❷	행렬 A^2을 구한 경우	40 %
❸	행렬 A^2의 $(2,\ 1)$ 성분을 구한 경우	20 %

02 $A^2=\begin{pmatrix} 1 & 4 \\ 2 & -1 \end{pmatrix}\begin{pmatrix} 1 & 4 \\ 2 & -1 \end{pmatrix}=\begin{pmatrix} 9 & 0 \\ 0 & 9 \end{pmatrix}=9E$ ······ ❶

따라서
$A^3=A^2A=9EA=9A$

$=9\begin{pmatrix} 1 & 4 \\ 2 & -1 \end{pmatrix}=\begin{pmatrix} 9 & 36 \\ 18 & -9 \end{pmatrix}$ ······ ❷

이므로 행렬 A^3의 모든 성분의 합은
$$9+36+18+(-9)=54$$ ······ ❸

답 54

단계	채점 기준	비율
❶	행렬 A^2을 구한 경우	40 %
❷	행렬 A^3을 구한 경우	40 %
❸	행렬 A^3의 모든 성분의 합을 구한 경우	20 %

다른 풀이

$A^2=\begin{pmatrix} 1 & 4 \\ 2 & -1 \end{pmatrix}\begin{pmatrix} 1 & 4 \\ 2 & -1 \end{pmatrix}=\begin{pmatrix} 9 & 0 \\ 0 & 9 \end{pmatrix}=9E$ ······ ❶

따라서 $A^3=A^2A=9EA=9A$이고, ······ ❷

행렬 A의 모든 성분의 합은
$1+4+2+(-1)=6$이므로

행렬 A^3의 모든 성분의 합은
$9\times6=54$ ······ ❸

03 $A+B=\begin{pmatrix} 2 & 1 \\ 4 & 3 \end{pmatrix}$, $A-B=\begin{pmatrix} 0 & -1 \\ 2 & 1 \end{pmatrix}$에서

두 식을 더하면

$$2A=\begin{pmatrix} 2 & 1 \\ 4 & 3 \end{pmatrix}+\begin{pmatrix} 0 & -1 \\ 2 & 1 \end{pmatrix}=\begin{pmatrix} 2 & 0 \\ 6 & 4 \end{pmatrix}$$

$$A=\begin{pmatrix} 1 & 0 \\ 3 & 2 \end{pmatrix}$$

$$B=\begin{pmatrix} 2 & 1 \\ 4 & 3 \end{pmatrix}-A=\begin{pmatrix} 2 & 1 \\ 4 & 3 \end{pmatrix}-\begin{pmatrix} 1 & 0 \\ 3 & 2 \end{pmatrix}=\begin{pmatrix} 1 & 1 \\ 1 & 1 \end{pmatrix}$$ ······ ❶

이때 $A^2=\begin{pmatrix} 1 & 0 \\ 3 & 2 \end{pmatrix}\begin{pmatrix} 1 & 0 \\ 3 & 2 \end{pmatrix}=\begin{pmatrix} 1 & 0 \\ 9 & 4 \end{pmatrix}$,

$B^2=\begin{pmatrix} 1 & 1 \\ 1 & 1 \end{pmatrix}\begin{pmatrix} 1 & 1 \\ 1 & 1 \end{pmatrix}=\begin{pmatrix} 2 & 2 \\ 2 & 2 \end{pmatrix}$이므로 ...... ❷

$A^2+B^2=\begin{pmatrix} 1 & 0 \\ 9 & 4 \end{pmatrix}+\begin{pmatrix} 2 & 2 \\ 2 & 2 \end{pmatrix}=\begin{pmatrix} 3 & 2 \\ 11 & 6 \end{pmatrix}$ ...... ❸

따라서 행렬 A^2+B^2의 $(2, 1)$ 성분은 11이다. ...... ❹

目 11

단계	채점 기준	비율
❶	두 행렬 A, B를 구한 경우	40 %
❷	두 행렬 A^2, B^2을 구한 경우	40 %
❸	행렬 A^2+B^2을 구한 경우	10 %
❹	행렬 A^2+B^2의 $(2, 1)$ 성분을 구한 경우	10 %

🥾 내신＋수능 고난도 문항

본문 89쪽

01 ① **02** 40 **03** ② **04** ①

01 두 행렬 $A=\begin{pmatrix} a_{11} & a_{12} \\ a_{21} & a_{22} \end{pmatrix}$, $B=\begin{pmatrix} b_{11} & b_{12} \\ b_{21} & b_{22} \end{pmatrix}$에서

$a_{ij}=b_{ji}$ $(i=1, 2, j=1, 2)$이므로

$A=\begin{pmatrix} a_{11} & a_{12} \\ a_{21} & a_{22} \end{pmatrix}$, $B=\begin{pmatrix} a_{11} & a_{21} \\ a_{12} & a_{22} \end{pmatrix}$

이때 $A+B=\begin{pmatrix} 2a_{11} & a_{12}+a_{21} \\ a_{21}+a_{12} & 2a_{22} \end{pmatrix}=\begin{pmatrix} 4 & 5 \\ 5 & -2 \end{pmatrix}$에서

$2a_{11}=4$, $a_{12}+a_{21}=5$, $2a_{22}=-2$

즉, $a_{11}=2$, $a_{12}+a_{21}=5$, $a_{22}=-1$

$2A-B=\begin{pmatrix} 2a_{11} & 2a_{12} \\ 2a_{21} & 2a_{22} \end{pmatrix}-\begin{pmatrix} a_{11} & a_{21} \\ a_{12} & a_{22} \end{pmatrix}$

$\qquad =\begin{pmatrix} a_{11} & 2a_{12}-a_{21} \\ 2a_{21}-a_{12} & a_{22} \end{pmatrix}$에서

행렬 $2A-B$의 모든 성분의 합은

$a_{11}+(2a_{12}-a_{21})+(2a_{21}-a_{12})+a_{22}$

$=a_{11}+(a_{12}+a_{21})+a_{22}$

$=2+5+(-1)=6$

目 ①

02 $A^2=\begin{pmatrix} a & b \\ b & a \end{pmatrix}\begin{pmatrix} a & b \\ b & a \end{pmatrix}=\begin{pmatrix} a^2+b^2 & 2ab \\ 2ab & a^2+b^2 \end{pmatrix}$

행렬 A^2의 모든 성분이 양수이므로

$a^2+b^2>0$, $2ab>0$

즉, 두 정수 a, b의 부호가 같아야 한다.

1, 2, 3, 4, 5에서 서로 다른 두 개의 정수를 선택하여 a, b로 배정하는 경우의 수는 $_5P_2=5\times4=20$이고,

-5, -4, -3, -2, -1에서 서로 다른 두 개의 정수를 선택하여 a, b로 배정하는 경우의 수는 $_5P_2=5\times4=20$이므로 서로 다른 행렬 A의 개수는 $20+20=40$이다.

目 40

03 $A^2\begin{pmatrix} 1 \\ -1 \end{pmatrix}=AA\begin{pmatrix} 1 \\ -1 \end{pmatrix}$

조건 (가)에서 $A\begin{pmatrix} 1 \\ -1 \end{pmatrix}=\begin{pmatrix} -1 \\ -1 \end{pmatrix}$이므로

$AA\begin{pmatrix} 1 \\ -1 \end{pmatrix}=A\begin{pmatrix} -1 \\ -1 \end{pmatrix}$

조건 (나)에서 $A^2\begin{pmatrix} 1 \\ -1 \end{pmatrix}=\begin{pmatrix} 1 \\ -5 \end{pmatrix}$이므로

$A^2\begin{pmatrix} 1 \\ -1 \end{pmatrix}=AA\begin{pmatrix} 1 \\ -1 \end{pmatrix}=A\begin{pmatrix} -1 \\ -1 \end{pmatrix}=\begin{pmatrix} 1 \\ -5 \end{pmatrix}$

즉, $A\begin{pmatrix} -1 \\ -1 \end{pmatrix}=\begin{pmatrix} 1 \\ -5 \end{pmatrix}$

이차정사각행렬 $A=\begin{pmatrix} a & b \\ c & d \end{pmatrix}$라 하면

$A\begin{pmatrix} 1 \\ -1 \end{pmatrix}=\begin{pmatrix} -1 \\ -1 \end{pmatrix}$이므로

$\begin{pmatrix} a & b \\ c & d \end{pmatrix}\begin{pmatrix} 1 \\ -1 \end{pmatrix}=\begin{pmatrix} a-b \\ c-d \end{pmatrix}=\begin{pmatrix} -1 \\ -1 \end{pmatrix}$에서

$a-b=-1$, $c-d=-1$ ...... ㉠

$A\begin{pmatrix} -1 \\ -1 \end{pmatrix}=\begin{pmatrix} 1 \\ -5 \end{pmatrix}$이므로

$\begin{pmatrix} a & b \\ c & d \end{pmatrix}\begin{pmatrix} -1 \\ -1 \end{pmatrix}=\begin{pmatrix} -a-b \\ -c-d \end{pmatrix}=\begin{pmatrix} 1 \\ -5 \end{pmatrix}$에서

$-a-b=1$, $-c-d=-5$

즉, $a+b=-1$, $c+d=5$ ...... ㉡

㉠, ㉡에서 $a=-1$, $b=0$, $c=2$, $d=3$

따라서 $A=\begin{pmatrix} -1 & 0 \\ 2 & 3 \end{pmatrix}$이므로

$A\begin{pmatrix} 3 \\ 4 \end{pmatrix}=\begin{pmatrix} -1 & 0 \\ 2 & 3 \end{pmatrix}\begin{pmatrix} 3 \\ 4 \end{pmatrix}=\begin{pmatrix} -3 \\ 18 \end{pmatrix}$에서

행렬 $A\begin{pmatrix} 3 \\ 4 \end{pmatrix}$의 모든 성분의 합은

$-3+18=15$

目 ②

$A\begin{pmatrix} -1 \\ -1 \end{pmatrix} = \begin{pmatrix} 1 \\ -5 \end{pmatrix}$에서

$-A\begin{pmatrix} 1 \\ 1 \end{pmatrix} = \begin{pmatrix} 1 \\ -5 \end{pmatrix}$

$A\begin{pmatrix} 1 \\ 1 \end{pmatrix} = \begin{pmatrix} -1 \\ 5 \end{pmatrix}$이므로

$\begin{pmatrix} a & b \\ c & d \end{pmatrix}\begin{pmatrix} 1 \\ 1 \end{pmatrix} = \begin{pmatrix} a+b \\ c+d \end{pmatrix} = \begin{pmatrix} -1 \\ 5 \end{pmatrix}$

$a+b=-1$, $c+d=5$

04 $A+E = \begin{pmatrix} 1 & -1 \\ k & 3 \end{pmatrix} + \begin{pmatrix} 1 & 0 \\ 0 & 1 \end{pmatrix} = \begin{pmatrix} 2 & -1 \\ k & 4 \end{pmatrix}$

$A-2E = \begin{pmatrix} 1 & -1 \\ k & 3 \end{pmatrix} - 2\begin{pmatrix} 1 & 0 \\ 0 & 1 \end{pmatrix} = \begin{pmatrix} -1 & -1 \\ k & 1 \end{pmatrix}$

이고 $A(A+E)=5(A-2E)$에서

$\begin{pmatrix} 1 & -1 \\ k & 3 \end{pmatrix}\begin{pmatrix} 2 & -1 \\ k & 4 \end{pmatrix} = 5\begin{pmatrix} -1 & -1 \\ k & 1 \end{pmatrix}$

$\begin{pmatrix} 2-k & -5 \\ 5k & -k+12 \end{pmatrix} = \begin{pmatrix} -5 & -5 \\ 5k & 5 \end{pmatrix}$

이므로 $2-k=-5$, $-k+12=5$

$k=7$

$A=\begin{pmatrix} 1 & -1 \\ 7 & 3 \end{pmatrix}$이므로

$A^2 = \begin{pmatrix} 1 & -1 \\ 7 & 3 \end{pmatrix}\begin{pmatrix} 1 & -1 \\ 7 & 3 \end{pmatrix} = \begin{pmatrix} -6 & -4 \\ 28 & 2 \end{pmatrix}$

$A^3 = A^2A = \begin{pmatrix} -6 & -4 \\ 28 & 2 \end{pmatrix}\begin{pmatrix} 1 & -1 \\ 7 & 3 \end{pmatrix} = \begin{pmatrix} -34 & -6 \\ 42 & -22 \end{pmatrix}$

A^3의 모든 성분의 합은

$-34+(-6)+42+(-22)=-20$

즉, $m=-20$

따라서 $3k+m=3\times7-20=1$

답 ①

대단원 종합문제

본문 90~92쪽

01 ③ **02** ⑤ **03** ② **04** ④ **05** ③

06 ③ **07** ① **08** ① **09** ⑤ **10** ③

11 ④ **12** ③ **13** ① **14** ④

15 233 **16** 2 **17** 18

01 행렬 $A = \begin{pmatrix} 1 & -x & y-x \\ x+y & 0 & -3 \\ 2y & x-2y & 3 \end{pmatrix}$의

$(2, 1)$ 성분이 $x+y$이고, $(1, 3)$ 성분이 $y-x$이므로

$x+y=4$, $y-x=2$에서 $x=1$, $y=3$

따라서 $2x+y=2\times1+3=5$

답 ③

02 $A=B$이므로 $\begin{pmatrix} -1 \\ a+b \\ 2 \end{pmatrix} = \begin{pmatrix} -1 \\ 4 \\ ab \end{pmatrix}$에서

$a+b=4$, $ab=2$

따라서 $a^2+b^2=(a+b)^2-2ab=4^2-2\times2=12$

답 ⑤

03 $A=\begin{pmatrix} 1 & 2 \\ 2x & 5 \end{pmatrix}$, $B=\begin{pmatrix} 2 & 0 \\ -1 & y \end{pmatrix}$에서

$A+B = \begin{pmatrix} 1 & 2 \\ 2x & 5 \end{pmatrix} + \begin{pmatrix} 2 & 0 \\ -1 & y \end{pmatrix} = \begin{pmatrix} 3 & 2 \\ 2x-1 & 5+y \end{pmatrix}$

따라서 $\begin{pmatrix} 3 & 2 \\ 2x-1 & 5+y \end{pmatrix} = \begin{pmatrix} 3 & 2 \\ 5 & 7 \end{pmatrix}$이므로

$2x-1=5$, $5+y=7$에서 $x=3$, $y=2$

$x+y=3+2=5$

답 ②

04 $A=\begin{pmatrix} -1 & 1 \\ 2 & 5 \\ -3 & 4 \end{pmatrix}$, $B=\begin{pmatrix} 1 & 3 \\ 0 & -1 \\ 2 & -2 \end{pmatrix}$에서

$2A-B = 2\begin{pmatrix} -1 & 1 \\ 2 & 5 \\ -3 & 4 \end{pmatrix} - \begin{pmatrix} 1 & 3 \\ 0 & -1 \\ 2 & -2 \end{pmatrix}$

$= \begin{pmatrix} -2 & 2 \\ 4 & 10 \\ -6 & 8 \end{pmatrix} - \begin{pmatrix} 1 & 3 \\ 0 & -1 \\ 2 & -2 \end{pmatrix} = \begin{pmatrix} -3 & -1 \\ 4 & 11 \\ -8 & 10 \end{pmatrix}$

따라서 행렬 $2A-B$의 성분 중 가장 큰 값 $M=11$이고, 가장 작은 값 $m=-8$이므로

$M-m=11-(-8)=19$

답 ④

05 행렬 A는 2×2 행렬이고, 행렬 B는 2×1 행렬이고, 행렬 C는 1×2 행렬이므로

행렬 A^2은 2×2 행렬, 행렬 AB는 2×1 행렬, 행렬 BC는 2×2 행렬, 행렬 CA는 1×2 행렬이다.

그러나 행렬 A의 열의 개수와 행렬 C의 행의 개수가 각각 2, 1로 서로 다르므로 ③ AC는 불가능하다.

답 ③

06 $A=\begin{pmatrix} 1 & a \\ -2 & 3 \end{pmatrix}$, $B=\begin{pmatrix} 3 & 1 \\ b & 0 \end{pmatrix}$에서

$$AB=\begin{pmatrix} 1 & a \\ -2 & 3 \end{pmatrix}\begin{pmatrix} 3 & 1 \\ b & 0 \end{pmatrix}=\begin{pmatrix} 3+ab & 1 \\ -6+3b & -2 \end{pmatrix}$$

이때 $AB=\begin{pmatrix} 5 & 1 \\ -3 & -2 \end{pmatrix}$이므로

$$\begin{pmatrix} 3+ab & 1 \\ -6+3b & -2 \end{pmatrix}=\begin{pmatrix} 5 & 1 \\ -3 & -2 \end{pmatrix}$$

따라서 $3+ab=5$, $-6+3b=-3$이므로

$a=2$, $b=1$

$a+b=2+1=3$

답 ③

07 3×2 행렬 A를 $A=\begin{pmatrix} a_{11} & a_{12} \\ a_{21} & a_{22} \\ a_{31} & a_{32} \end{pmatrix}$로 나타내면

$a_{11}=1\times 1+k=1+k$, $a_{12}=1+2\times 2=5$

$a_{21}=2\times 1+k=2+k$, $a_{22}=2\times 2+k=4+k$

$a_{31}=3\times 1+k=3+k$, $a_{32}=3\times 2+k=6+k$

이므로 $A=\begin{pmatrix} 1+k & 5 \\ 2+k & 4+k \\ 3+k & 6+k \end{pmatrix}$

따라서 행렬 A의 모든 성분의 합은

$(1+k)+5+(2+k)+(4+k)+(3+k)+(6+k)$

$=21+5k=41$

이므로

$5k=20$

$k=4$

답 ①

08 $2A+X=B$에서

$$X=B-2A=\begin{pmatrix} -1 & 2 \\ 5 & 3 \end{pmatrix}-2\begin{pmatrix} 3 & 1 \\ 2 & 4 \end{pmatrix}$$

$$=\begin{pmatrix} -1 & 2 \\ 5 & 3 \end{pmatrix}-\begin{pmatrix} 6 & 2 \\ 4 & 8 \end{pmatrix}=\begin{pmatrix} -7 & 0 \\ 1 & -5 \end{pmatrix}$$

따라서 $a=-7$, $b=-5$이므로

$a-b=-7-(-5)=-2$

답 ①

09 $A=\begin{pmatrix} -1 & 2 \\ a & -2 \end{pmatrix}$, $B=\begin{pmatrix} 1 & b \\ -2 & -1 \end{pmatrix}$에서

$$A+2B=\begin{pmatrix} -1 & 2 \\ a & -2 \end{pmatrix}+2\begin{pmatrix} 1 & b \\ -2 & -1 \end{pmatrix}$$

$$=\begin{pmatrix} -1 & 2 \\ a & -2 \end{pmatrix}+\begin{pmatrix} 2 & 2b \\ -4 & -2 \end{pmatrix}$$

$$=\begin{pmatrix} 1 & 2+2b \\ a-4 & -4 \end{pmatrix}$$

이때 $A+2B=\begin{pmatrix} 1 & 0 \\ 2 & -4 \end{pmatrix}$이므로

$2+2b=0$, $a-4=2$

따라서 $a=6$, $b=-1$이므로

$a+b=6+(-1)=5$

답 ⑤

10 이차정사각행렬 $A=\begin{pmatrix} a & b \\ c & d \end{pmatrix}$라 하면

조건 (가)에서 $A\begin{pmatrix} 1 \\ 0 \end{pmatrix}=\begin{pmatrix} 2 \\ 3 \end{pmatrix}$이므로

$$\begin{pmatrix} a & b \\ c & d \end{pmatrix}\begin{pmatrix} 1 \\ 0 \end{pmatrix}=\begin{pmatrix} a \\ c \end{pmatrix}=\begin{pmatrix} 2 \\ 3 \end{pmatrix}$$

$a=2$, $c=3$

조건 (나)에서 $A\begin{pmatrix} 0 \\ 2 \end{pmatrix}=\begin{pmatrix} -4 \\ 2 \end{pmatrix}$이므로

$$\begin{pmatrix} a & b \\ c & d \end{pmatrix}\begin{pmatrix} 0 \\ 2 \end{pmatrix}=\begin{pmatrix} 2b \\ 2d \end{pmatrix}=\begin{pmatrix} -4 \\ 2 \end{pmatrix}$$

$2b=-4$, $2d=2$

$b=-2$, $d=1$

따라서 $A=\begin{pmatrix} 2 & -2 \\ 3 & 1 \end{pmatrix}$이므로

$$A\begin{pmatrix} 2 \\ 3 \end{pmatrix}=\begin{pmatrix} 2 & -2 \\ 3 & 1 \end{pmatrix}\begin{pmatrix} 2 \\ 3 \end{pmatrix}=\begin{pmatrix} -2 \\ 9 \end{pmatrix}$$에서

행렬 $A\begin{pmatrix} 2 \\ 3 \end{pmatrix}$의 모든 성분의 합은

$-2+9=7$

답 ③

11 $A=\begin{pmatrix} a & b \\ b & 9 \end{pmatrix}$, $B=\begin{pmatrix} -3 & 2b \\ 1 & a-b \end{pmatrix}$에서

$$AB=\begin{pmatrix} a & b \\ b & 9 \end{pmatrix}\begin{pmatrix} -3 & 2b \\ 1 & a-b \end{pmatrix}$$

$$=\begin{pmatrix} -3a+b & 3ab-b^2 \\ -3b+9 & 2b^2+9a-9b \end{pmatrix}$$

$AB=O$이므로

$-3a+b=0,\ 3ab-b^2=0,\ -3b+9=0,\ 2b^2+9a-9b=0$

따라서 $a=1,\ b=3$이므로

$a+b=1+3=4$

답 ④

12 $A=\begin{pmatrix} 0 & -2 \\ -2 & 0 \end{pmatrix}$에서

$A^2=AA=\begin{pmatrix} 0 & -2 \\ -2 & 0 \end{pmatrix}\begin{pmatrix} 0 & -2 \\ -2 & 0 \end{pmatrix}$

$\quad\ =\begin{pmatrix} 4 & 0 \\ 0 & 4 \end{pmatrix}=4\begin{pmatrix} 1 & 0 \\ 0 & 1 \end{pmatrix}$

$A^4=A^2A^2=16\begin{pmatrix} 1 & 0 \\ 0 & 1 \end{pmatrix}\begin{pmatrix} 1 & 0 \\ 0 & 1 \end{pmatrix}$

$\quad\ =16\begin{pmatrix} 1 & 0 \\ 0 & 1 \end{pmatrix}$

따라서 행렬 A^4의 모든 성분의 합은

$16(1+1)=32=2^5$이므로

$k=5$

답 ③

$A^2=4E$이므로 $A^4=A^2A^2=16E^2=16E$

13 $(A+B)-(A-3B)=\begin{pmatrix} 5 & -1 \\ 4 & 5 \end{pmatrix}-\begin{pmatrix} -3 & 3 \\ -8 & -11 \end{pmatrix}$

$4B=\begin{pmatrix} 8 & -4 \\ 12 & 16 \end{pmatrix}$

$B=\begin{pmatrix} 2 & -1 \\ 3 & 4 \end{pmatrix}$

이때 $A=(A+B)-B=\begin{pmatrix} 5 & -1 \\ 4 & 5 \end{pmatrix}-\begin{pmatrix} 2 & -1 \\ 3 & 4 \end{pmatrix}=\begin{pmatrix} 3 & 0 \\ 1 & 1 \end{pmatrix}$

따라서 $2B-3A=\begin{pmatrix} 4 & -2 \\ 6 & 8 \end{pmatrix}-\begin{pmatrix} 9 & 0 \\ 3 & 3 \end{pmatrix}=\begin{pmatrix} -5 & -2 \\ 3 & 5 \end{pmatrix}$이므로

모든 성분의 합은 $-5+(-2)+3+5=1$

답 ①

14 $A=\begin{pmatrix} -1 & -1 \\ 5 & 5 \end{pmatrix}$에서

$A^2=AA=\begin{pmatrix} -1 & -1 \\ 5 & 5 \end{pmatrix}\begin{pmatrix} -1 & -1 \\ 5 & 5 \end{pmatrix}$

$\quad\ =\begin{pmatrix} -4 & -4 \\ 20 & 20 \end{pmatrix}=4\begin{pmatrix} -1 & -1 \\ 5 & 5 \end{pmatrix}=4A$

$A^3=A^2A=4AA=4A^2=16A$

$B=\begin{pmatrix} 3 & 1 \\ -3 & -1 \end{pmatrix}$에서

$B^2=BB=\begin{pmatrix} 3 & 1 \\ -3 & -1 \end{pmatrix}\begin{pmatrix} 3 & 1 \\ -3 & -1 \end{pmatrix}$

$\quad\ =\begin{pmatrix} 6 & 2 \\ -6 & -2 \end{pmatrix}=2\begin{pmatrix} 3 & 1 \\ -3 & -1 \end{pmatrix}=2B$

$B^3=B^2B=2BB=2B^2=4B$

그러므로

$A^3+B^3=16A+4B$

$\quad\quad\quad\ =16\begin{pmatrix} -1 & -1 \\ 5 & 5 \end{pmatrix}+4\begin{pmatrix} 3 & 1 \\ -3 & -1 \end{pmatrix}$

$\quad\quad\quad\ =\begin{pmatrix} -16 & -16 \\ 80 & 80 \end{pmatrix}+\begin{pmatrix} 12 & 4 \\ -12 & -4 \end{pmatrix}$

$\quad\quad\quad\ =\begin{pmatrix} -4 & -12 \\ 68 & 76 \end{pmatrix}$이고,

$pA+qB=p\begin{pmatrix} -1 & -1 \\ 5 & 5 \end{pmatrix}+q\begin{pmatrix} 3 & 1 \\ -3 & -1 \end{pmatrix}$

$\quad\quad\quad\ =\begin{pmatrix} -p & -p \\ 5p & 5p \end{pmatrix}+\begin{pmatrix} 3q & q \\ -3q & -q \end{pmatrix}$

$\quad\quad\quad\ =\begin{pmatrix} -p+3q & -p+q \\ 5p-3q & 5p-q \end{pmatrix}$이므로

$\begin{pmatrix} -4 & -12 \\ 68 & 76 \end{pmatrix}=\begin{pmatrix} -p+3q & -p+q \\ 5p-3q & 5p-q \end{pmatrix}$에서

$-p+3q=-4,\ -p+q=-12,\ 5p-3q=68,\ 5p-q=76$

따라서 $p=16,\ q=4$이므로

$p+q=16+4=20$

답 ④

15 $A=\begin{pmatrix} 2 & 0 \\ 0 & 3 \end{pmatrix}$

$A^2=AA=\begin{pmatrix} 2 & 0 \\ 0 & 3 \end{pmatrix}\begin{pmatrix} 2 & 0 \\ 0 & 3 \end{pmatrix}=\begin{pmatrix} 4 & 0 \\ 0 & 9 \end{pmatrix}$

$A^4=A^2A^2=\begin{pmatrix} 4 & 0 \\ 0 & 9 \end{pmatrix}\begin{pmatrix} 4 & 0 \\ 0 & 9 \end{pmatrix}=\begin{pmatrix} 16 & 0 \\ 0 & 81 \end{pmatrix}$

$A^5=A^4A=\begin{pmatrix} 16 & 0 \\ 0 & 81 \end{pmatrix}\begin{pmatrix} 2 & 0 \\ 0 & 3 \end{pmatrix}=\begin{pmatrix} 32 & 0 \\ 0 & 243 \end{pmatrix}$이고,

$B=\begin{pmatrix} 1 & 8 \\ 0 & 1 \end{pmatrix}$

$B^2=BB=\begin{pmatrix} 1 & 8 \\ 0 & 1 \end{pmatrix}\begin{pmatrix} 1 & 8 \\ 0 & 1 \end{pmatrix}=\begin{pmatrix} 1 & 16 \\ 0 & 1 \end{pmatrix}$

$B^4=B^2B^2=\begin{pmatrix} 1 & 16 \\ 0 & 1 \end{pmatrix}\begin{pmatrix} 1 & 16 \\ 0 & 1 \end{pmatrix}=\begin{pmatrix} 1 & 32 \\ 0 & 1 \end{pmatrix}$

$B^5=B^4B=\begin{pmatrix} 1 & 32 \\ 0 & 1 \end{pmatrix}\begin{pmatrix} 1 & 8 \\ 0 & 1 \end{pmatrix}=\begin{pmatrix} 1 & 40 \\ 0 & 1 \end{pmatrix}$

이므로

$$A^5-B^5=\begin{pmatrix} 32 & 0 \\ 0 & 243 \end{pmatrix}-\begin{pmatrix} 1 & 40 \\ 0 & 1 \end{pmatrix}$$

$$=\begin{pmatrix} 31 & -40 \\ 0 & 242 \end{pmatrix}$$

따라서 행렬 A^5-B^5의 모든 성분의 합은

$31+(-40)+0+242=233$

冒 233

16 $A=B$이므로

$$\begin{pmatrix} a+1 & 4 \\ 3a & -b \end{pmatrix}=\begin{pmatrix} 2 & -2c \\ d & c \end{pmatrix}$$에서

$a+1=2$이므로 $a=1$

$3a=d$이므로 $d=3$

$-2c=4$이므로 $c=-2$

$-b=c$이므로 $b=2$

따라서 $C=\begin{pmatrix} 1 & 2 \\ -2 & 3 \end{pmatrix}$이므로 ⋯⋯ ❶

$C^2=\begin{pmatrix} 1 & 2 \\ -2 & 3 \end{pmatrix}\begin{pmatrix} 1 & 2 \\ -2 & 3 \end{pmatrix}=\begin{pmatrix} -3 & 8 \\ -8 & 5 \end{pmatrix}$에서 ⋯⋯ ❷

행렬 C^2의 모든 성분의 합은

$-3+8+(-8)+5=2$ ⋯⋯ ❸

冒 2

단계	채점 기준	비율
❶	행렬 C를 구한 경우	40 %
❷	행렬 C^2을 구한 경우	40 %
❸	행렬 C^2의 모든 성분의 합을 구한 경우	20 %

17 $A=\begin{pmatrix} a & 4 \\ -3 & -2 \end{pmatrix}$에서

$$A^2=AA=\begin{pmatrix} a & 4 \\ -3 & -2 \end{pmatrix}\begin{pmatrix} a & 4 \\ -3 & -2 \end{pmatrix}$$

$$=\begin{pmatrix} a^2-12 & 4a-8 \\ -3a+6 & -8 \end{pmatrix}$$ ⋯⋯ ❶

조건 (가)에서 행렬 A^2의 $(1, 2)$ 성분이 양수이므로

$4a-8>0$

$a>2$ ⋯⋯ ❷

조건 (나)에서 행렬 A^2의 모든 성분의 합이 8이므로

$(a^2-12)+(4a-8)+(-3a+6)-8=8$

$a^2+a-30=0$

$(a+6)(a-5)=0$

$a=-6$ 또는 $a=5$

$a>2$이므로 $a=5$ ⋯⋯ ❸

이때 $A^2=\begin{pmatrix} 13 & 12 \\ -9 & -8 \end{pmatrix}$이므로

행렬 A^2의 $(1, 1)$ 성분은 13이다. ⋯⋯ ❹

즉, $b=13$

따라서 $a+b=5+13=18$ ⋯⋯ ❺

冒 18

단계	채점 기준	비율
❶	행렬 A^2을 구한 경우	40 %
❷	$a>2$인 조건을 찾은 경우	10 %
❸	a의 값을 구한 경우	20 %
❹	행렬 A^2의 $(1, 1)$ 성분을 구한 경우	20 %
❺	$a+b$의 값을 구한 경우	10 %

MEMO

MEMO

올림포스

공통수학1

내신 중점 ★ 고1~2 권장

구분	고교 입문	기초	기본 + 연습	특화
국어		윤혜정의 개념의 나비효과 입문 편 + 워크북 / 어휘가 독해다! 수능 국어 어휘		국어의 원리
영어	고등 예비 과정 / 내 등급은?	정승익의 수능 개념 잡는 대박구문 / 주혜연의 해석공식 논리 구조편	기본서 올림포스 / 유형서 올림포스 유형편 / 올림포스 전국연합 학력평가 기출문제집	Grammar POWER Reading POWER Listening POWER Voca POWER / 고급 올림포스 고급영어독해
수학		기초 50일 수학 + 기출 워크북 / 매쓰 디렉터의 고1 수학 개념 끝장내기		고급 올림포스 고난도 / 수학의 왕도
한국사 사회			기본서 개념완성 / 개념완성 문항편 / 개념완성 전국연합 학력평가 기출문제집	고등학생을 위한 多담은 한국사 연표
과학		50일 통합과학		인공지능 수학과 함께하는 고교 AI 입문 수학과 함께하는 AI 기초

과목	시리즈명	특징	난이도	권장 학년
전 과목	고등예비과정	예비 고등학생을 위한 과목별 단기 완성		예비 고1
	내 등급은?	고1 첫 학력평가 + 반 배치고사 대비 모의고사		예비 고1
국/영/수	올림포스	내신과 수능 대비 EBS 대표 국어·수학·영어 기본서		고1~2
	올림포스 전국연합학력평가 기출문제집	전국연합학력평가 문제 + 개념 기본서		고1~2
한/사/과	개념완성&개념완성 문항편	개념 한 권 + 문항 한 권으로 끝내는 한국사·탐구 기본서		고1~2
	개념완성 전국연합학력평가 기출문제집	전국연합학력평가 문제 + 개념 기본서		고1~2
국어	윤혜정의 개념의 나비효과 입문 편 + 워크북	윤혜정 선생님과 함께 시작하는 국어 공부의 첫걸음		예비 고1~고2
	어휘가 독해다! 수능 국어 어휘	학평·모평·수능 출제 필수 어휘 학습		예비 고1~고2
	국어의 원리	원리로 이해하는 내신과 수능 대비 국어 특화서		고1~2
영어	정승익의 수능 개념 잡는 대박구문	정승익 선생님과 CODE로 이해하는 영어 구문		예비 고1~고2
	주혜연의 해석공식 논리 구조편	주혜연 선생님과 함께하는 유형별 지문 독해		예비 고1~고2
	Grammar POWER	구문 분석 트리로 이해하는 영어 문법 특화서		고1~2
	Reading POWER	수준과 학습 목적에 따라 선택하는 영어 독해 특화서		고1~2
	Listening POWER	유형 연습과 모의고사·수행평가 대비 올인원 듣기 특화서		고1~2
	Voca POWER	영어 교육과정 필수 어휘와 어원별 어휘 학습		고1~2
	올림포스 고급영어독해	영어 독해력을 높이는 영미 문학/비문학 읽기		고2~3
수학	50일 수학 + 기출 워크북	50일 만에 완성하는 초·중·고 수학의 맥		예비 고1~고2
	매쓰 디렉터의 고1 수학 개념 끝장내기	스타강사 강의, 손글씨 풀이와 함께 고1 수학 개념 정복		예비 고1~고1
	올림포스 유형편	유형별 반복 학습을 통해 실력 잡는 수학 유형서		고1~2
	올림포스 고난도	1등급을 위한 고난도 유형 집중 연습		고1~2
	수학의 왕도	직관적 개념 설명과 세분화된 문항 수록 수학 특화서		고1~2
한국사	고등학생을 위한 多담은 한국사 연표	연표로 흐름을 잡는 한국사 학습		예비 고1~고2
과학	50일 통합과학	50일 만에 통합과학의 핵심 개념 완벽 이해		예비 고1~고1
기타	수학과 함께하는 고교 AI 입문/AI 기초	파이선 프로그래밍, AI 알고리즘에 필요한 수학 개념 학습		예비 고1~고2